赢在现场

——规模化猪场兽医

临床实战图谱

张米申　吴家强　李良鉴　主编

中国农业出版社

图书在版编目（CIP）数据

赢在现场：规模化猪场兽医临床实战图谱 / 张米申，吴家强，李良鉴主编. —北京：中国农业出版社，2015.10（2017. 3 重印）

ISBN 978-7-109-21094-3

Ⅰ. ①赢… Ⅱ. ①张… ②吴… ③李… Ⅲ. ①猪病-诊疗-图解 Ⅳ. ①S858.28-64

中国版本图书馆CIP数据核字（2015）第256058号

中国农业出版社出版
（北京市朝阳区麦子店街18号楼）
（邮政编码100125）
责任编辑　周晓艳

中国农业出版社印刷厂印刷　　新华书店北京发行所发行
2016年1月第1版　　2017年3月北京第2次印刷

开本：720mm × 960mm　1/16　　印张：17.25
字数：260千字
定价：120.00元

编写人员

主　编：张米申　吴家强　李良鉴
副主编：蒋　严　张长征　曾容愚　朱红陆　邓永强
主　审：赵德明

其他编写人员（排名不分先后）

丁　沛　王全丽（女）　王进黉　王开峰　王兆亮
王延安　史先锋　宋光亮　刘　涛　李丰收　李正福
张荣辉　张晓旺　张晓康　夏芝玉　高幸福　范现文
薛垂喜　骆振东　陈秀辉　胡新东　郭海芳　孙雪影
王　涛　王新福　郭立辉　任素芳（女）　杜以军
于　江（女）　张玉玉（女）　陈　蕾（女）
孙文博（女）　范玉峰（女）　陶海英　李　俊
陈　智　时建立　丛晓燕（女）　周克钢

PREFACE

前言

猪病诊断是一个复杂的过程，一般情况下，只有综合诊断，才能确诊。不过对于多数病例，从发现临床症状直到实验室诊断结果出来，需要约1周或更长的时间，对猪病的治疗和预防来说，都迟了一步，也就错过了最佳防控和治疗时间。本书就是用现场拍摄的猪病图片，来显示各种猪病临床症状和剖检变化。从而，在实验室结果出来之前，就能较正确地判断猪病，为治疗赢得时间。

现实猪病诊疗工作中，存在的普遍问题是不能正确诊断，再加上到处都能够买到“万能药”，好像根本就用不着诊断，有养殖户就说“现在猪有病，买药时，闭着眼买就行，不论什么药，一看说明书，啥病都能治，但是，有时就是治不好”。因此，现在养猪户也好养猪场也罢，主要存在的问题是缺医（诊断）不少药。

近几年在猪病诊疗中，笔者还发现，无论猪场技术人员或坐诊兽医主要治疗病毒性疾病、细菌性疾病，且不管什么病只要猪不吃食就用抗菌消炎药（一般人医诊所也这样）。而其他疾病很少诊治，或可以说是治疗的盲区，以至于出现较多误诊病例。代表性的误诊：①将仔猪低血糖病误诊为伪狂犬病；②将白肌病误诊为蓝耳病、胸膜肺炎、气喘病等呼吸的疾病；③将夏季母猪分娩时（或分娩前后）中暑病误诊为产后热；④将感光过敏病误诊为附红细胞体病（红皮病）；⑤将霉饲料中毒误诊为猪钩端螺旋体病（黄疸）、发情（外阴肿胀）等的比比皆是。因为笔者在一线诊治猪病，真是什么样的情况都遇到过。其实种种误诊情况，只要兽医技术人员稍微细致些都可以避免。遗憾的是，有些兽医技术人员实在太马虎。因此在本书中加入了较大篇幅的普通病图片。

从临床症状和剖检变化中，就能较准确地诊断猪病，可以更好地做到早发现、早诊断、早治疗，从而最大限度地降低经济损失。笔者在多年的猪病临床中，根据亲身观察到的猪病临床症状和剖检变化的特点来判断猪病，并用相机拍摄下来。每种猪病经过年复一年，几十、几百个病例的临床症状和剖检分析，得出临床症状和剖检特点，提供给广大读者。从而使读者如身临其境一样，对照图片能直观地判断猪病。书中文字较少，且主要是解释图片内容，尽量避免了文字赘述，因为文字理论随便都可以看到。而本书资料都是作者钻进一户户或一场场猪圈得来的，非常实用，有看头。再加入笔者临床实践介绍，可操作性极强。

在编写过程中，因编者水平限制，可能有些描述不准确的地方，或者是为了通俗用土话，但毕竟都是实实在在、年复一年出入猪场得到的临床第一手资料。由于该书与其他老师编写的书不一样，主要是作者多年的临床经验，理论较少。因此希望养猪爱好者、兽医同行和专家学者在阅读本书时，着重看临床症状和剖检图片，并结合书中临床实践段落知识，直观地诊断猪病，理论内容只是作为参考。

CONTENTS

目录 |

第二章 细菌性传染病

第三章 寄生虫疾病

第四章 营养代谢病

05

第五章　中毒性疾病

06

第六章　产科、外科相关疾病

第七章　其他

01

第一章

猪病毒性传染病

第一节　猪口蹄疫

猪口蹄疫是一种急性、热性和接触传染病，在秋末至早春较冷季节流行。病原为口蹄疫病毒，该病毒目前在我国主要以O型为主。

一、临床实践

早年猪口蹄疫一般每四年一个周期流行，现在每年都可发生，因此防控口蹄疫要常抓不懈。在诊断口蹄疫，特别是心肌炎型口蹄疫时，心肌变化并不都是表现“虎斑心”。哺乳仔猪很难见到虎斑心，大多只是有心肌出血斑或出血点。保育猪此病变较明显。妊娠后期母猪发生口蹄疫后所产仔猪不发病，康复后母猪再受孕所产仔猪遇口蹄疫流行时会大部分发病，但临床表现稍轻。口蹄疫病康复猪，能产生终生免疫。经管用耐过猪全血或分离血清肌内注射，预防和治疗效果均很好，但按法律规定患病猪都要进行无害化处理。

二、临床症状

口腔黏膜、舌、唇、齿龈、颊黏膜形成小水疱或糜烂；流涎；蹄冠、蹄叉等部位红肿、疼痛、跛行，不久形成米粒大或蚕豆大的水疱，水疱破裂后表面出血，形成糜烂，最后形成痂皮，硬痂脱落后愈合。哺乳幼畜常因急性胃肠炎出现黄痢症状和心肌炎而突然死亡。乳房上也常见水疱病变（图1–1–1至图1–1–8）。

图1–1–1　初期蹄冠、蹄叉有水疱

图1–1–2　中期水疱破溃、龟裂和出血

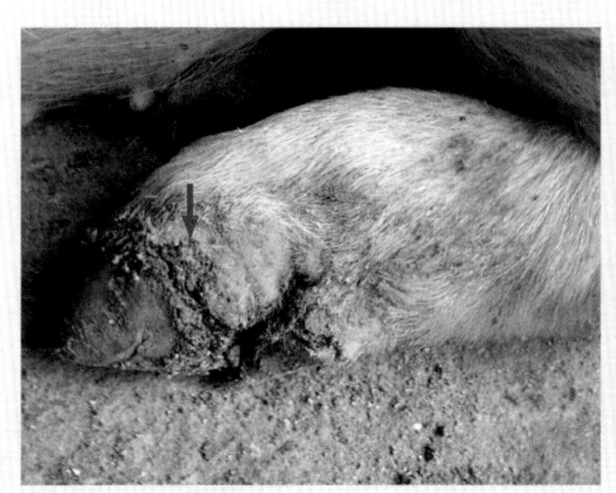

图1-1-3 后期结痂

图1-1-4 母猪分娩后3日发病，此时仔猪尚未发病，但12小时内仔猪全部死亡

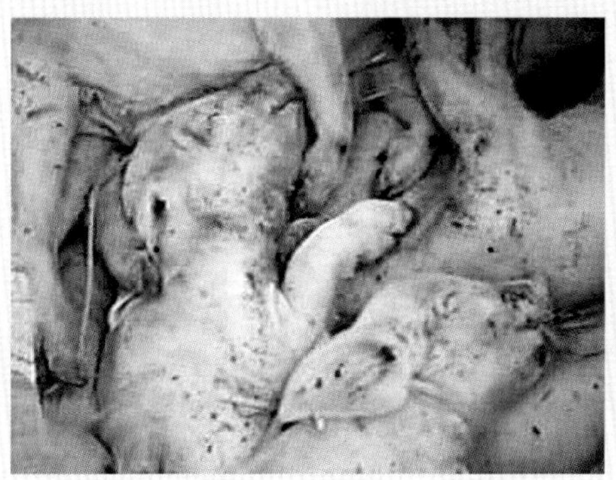

图1-1-5 此图死亡仔猪是图1-1-4中哺乳仔猪因口蹄疫引起的急性胃肠炎和心肌炎后突然死亡

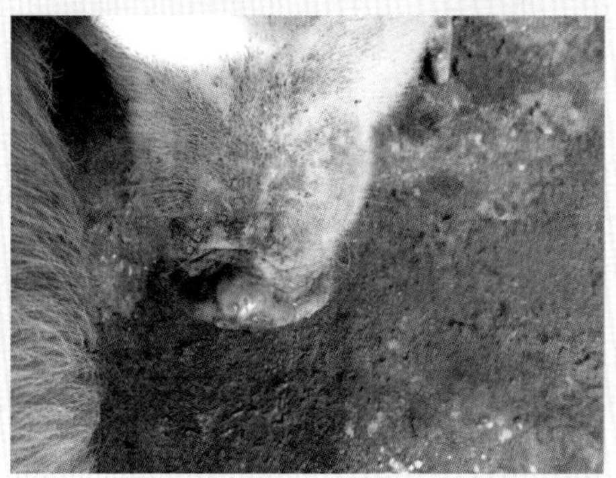

图1-1-6 口腔黏膜、舌、唇、齿龈、颊黏膜形成小水疱或糜烂

图1-1-7 乳房也常见水疱病变

三、剖检变化

口腔、蹄部有水疱和烂斑，胃肠黏膜可见出血性炎症。初生15日龄以内急性死亡仔猪，大多只是心肌和肠道出血，一般很少见到“虎斑心”。其他病例，心肌表面和切面会出现灰白或淡黄色斑点或条纹状的“虎斑心”。该病变具有诊断意义。死于口蹄疫的猪剖检后除了有心肌炎外，大多都有出血性肺炎和肠炎（图1-1-8至图1-1-15）。

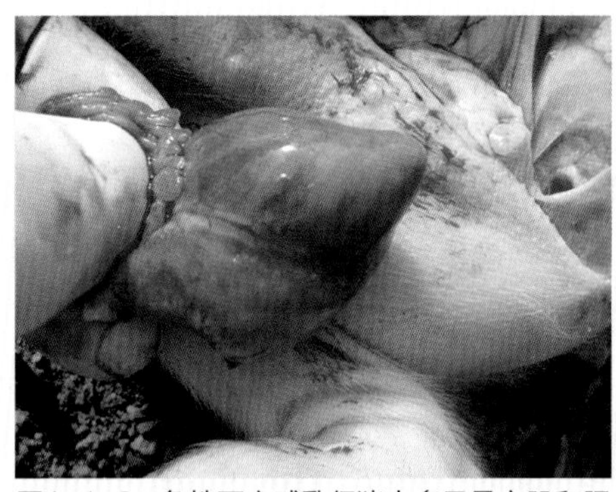

图1-1-8　急性死亡哺乳仔猪大多只是心肌和肠道出血，“虎斑心”不常见

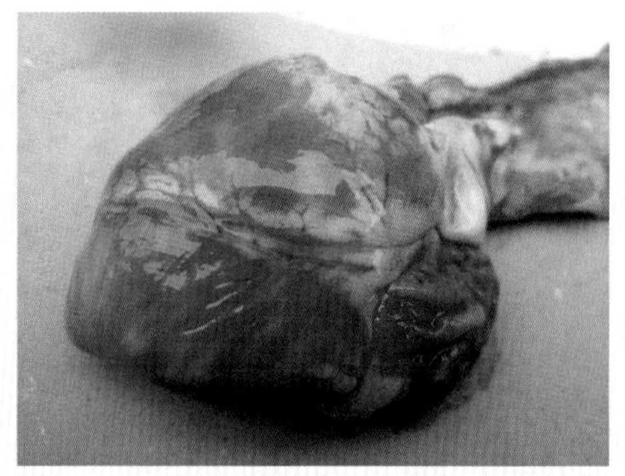

图1-1-9　哺乳仔猪心肌灰白条纹“虎斑心”，这种具有诊断意义的病变，并非所有病死乳猪都可见到

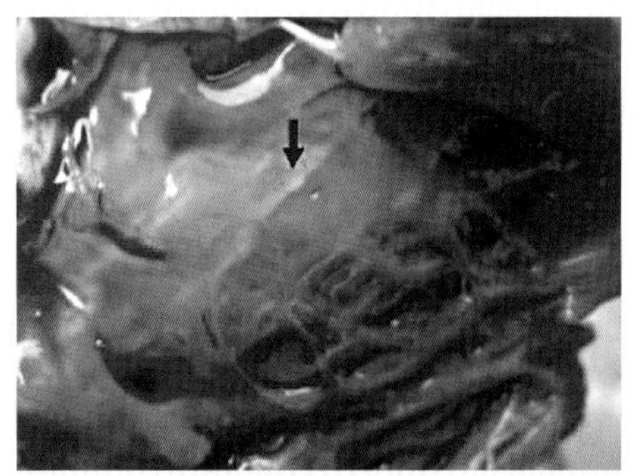

图1-1-10　心室可见坏死条纹

图1-1-11　心肌切面可见坏死条纹

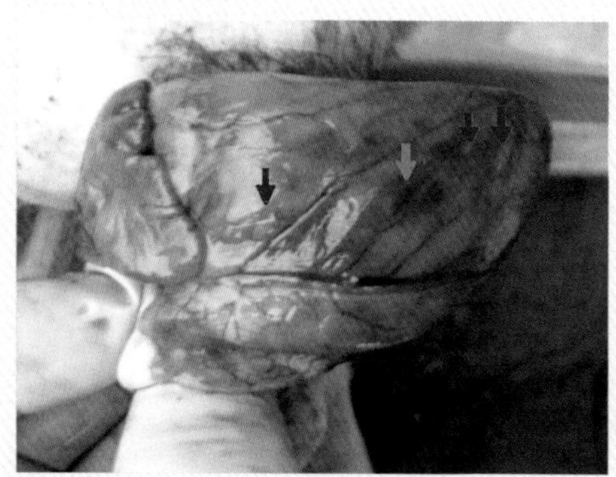
图1-1-12 外观灰黄或淡黄色斑点或老虎皮状的条纹

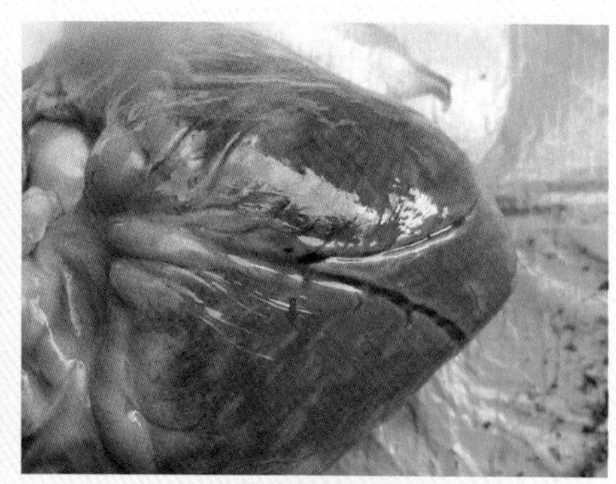
图1-1-13 外观坏死条纹，即“虎斑心”

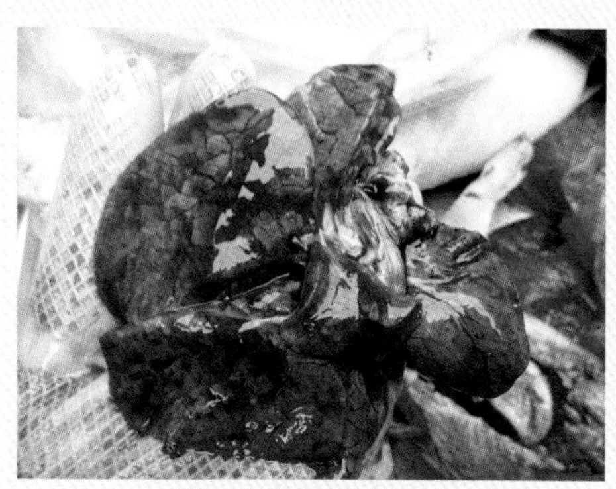
图1-1-14 猪口蹄疫病死猪多见出血性肺炎

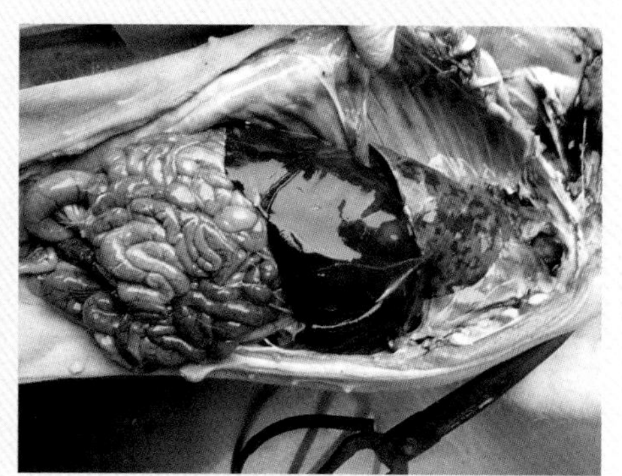
图1-1-15 猪口蹄疫病死猪多见出血性肠炎

四、防治

1．不从疫区引种和买猪及其产品、生物制品和饲料等。

2．根据国家强制免疫计划，结合本场和本地实际情况，制订切实可行的免疫程序。用猪口蹄疫合成肽灭活疫苗，散养户每年春秋两季集中免疫，平时补免，养猪场要常年免疫。

3．疫区和封锁区内应禁止人畜及物品流动。

4．一旦发病，禁止治疗。对需要保护的品种，注射耐过猪血清或原血，治疗和紧急预防效果均可。不过，一定要根据《中华人民共和国动物防疫法》和相关法律法规处理。

第二节 猪水疱病

猪水疱病是由肠道病毒属的病毒引起的一种急性、热性、接触性传染病。其特征是病猪的蹄部、口腔、吻突和母猪乳头周围发生水疱。本病发生无明显的季节性，呈地方性流行。由于传播速度没有口蹄疫病毒快，因此流行较缓慢，不呈席卷之势。

一、临床实践

水疱病也能造成仔猪的高死亡，不要误诊为口蹄疫、猪痘等。潜伏期2～4天，有的可延长至7～8天。

二、临床症状

发病猪体温升高至40.5℃或更高。首先观察到的是猪群中个别猪只发生跛行，在硬质地面上行走较明显，并且常弓背行走，有疼痛反应，或卧地不起，体格越大的猪越明显。在蹄冠、趾间、蹄踵出现一个或几个黄豆或蚕豆大的水疱，继而水疱融合扩大，充满水疱液，1～2天后水疱上皮脱落，留下颜色鲜红的糜烂病变。由于蹄部受到损害，因此病猪行走出现跛行。有些病例，由于继发细菌感染，局部化脓后可造成蹄壳脱落，不能站立。在蹄部发生水疱的同时，有的病猪在鼻端、口腔和母猪乳头周围出现水疱。一般经10天左右可以自愈，但初生仔猪可造成死亡。水疱病发生后，个别病例出现神经症状，先表现兴奋、转圈，随后发生轻瘫、麻痹而死。临床症状可分为典型型、温和型和隐性型（图1–2–1至图1–2–3）。

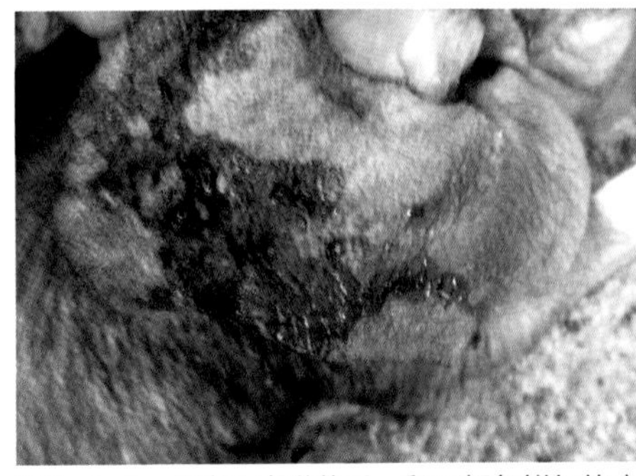
图1–2–1 水疱上皮脱落后，留下颜色鲜红的糜烂病变

图1–2–2 耳部水疱破裂后糜烂、出血

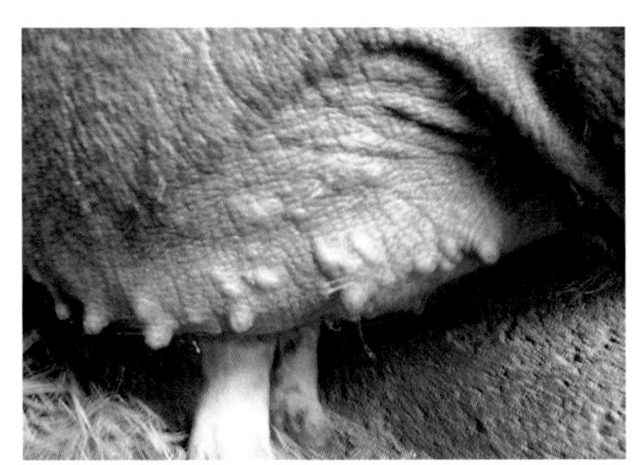
图1-2-3 乳房水疱形成并充满水疱液

三、病理变化

水疱主要出现在口腔、鼻腔黏膜、脚、乳头、四肢、趾间、眼睑及冠状带周围。病变开始是小面积变白，进而形成苍白隆起的水疱并出现溃疡，严重病例心内膜有条纹形出血。

四、防治

预防用猪水疱病毒高免血清和康复血清进行被动免疫有良好效果，免疫期可达1个月以上。应用乳鼠化弱毒疫苗和细胞培养弱毒疫苗，对猪免疫的保护率可达80%以上，免疫期6个月以上。用水疱皮和仓鼠传代毒制成灭活苗有良好免疫效果，保护率达75% ~ 100%。

治疗无特效药物。

第三节　猪瘟

猪瘟是由黄病毒科猪瘟病毒属的猪瘟病毒引起的一种急性、热性、高传染性疾病，不同品种、年龄、性别的猪只均可发病，具有高发病率和高死亡率。有最急性、急性、慢性、温和型四种类型。近些年，由于猪瘟疫苗的广泛应用，因此大多数猪只能获得不同程度的免疫力，典型猪瘟已经不常见，其流行缓和，发病率及死亡率较低，症状与病变亦不甚典型。在诊断中要注意。

一、临床实践

无继发感染的，一般不表现呼吸困难。断奶前后的发病猪，多数皮肤不发绀，而表现苍白，皮肤上有多量红色出血点和青紫色“胎记”状斑点。与蓝耳病的区别是，蓝耳病患猪体表淋巴结明显肿大。近几年有人对已经发病猪，用大剂量猪瘟活疫苗免疫，虽然有一定疗效，但这种疗效有待进一步研究。在临床诊疗中笔者发现，少部分散养户不重视猪瘟疫苗的免疫接种，部分散养户竟然说“现在没有猪瘟了，都是高热病了”。这是很危险的。该病发作后，应依法作无害化处理。

二、临床症状

受饲养管理、年龄、健康状况、免疫情况等诸多因素影响，猪瘟临床表现也不尽相同。

急性型：高热稽留，体温在41℃左右。大多数猪体温在40.5～41.5℃，稽留不退。流脓性分泌物，结膜发炎。精神沉郁，食欲废绝，粪便呈干粒状，后期便秘和腹泻有时交替出现，或有顽固性深绿色下痢。有的病猪出现神经症状，运动失调，痉挛，后肢麻痹，步态不稳。病初腹下、耳和四肢内侧皮肤充血，随着病情的发展，皮肤有发绀和出血斑（点）现象。慢性型：症状与急性相似，只是病程可长达1～2个月或更长，便秘与腹泻交替，病情时好时坏。妊娠母猪感染后有的不表现症状，但病毒可通过胎盘传染给胎儿，引起流产、死胎、畸形胎、木乃伊胎，或产下弱小、颤抖的仔猪并最终死亡（图1–3–1至图1–3–18）。

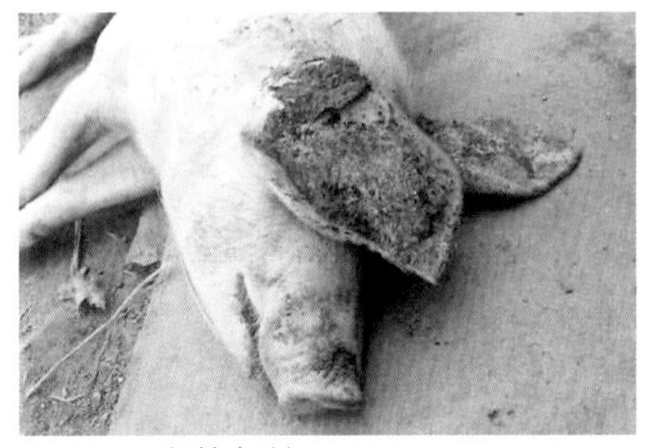

图1–3–1　慢性皮肤坏死

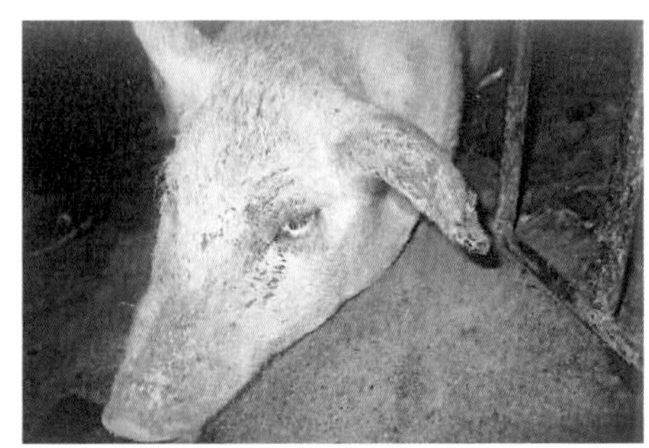

图1–3–2　结膜炎（结膜出血）

图1-3-3 出血斑相互融合，形成大片出血发绀区

图1-3-4 耳发绀，后躯麻痹

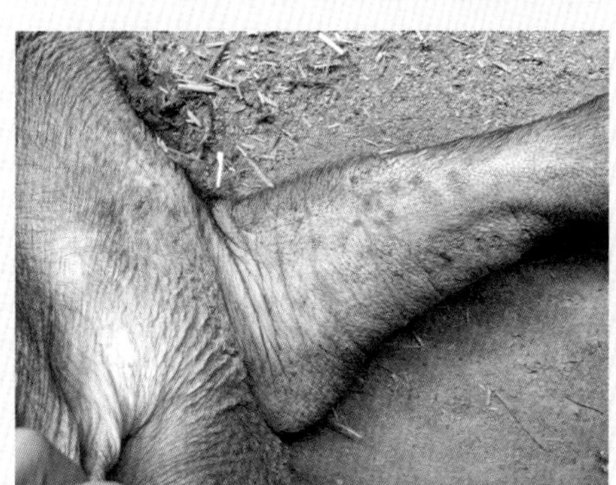

图1-3-5 胸前和前肢内侧发绀，有出血斑（点）

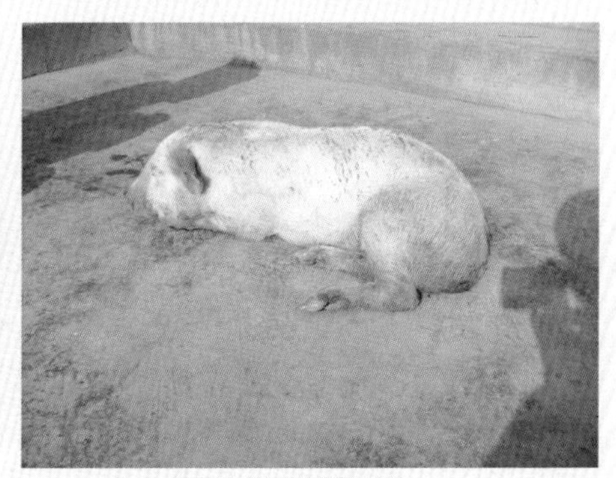

图1-3-6 全身发绀，后躯麻痹

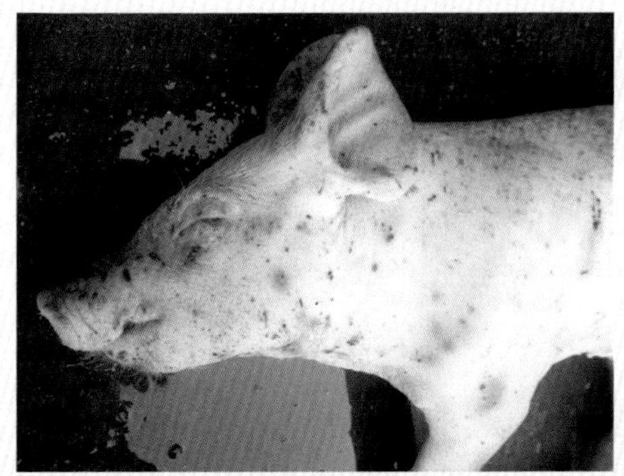

图1-3-7 45日龄未免疫猪瘟疫苗的发病猪，皮肤苍白、贫血并有大量紫色点状出血斑

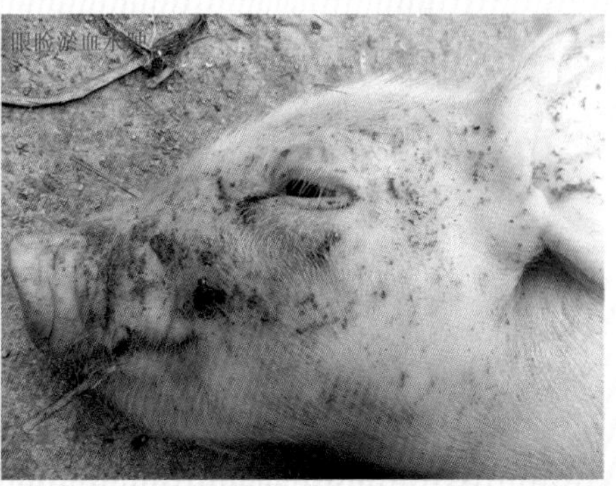

图1-3-8 10日龄尚未免疫猪瘟疫苗的发病乳猪，上、下眼睑肿胀并发紫

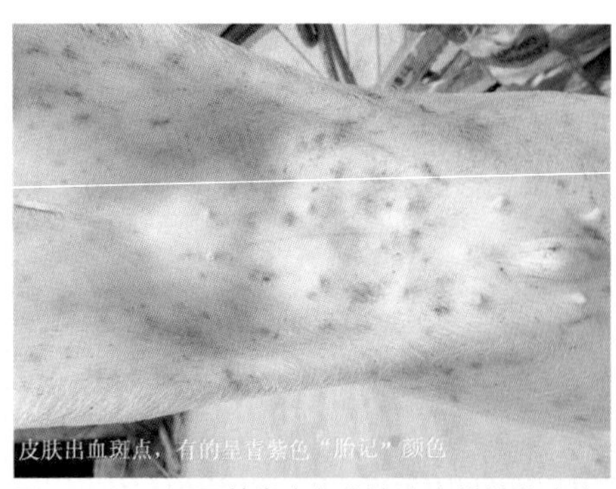

图1-3-9　10日龄尚未免疫猪瘟疫苗的发病猪，腹下皮肤苍白、贫血，皮肤上既有紫色点状出血斑，又有红色出血（斑点）

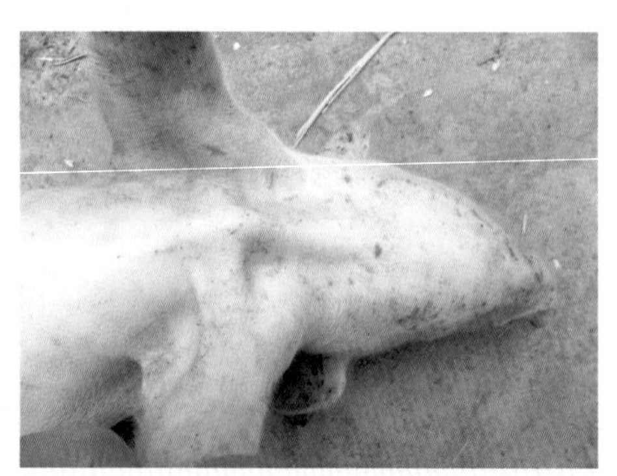

图1-3-10　10日龄尚未免疫猪瘟疫苗的发病猪，胸前等处皮肤苍白、贫血，皮肤上既有紫色点状出血斑，也有红色出血（斑点）

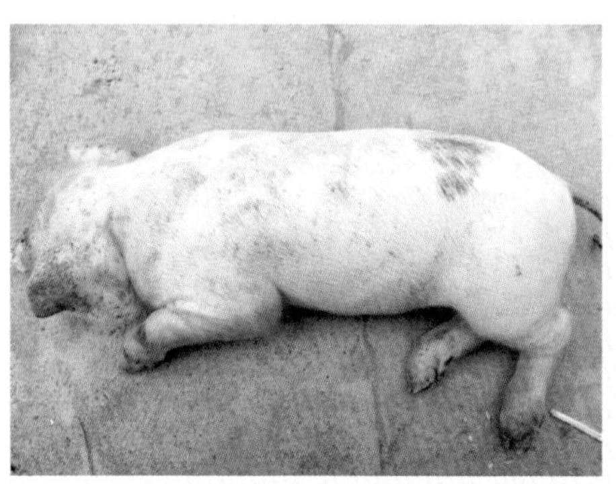

图1-3-11　10日龄尚未免疫猪瘟疫苗的发病猪，四肢麻痹

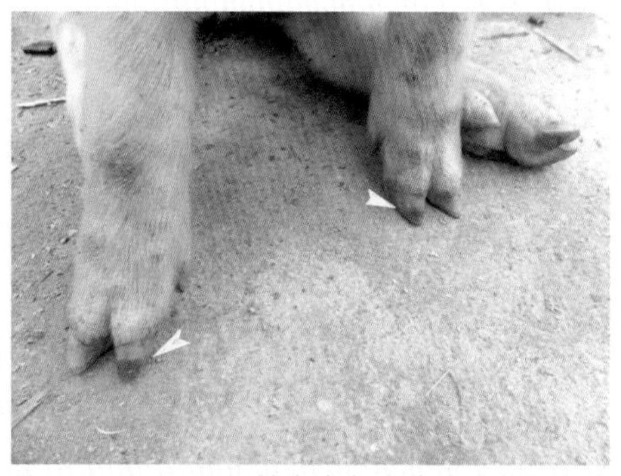

图1-3-12　10日龄尚未免疫猪瘟疫苗的发病猪，前肢内侧蹄壳呈紫红色

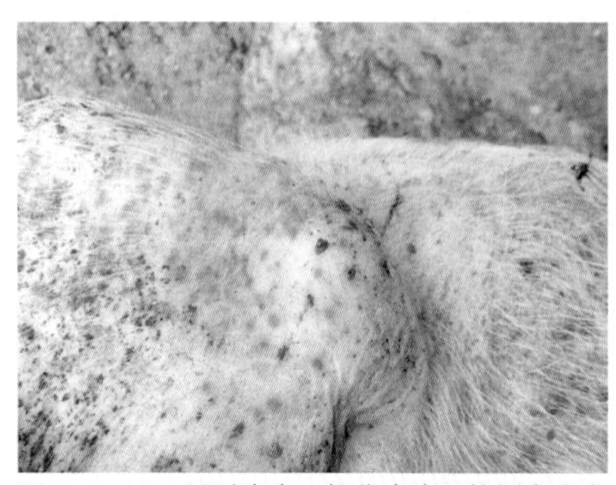

图1-3-13　肠型猪瘟，部分病猪耳外侧有出血斑（点）

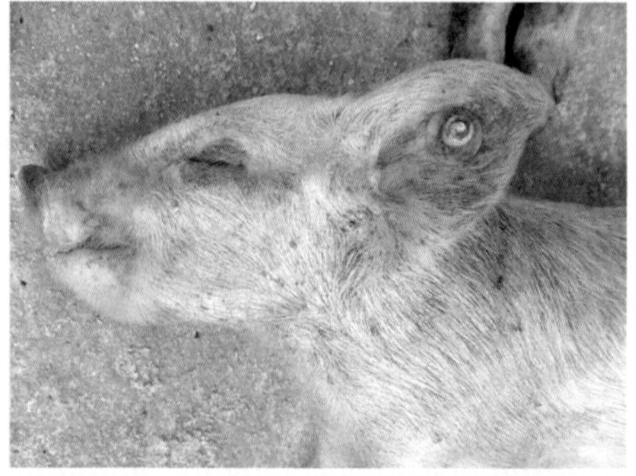

图1-3-14　肠型猪瘟，眼窝塌陷，严重脱水

图1-3-15 肠型猪瘟，病猪体温升高，出现顽固性腹泻（抗生素治疗无效，该图片虽然在夏季拍摄，但病猪仍然扎堆）

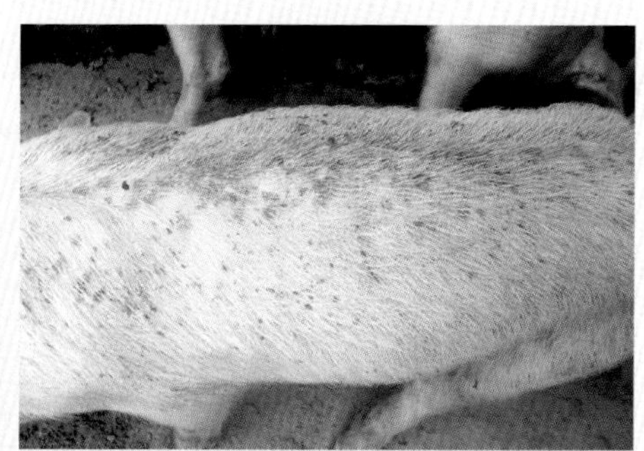
图1-3-16 肠型猪瘟，病猪背部可见出血斑

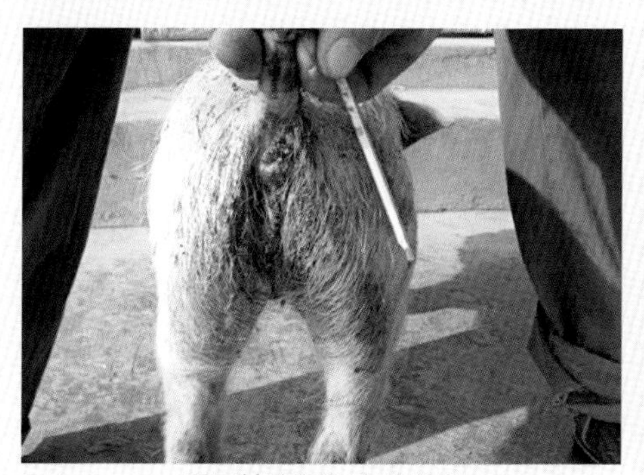
图1-3-17 顽固性腹泻和皮肤发绀

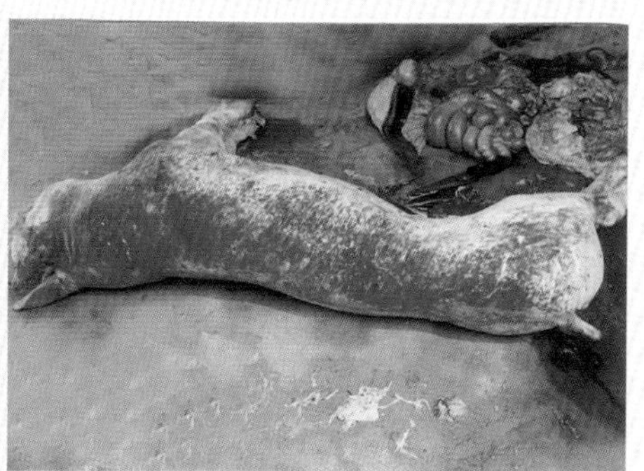
图1-3-18 急宰后出现“大红袍”（典型变化）

三、剖检变化

急性型：全身皮肤、皮下、黏浆膜及内脏有出血点是其特征。淋巴结周边出血，切面呈大理石状。喉头黏膜、会厌软骨、膀胱黏膜、心外膜、肺及肠浆膜、黏膜有斑状出血；脾脏不肿大，边缘出血性梗死是特征性病变；肾脏颜色变淡且表面有较多针尖大小出血点，外观呈雀卵状；有时胆囊、扁桃体和肺也可发生梗死。

慢性型（肠型）：大肠黏膜出血和坏死，特别是盲肠、结肠及回盲口处黏膜上可形成纽扣状溃疡。

迟发型：怀孕母猪流产，胎儿木乃伊化、死产和畸形；死产胎儿全身性皮下水肿，胸腔和腹腔积液；初生后不久死亡的仔猪，皮肤和内脏器官可见出血点。

以上病理变化见图1-3-19至图1-3-49。

图1-3-19　黏膜大量出血点

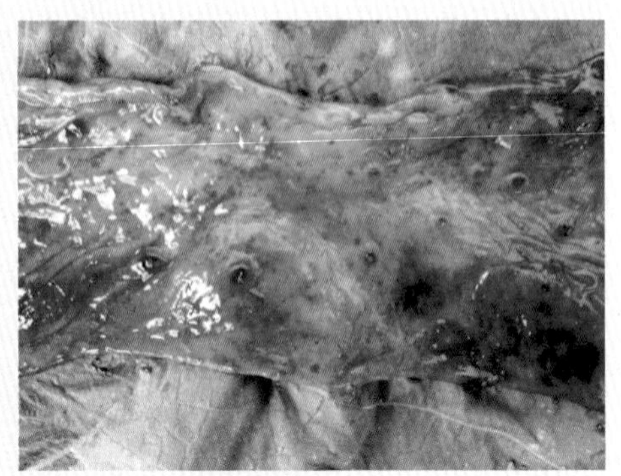

图1-3-20　黏膜纽扣状溃疡

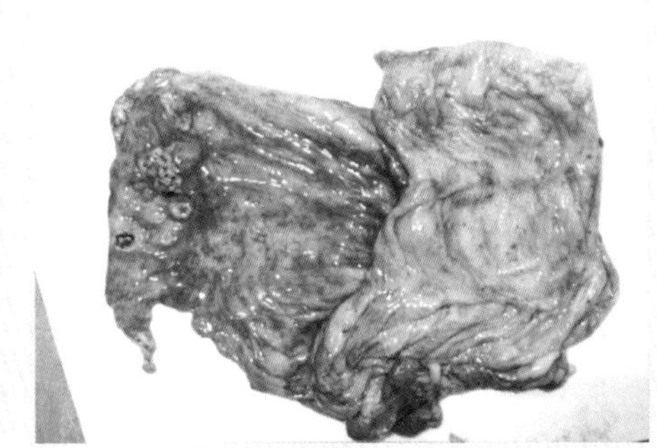

图1-3-21　口纽扣状溃疡

图1-3-22　浆膜多量出血

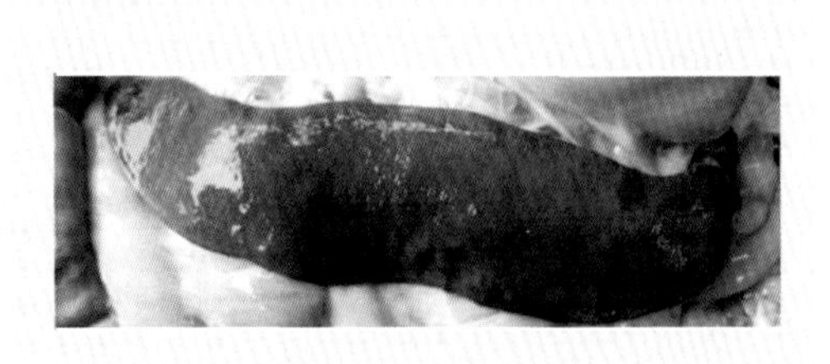

图1-3-23　脾脏不肿大，常见边缘出血性梗死（特征性病变）

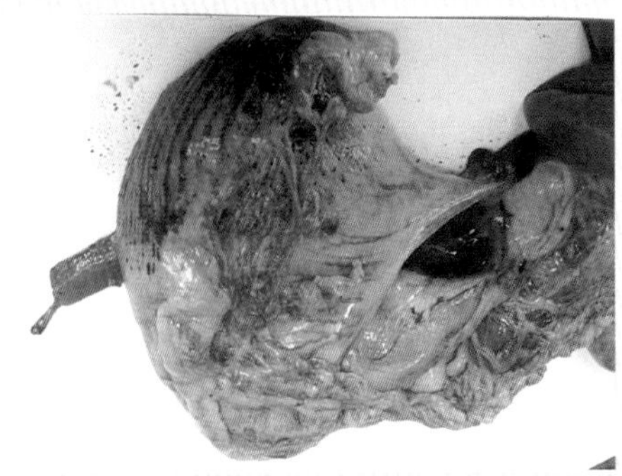

图1-3-24　胃浆膜出血

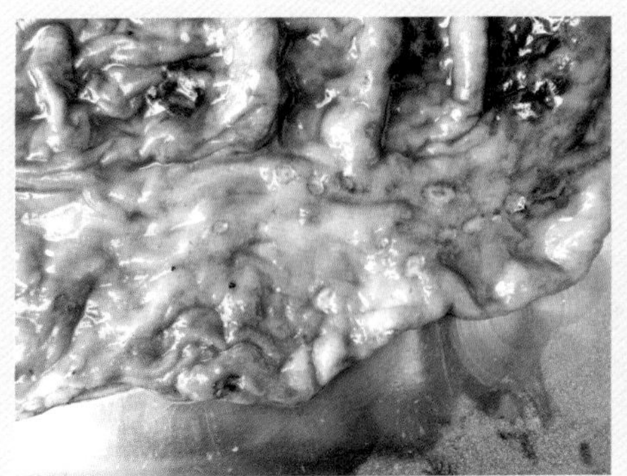
图1-3-25 黏膜纽扣状溃疡

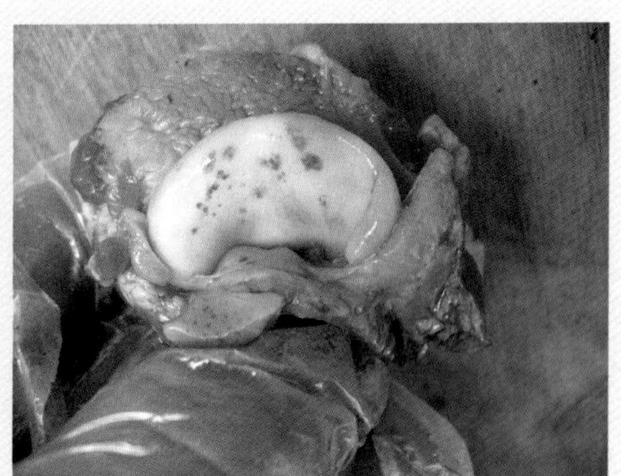
图1-3-26 黏膜和扁桃体出血

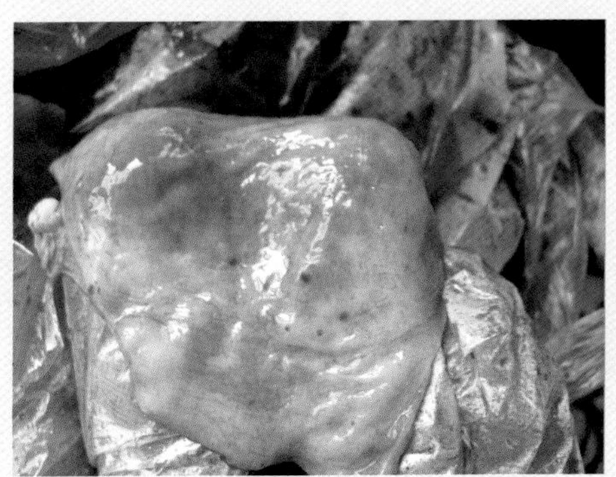
图1-3-27 面，呈大理石状外观

图1-3-28 黏膜出血

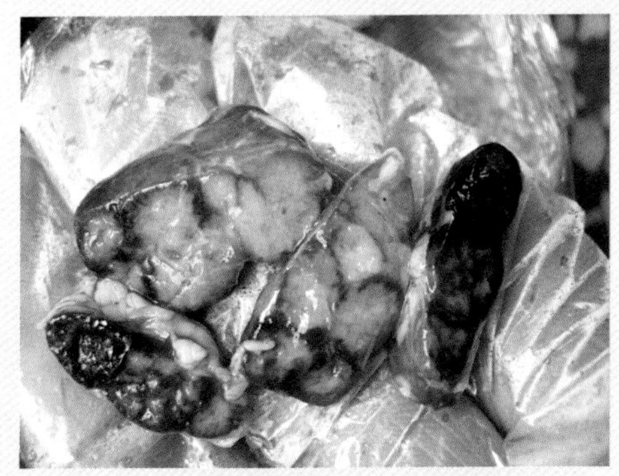
图1-3-29 淋巴结周边出血，呈大理石状外观

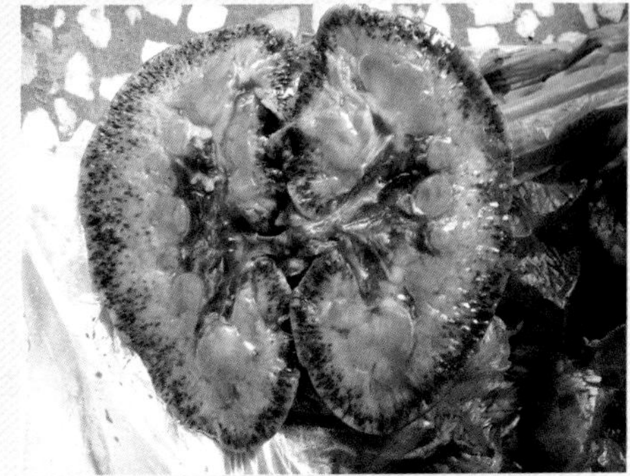
图1-3-30 肾脏切面密集出血点

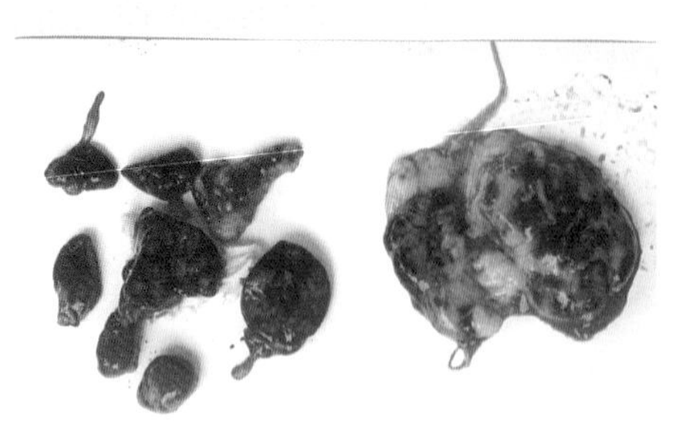

图1-3-31 腹股沟、颌下等处淋巴结展示周边出血，呈大理石状外观

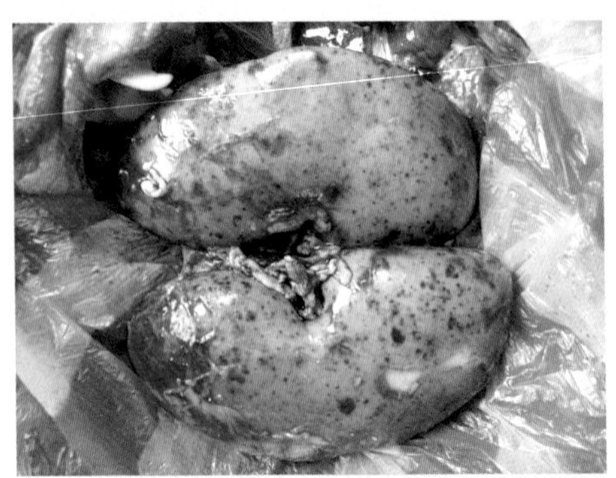

图1-3-32 肾脏颜色变淡，表面有针尖大小出血点（似麻雀卵蛋）

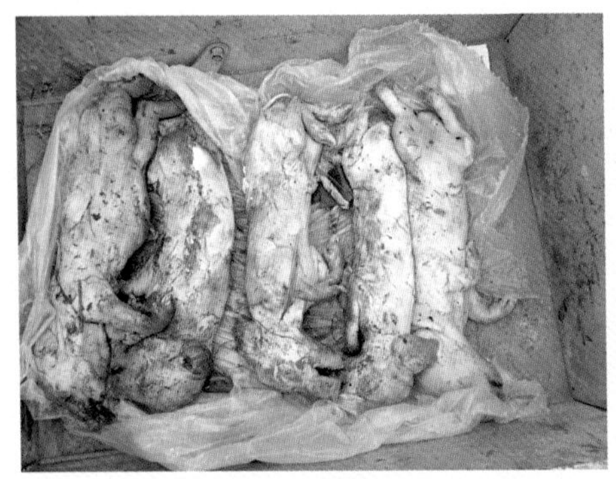

图1-3-33 迟发型：怀孕母猪流产、产死胎

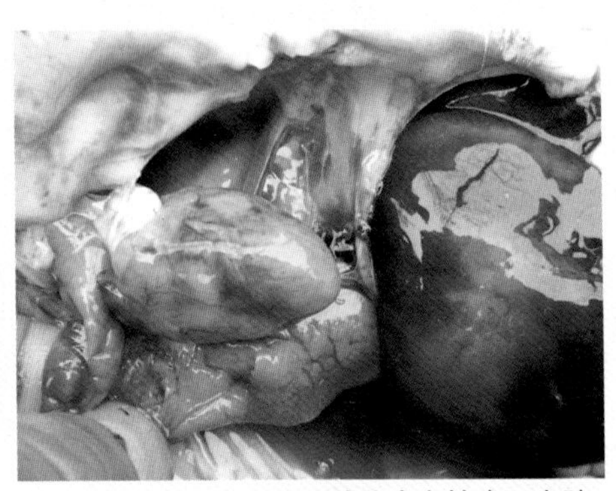

图1-3-34 迟发型：死胎儿全身性皮下水肿，胸腔和腹腔积液，心肌出血

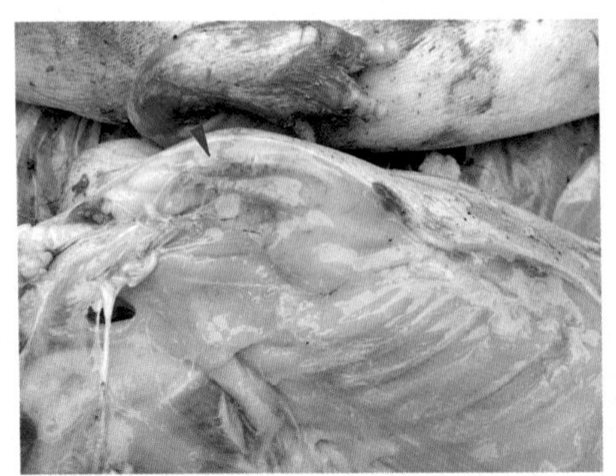

图1-3-35 迟发型：初生后不久死亡的仔猪，胸肌出血

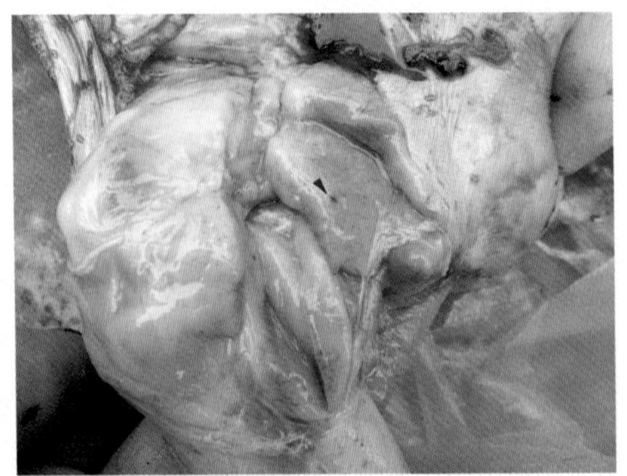

图1-3-36 迟发型：初生后不久死亡的仔猪，腿肌出血

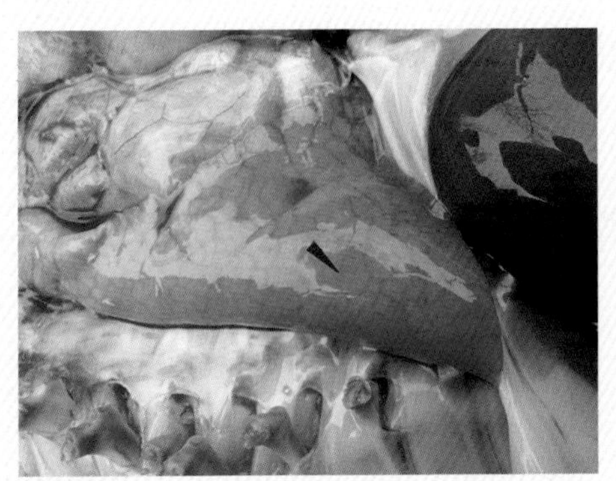

图1-3-37　迟发型：初生后不久死亡的仔猪，肺有针尖状出血点

图1-3-38　迟发型：初生后不久死亡的仔猪，肾出血

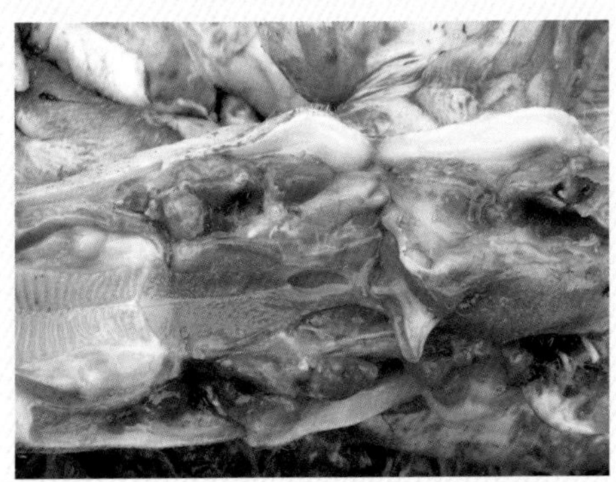

图1-3-39　迟发型：初生后不久死亡的仔猪，扁桃体出血

图1-3-40　障碍型猪瘟：产出的死胎

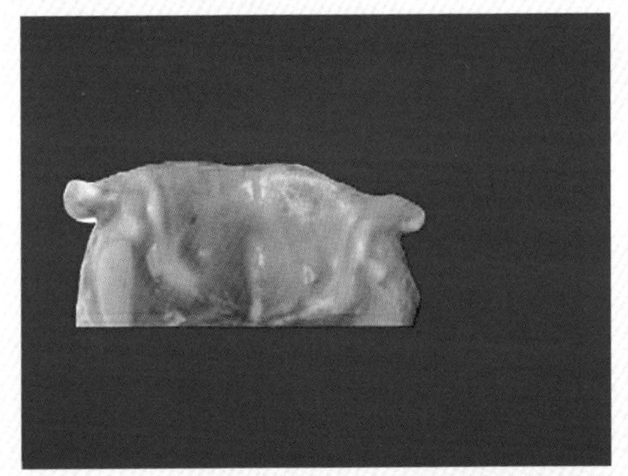

图1-3-41　障碍型猪瘟：产出的死胎喉头黏膜有多量小出血点

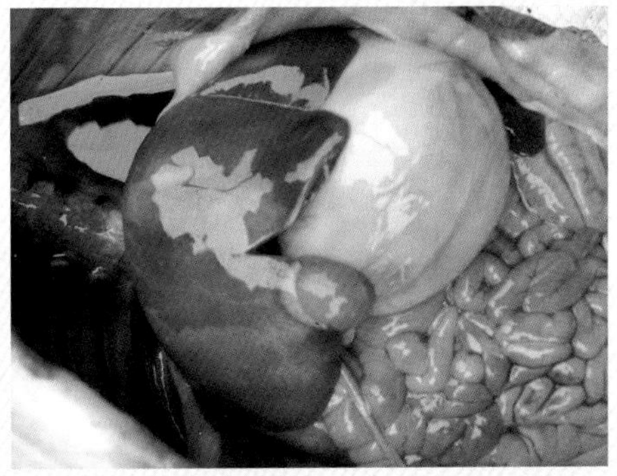

图1-3-42　障碍型猪瘟：产出的死胎肝脏变化

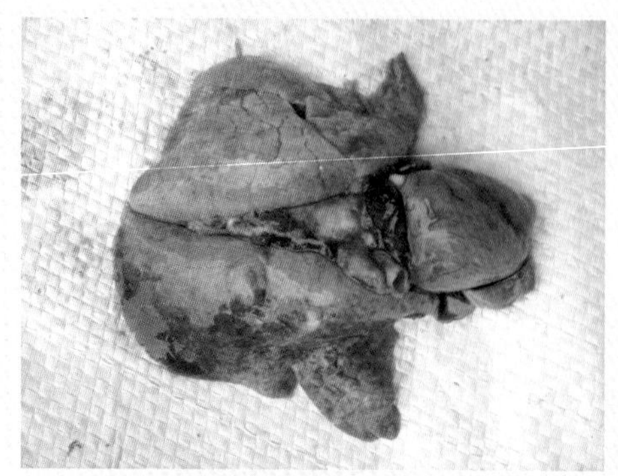

图1-3-43 障碍型猪瘟：产出的死胎肺和心肌出血

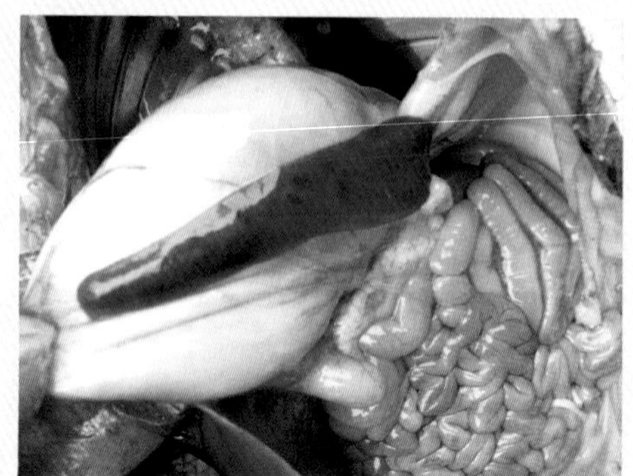

图1-3-44 障碍型猪瘟：产出的死胎脾脏出血

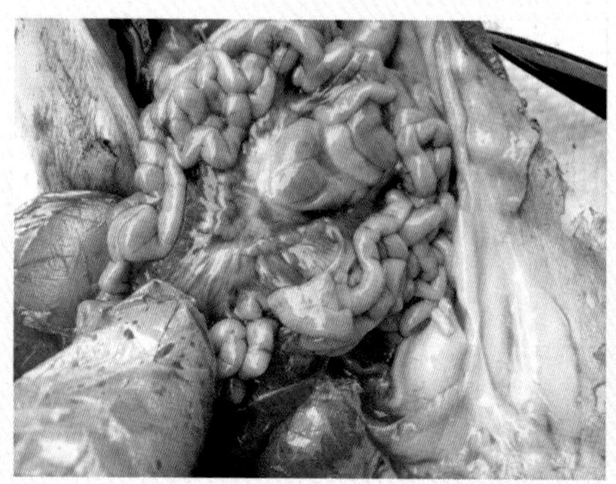

图1-3-45 障碍型猪瘟：产出的死胎肠系膜淋巴结出血

图1-3-46 障碍型猪瘟：产出的死胎肾脏密集出血点

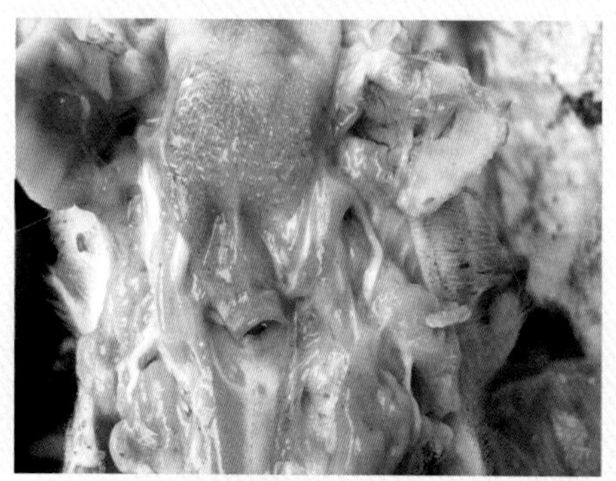

图1-3-47 障碍型猪瘟：产出的死胎会厌出血

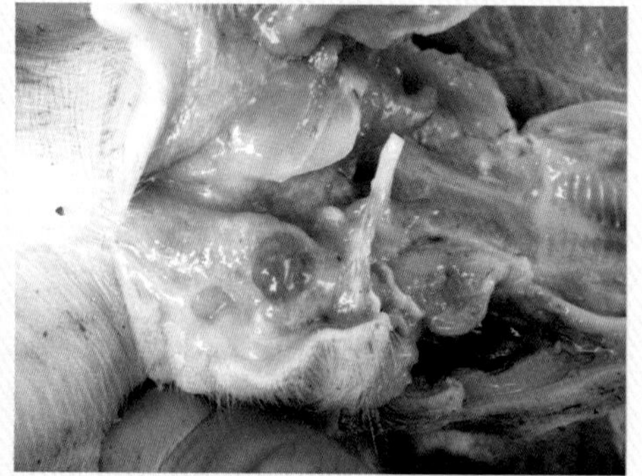

图1-3-48 障碍型猪瘟：产出的死胎喉部淋巴结出血

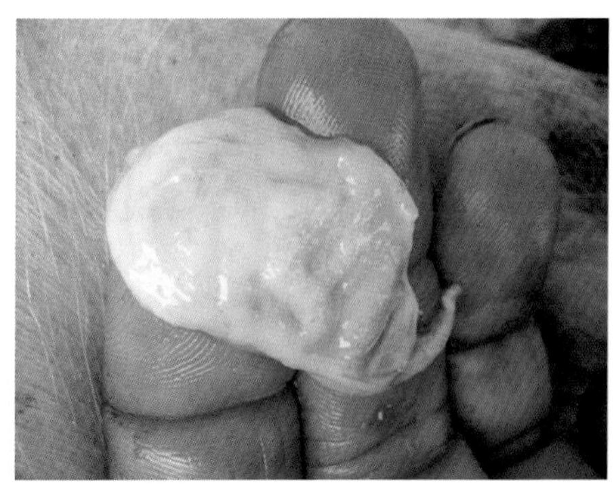

图1-3-49 障碍型猪瘟：产出的死胎膀胱黏膜出血，但出血点模糊

四、防治

1. 猪瘟兔化或脾淋弱毒苗接种是预防和控制本病的主要方法。仔猪20～30及60～65日龄两次接种。疫区乳前免疫接种，可免受母源抗体干扰。种猪每年春秋两次免疫接种。

2. 暴发猪瘟时紧急接种，对全部无症状的猪用6倍剂量猪瘟疫苗接种，对控制疫情有积极作用。

3. 治疗无特效药物。

第四节 猪繁殖与呼吸障碍综合征

猪繁殖与呼吸障碍综合征，俗称蓝耳病是由莱利斯塔德病毒引起的一种急性传染病。其特征是母猪流产、死胎、胎儿木乃伊化，其他猪表现为呼吸道症状。年龄越小症状越重，致死率很高，初生仔猪的死亡率可高达100%。

猪是唯一的易感动物，各种年龄均可感染，1月龄内仔猪和妊娠母猪受危害最大。本病传播迅速，呈地方性流行。主要感染途径为呼吸道、空气传播、接触传播，怀孕母猪对仔猪的垂直传播，患病公猪可通过精液传播。猪感染该病后可表现为慢性持续感染。该病病毒能在敏感细胞内复制数月，并不表现临床症状，这是蓝耳病毒感染最为重要的流行病学特征。

一、临床实践

蓝耳病并不可怕，一定要做好防疫消毒等工作，加强饲养管理。一旦发病，切忌大剂量、长时间使用抗生素，多用些电解多维等。大群猪发病，采取放牧饲养时能大大降低死亡率。妊娠母猪患病后一般在怀孕后期流产，临床上产木乃伊胎较少见，死胎大多均匀和比较新鲜。

二、临床症状

猪突然出现厌食、打喷嚏、流涕、咳嗽等类似流感的呼吸道症状，有的呼吸急促、体温升高，目光阴森（就是有的饲养人员说的“猪用眼瞪我，就要坏事”）。个别病猪，耳尖、耳边呈蓝紫色，四肢末端和腹侧皮肤有红斑、大的疹块和梗死，母猪乳头、阴门肿胀。

怀孕母猪：在妊娠100～112天发生大批流产（20%～30%）或早产，产下木乃伊胎、死胎和病弱仔猪，早产母猪分娩不顺，泌乳减少或无乳。病后恢复的母猪，有时可呈现间情期明显延长。急性病例母猪死亡率通常为1%～4%，剖检可见肺水肿、肾盂肾炎、膀胱炎等症状。也有国外资料显示，急性严重感染母猪，流产率可达10%～50%，死亡率为10%，且伴有共济失调、转圈、轻瘫等神经症状。

哺乳仔猪：早产仔猪有的出生时立即死亡或生后数天即死，有的可见腹泻、沉郁、呼吸急促、呼吸困难（喘鸣）和眼球结膜水肿，有的病例可能出现贫血、震颤、游泳状划动、前额轻微突起和脐带部位出血等症状。死亡率可达35%～100%。

断奶仔猪：发病初期，病猪体温升高、口渴，在饮水器前拥挤抢饮，此时体温明显升高至41℃左右。感染后大多数出现眼睑肿胀，呼吸困难，咳嗽，耳朵发绀。

育肥猪：表现轻度类似流感症状，厌食和轻度呼吸困难，嗜睡。感染高致病性蓝耳病的育肥猪，3天内可全部发病。初期1～3天皮肤发红，减食，但仍然抢食青菜或水果等青绿饲料；进而皮肤暗红达5～7天，此时只是个别猪只采食青菜或水果等青绿饲料；继而全身呈紫红色，个别猪只皮肤开始出现溃烂。其他症状有呼吸稍快，鼻炎，有鼻塞声，流黏液或脓性鼻液。粪便干硬，上附白色黏液，尿液黄色，行走时后肢不稳。体温升高至41.5～42℃。公猪有食欲不振、乏力、嗜睡等症状且精液品质下降。

以上临床症状详见图1-4-1至图1-4-15。

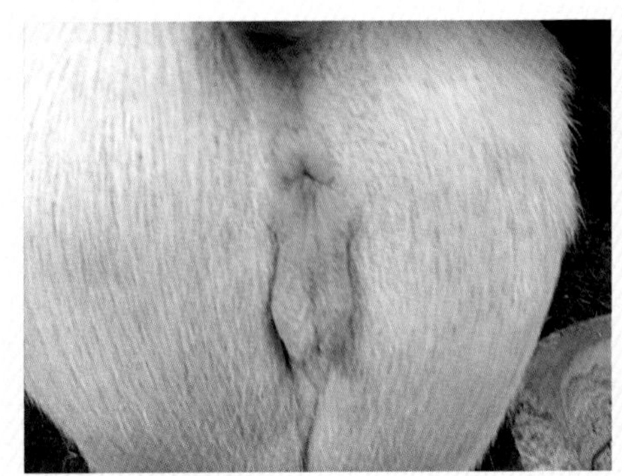

图1-4-1 阴门肿胀

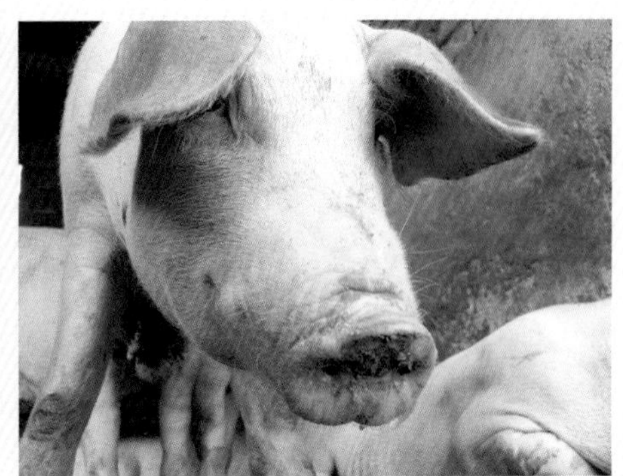

图1-4-2 病猪打喷嚏流鼻涕，目光阴森

图1-4-3 病猪体温升高、口渴，在饮水器前拥挤争抢饮水，致使饮水器周围地面积水

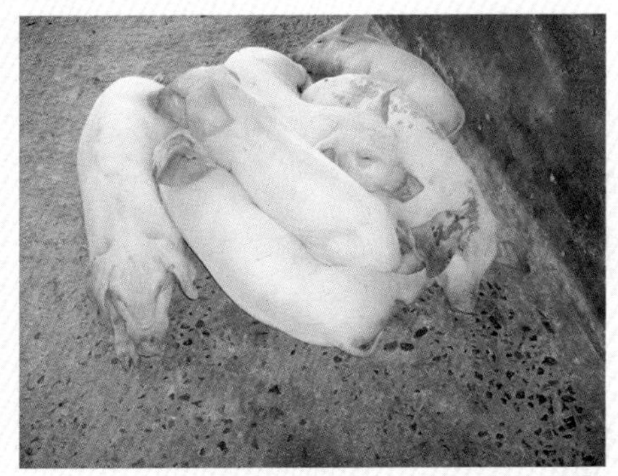

图1-4-4 断奶仔猪发病突然，眼睑肿胀、耳朵发绀

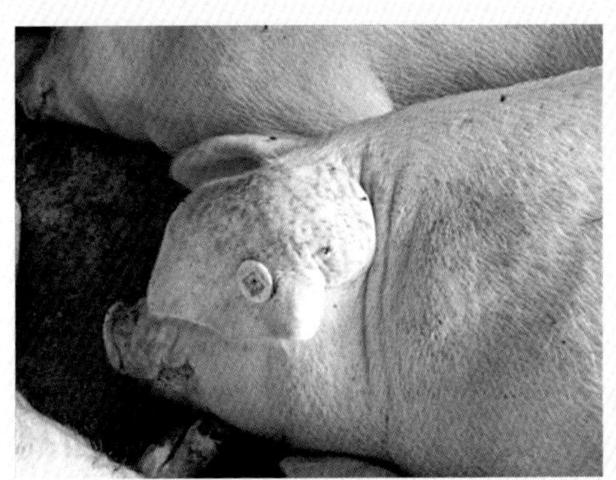

图1-4-5 耳部由红色变成紫红色，进而出现紫斑

图1-4-6 皮肤由红色变成紫红色，进而出现紫斑

图1-4-7　结膜炎，目光阴森

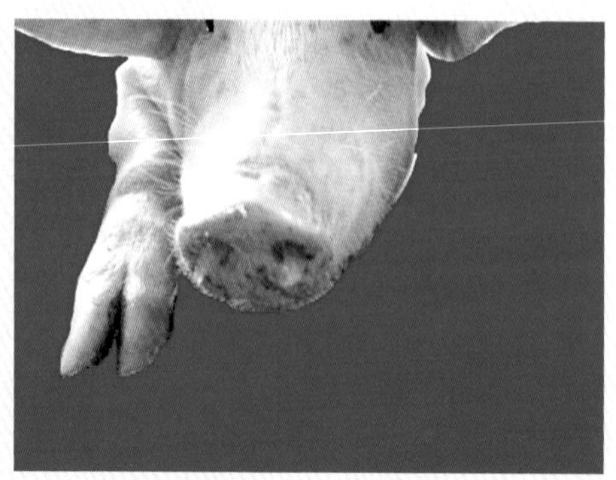

图1-4-8　呼吸稍快，鼻炎，有鼻塞声，流黏液或脓性鼻液

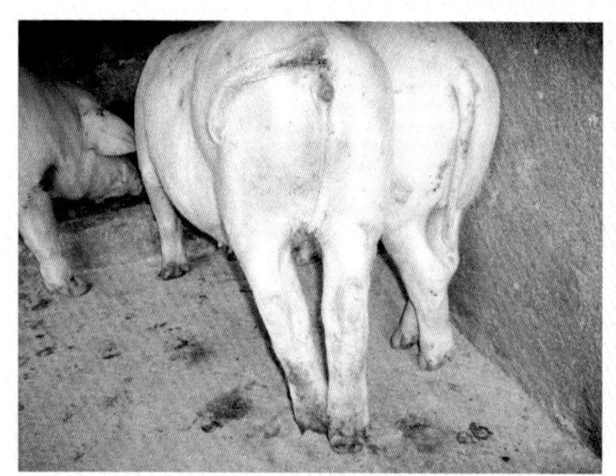

图1-4-9　病猪行走时后肢不稳

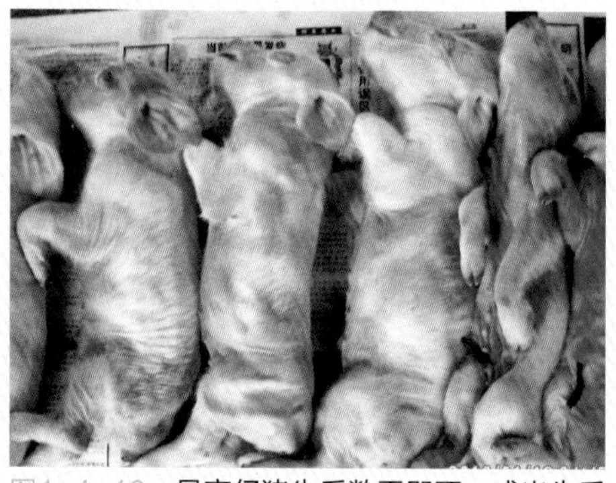

图1-4-10　早产仔猪生后数天即死，或出生后2～3天多发生腹泻，其死亡率可达30%～100%

图1-4-11　产下的死胎大小较均匀

图1-4-12　育肥猪表现轻度类似流感症状，呈现暂时性厌食和轻度呼吸困难，采食量稍低，增重缓慢，个别猪只耳发绀

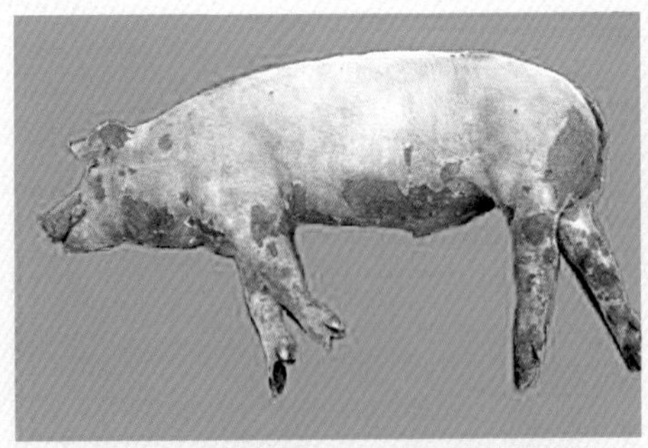

图1-4-13 全身紫红色，可能是持续高热造成，有的开始出现皮肤溃烂现象

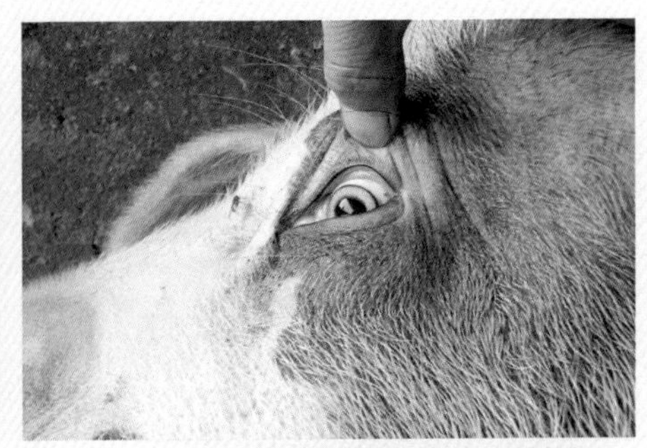

图1-4-14 高热，结膜前期充血，后期瘀血

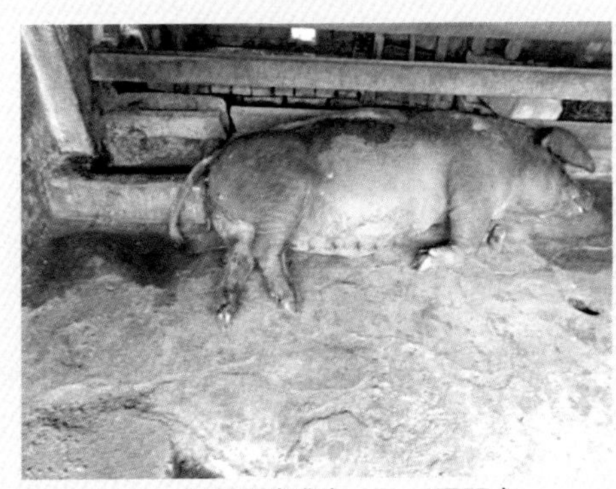

图1-4-15 怀孕母猪难产，2～4天死亡

三、剖检变化

喉头、气管充血，内含大量泡沫。肺脏呈红褐花斑状，不塌陷。脾脏肿大，有梗死点。肾紫红色，有较密集的出血点。大部分病例胃、肠浆膜有划痕状出血（能与猪瘟出血点相鉴别）。胃黏膜出血和溃疡。淋巴结髓样肿大，仔猪淋巴结褐色肿大。眼球结膜水肿。腹腔、胸腔和心包腔清亮液体增多。

产出的新鲜死胎肺脏呈红褐花斑状，不塌陷。淋巴结肿大，呈褐色，死胎外观和皮下水肿。腹腔、胸腔和心包腔清亮液体。死胎肾出血呈紫色。胎盘出血性炎症。

以上剖检变化详见图1-4-16至图1-4-40。

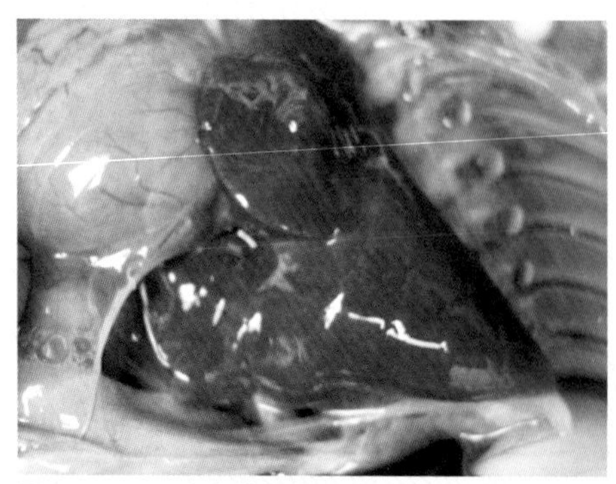

图1-4-16 产出的新鲜死胎肺脏呈红褐花斑状，不塌陷；淋巴结肿大，呈褐色

图1-4-17 产出的新鲜死胎皮下水肿

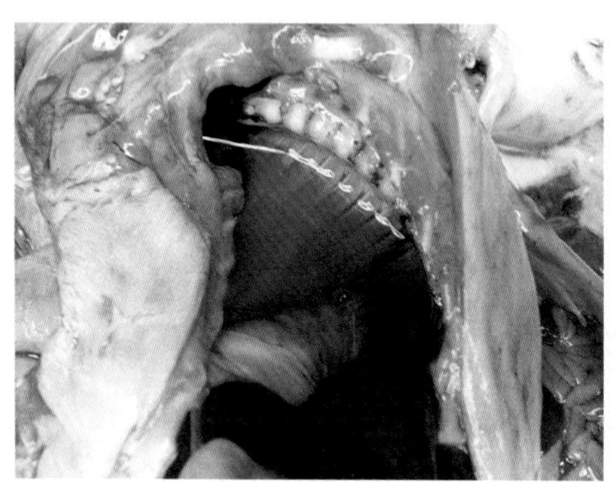

图1-4-18 产出的新鲜死胎腹腔、胸腔和心包腔清亮液体增多

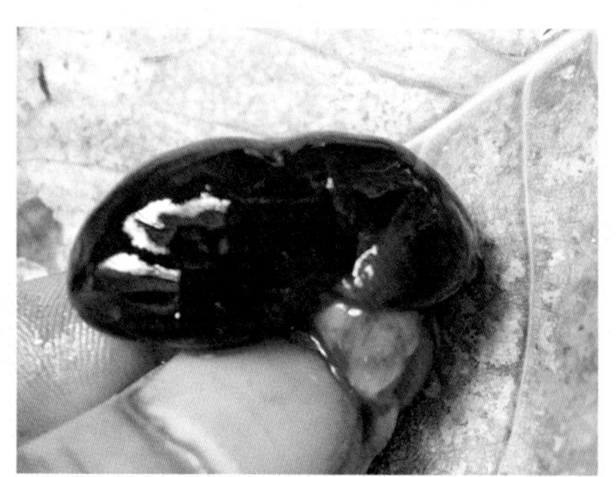

图1-4-19 产出的新鲜死胎肾出血

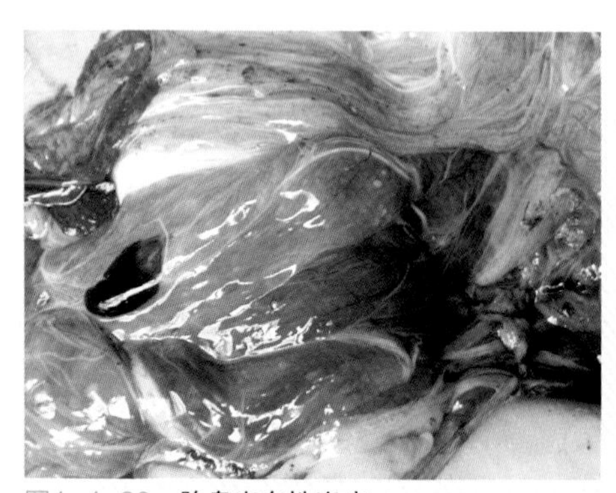

图1-4-20 胎盘出血性炎症

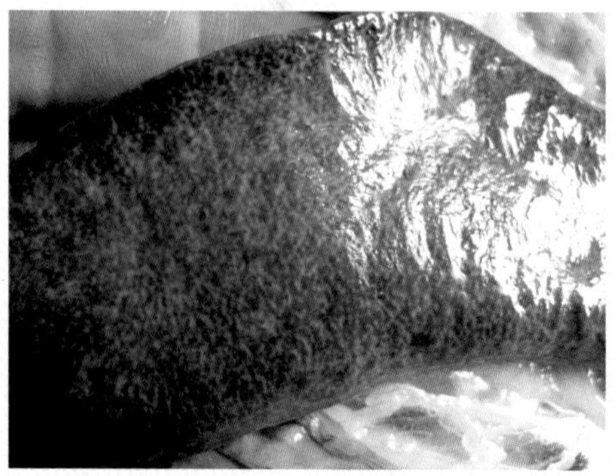

图1-4-21 脾脏肿大，有梗死点

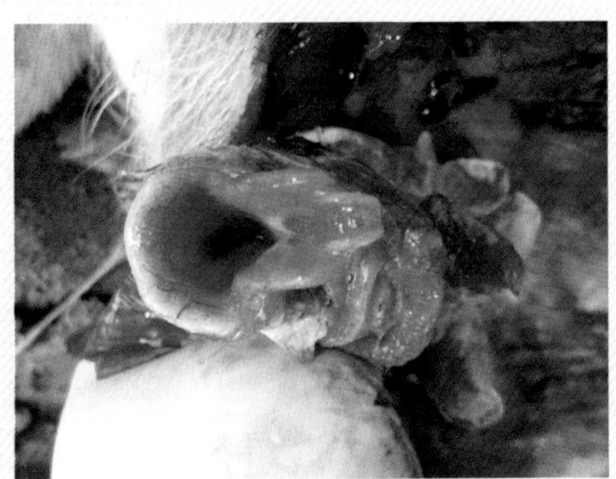
图1-4-22 喉头充血

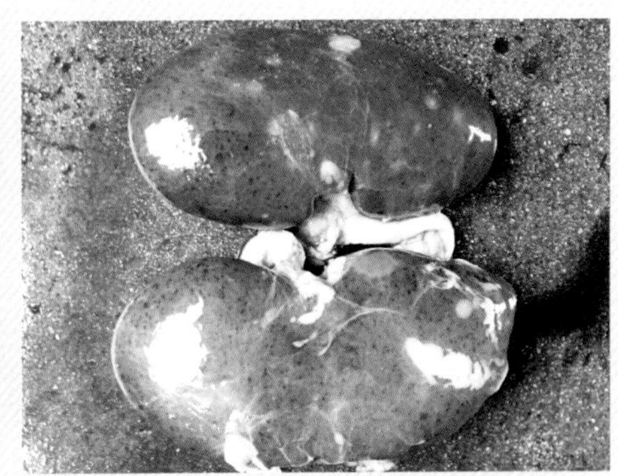
图1-4-23 肾紫红色，有较密集的出血点

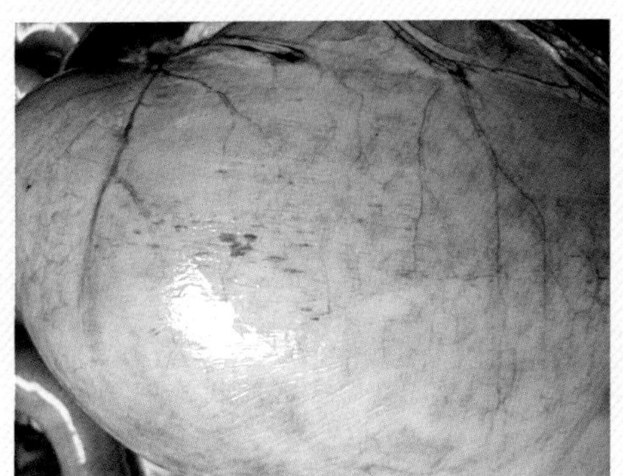
图1-4-24 大部分病例胃浆膜有划痕状出血

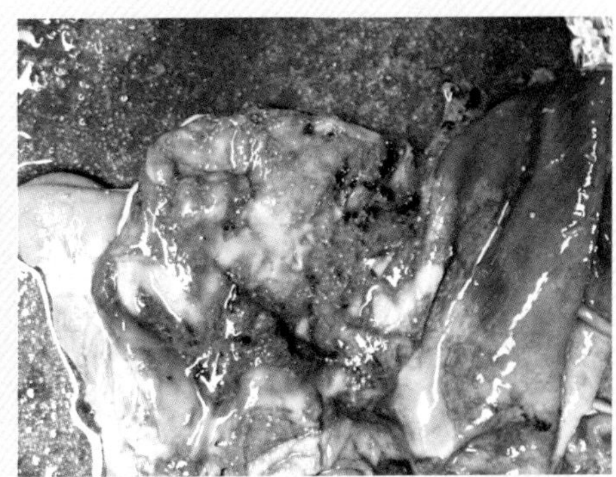
图1-4-25 胃黏膜出血和溃疡

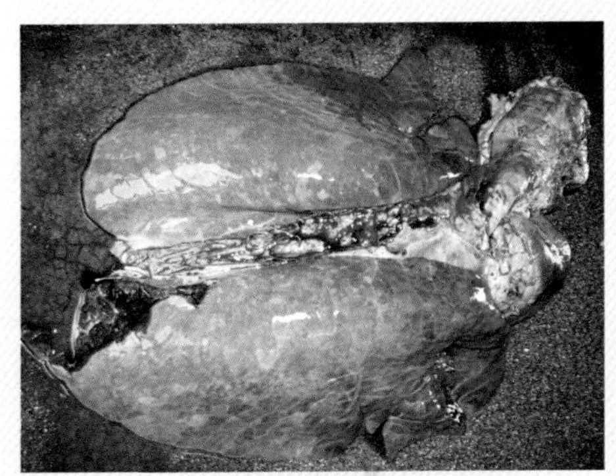
图1-4-26 肺脏呈红褐花斑状，不塌陷

图1-4-27 气管充血，内含大量泡沫

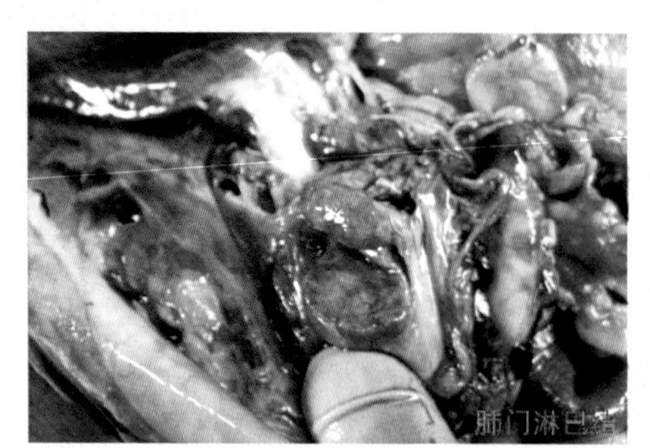

图1-4-28 淋巴结髓样肿大

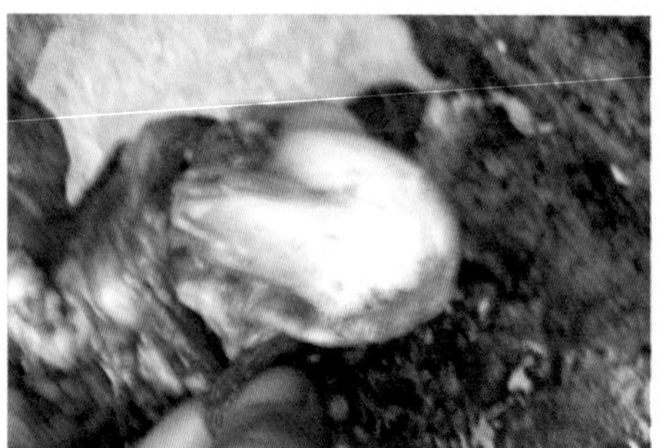
图1-4-29 喉头气管蓄积大量泡沫

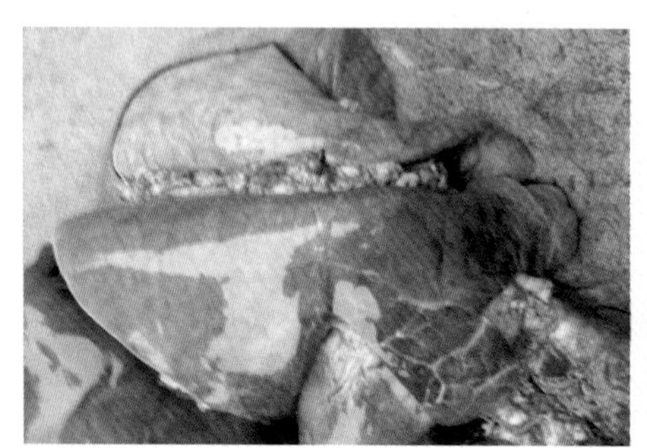
图1-4-30 肺瘀血、出血

图1-4-31 肝脏表面有出血斑（点）

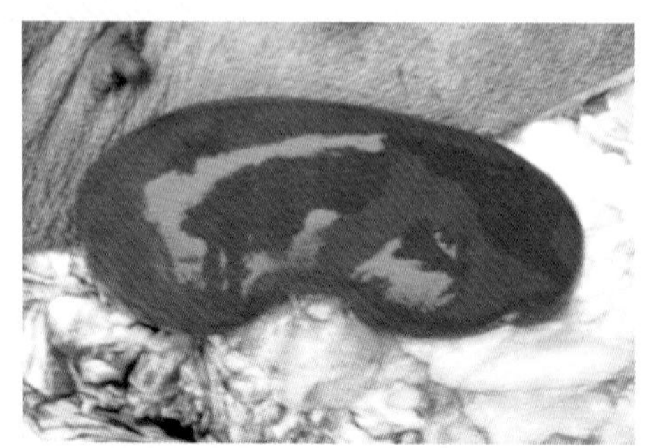
图1-4-32 肾瘀血

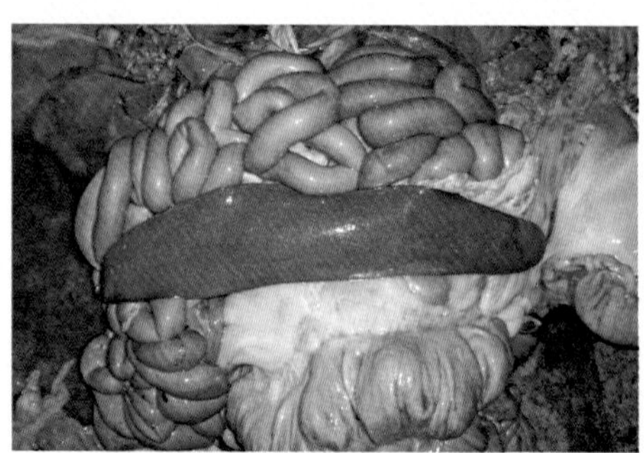
图1-4-33 脾脏肿大

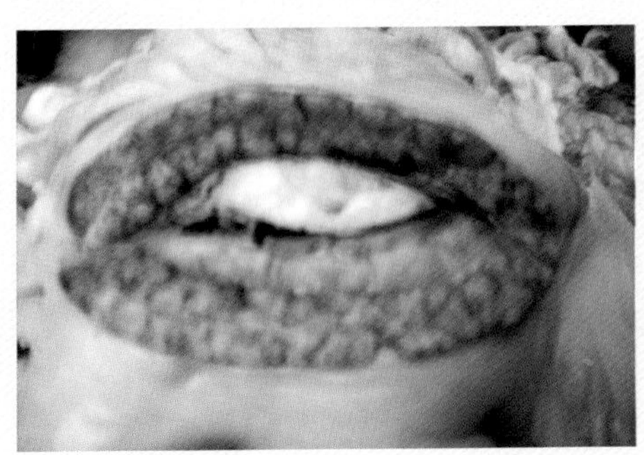
图1-4-34 肠系膜淋巴结出血

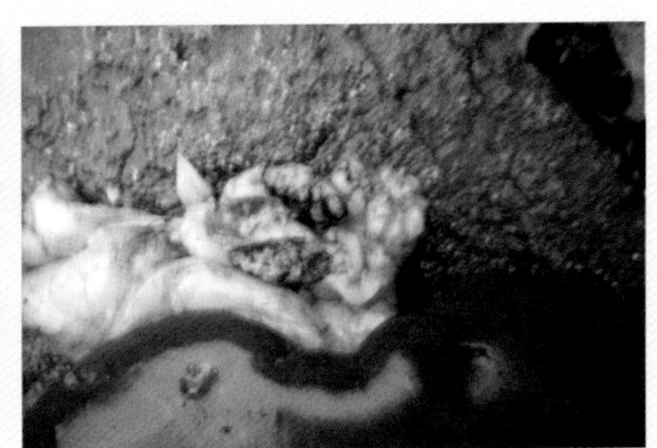
图1-4-35 肾门淋巴结出血

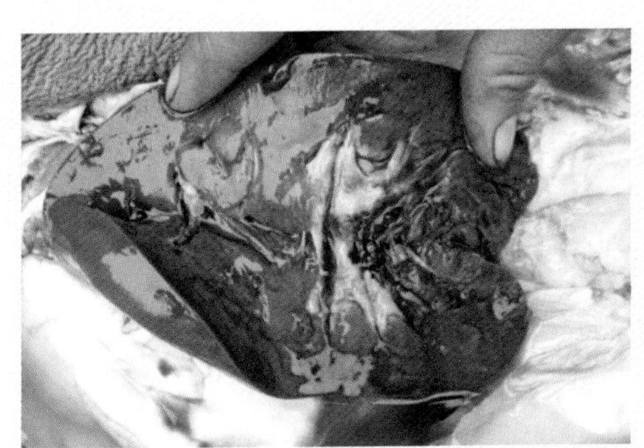
图1-4-36 肾切面出血

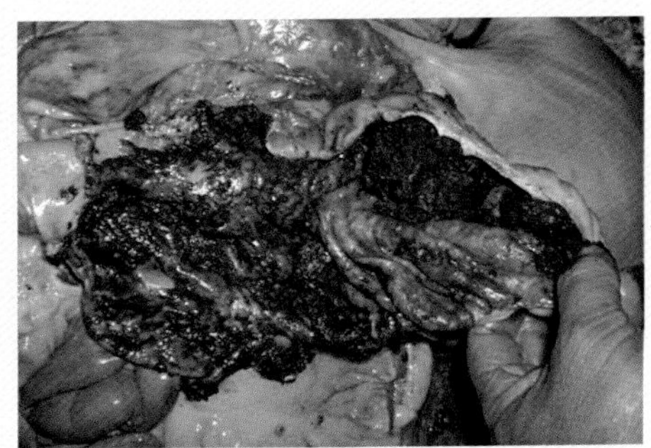
图1-4-37 盲肠浆膜出血

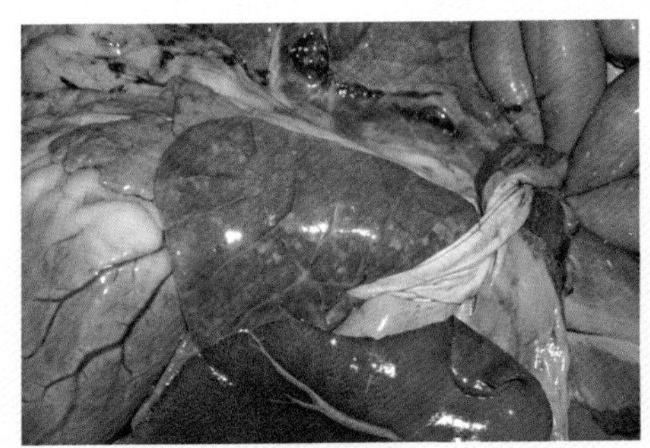
图1-4-38 肺出血、间质增宽

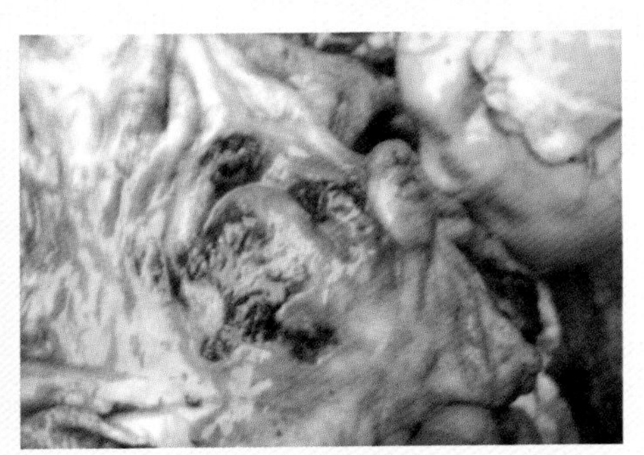
图1-4-39 回盲口附近有坏死灶

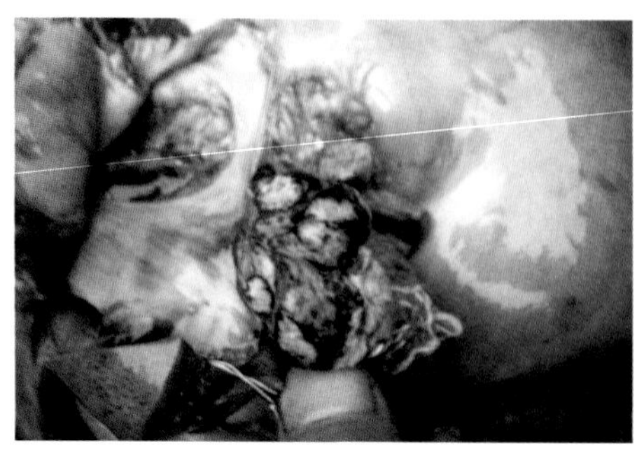
图1-4-40 胃门淋巴结出血

四、防治

1. 从非疫区引种、精液等。引入猪要经过严格的检测，结果呈阴性时才能入群。
2. 对猪群进行疫苗免疫。建议母猪、种公猪用灭活疫苗，育肥猪用弱毒疫苗。
3. 通过自繁自养控制猪蓝耳病病毒的传入。
4. 执行严格的管理，如执行全进全出制度。
5. 治疗目前无特效药物，根据混合感染情况，选择适当药物。

第五节 猪圆环病毒病

猪圆环病毒病是由猪圆环病毒Ⅱ型感染所致，家猪和野猪是自然宿主，长白猪的易感性可能高于其他品种。猪科外的其他动物不易感染。目前已知口、鼻接触是该病主要传播途径。临床上分为断奶仔猪多系统衰竭综合征和猪皮炎与肾病综合征。有报道，本病毒同时还与增生性坏死性肺炎、猪呼吸道疾病综合征、繁殖障碍、先天性颤抖、肠炎等疾病有关。本病被公认为是继猪繁殖与呼吸综合征之后引起猪免疫障碍的重要传染病，故有人称其为“猪的艾滋病”。

一、临床实践

近几年猪圆环病毒发病率较高，断奶仔猪出现进行性消瘦，但很多慢性或营养性疾病都有此症状，易与该病混淆。与其他类症疾病相比，该病体表淋巴结，特别是腹股沟淋巴结显著肿大。与副猪嗜血杆菌病相比，副猪嗜血杆菌病除淋巴结肿大外，还伴随关节肿大等。国外资料显示，断奶仔猪多系统衰竭综合征和猪皮炎与肾病综合征临床判断几项内容：

断奶仔猪多系统衰竭综合征：腹股沟淋巴结肿大，生长缓慢，消瘦，有时黄疸，持续呼吸困难。淋巴组织呈现中度至重度组织病理变化特征。病变淋巴组织或感染猪其他组织含有中滴度至高滴度Ⅱ型圆环病毒。

猪皮炎与肾病综合征：皮肤出血及坏死病变，主要发生在后肢及会阴区域。剖检时肾肿胀、发白及肾皮质有大量出血点。全是坏死性脉管炎，坏死性及纤维素性肾小球肾炎。

二、临床症状

断奶仔猪多系统衰竭综合征：主要侵害5～12周龄的猪，哺乳仔猪很少发病，临床上发病猪出现进行性消瘦、生长发育不良，初期发热咳嗽时还表现呼吸困难、喜卧、腹泻、贫血、部分黄疸。全身淋巴结肿胀,腹股沟淋巴结外观最为明显（图1–5–1至图1–5–2）。

图1–5–1 呼吸困难、喜卧、腹泻、贫血、部分黄疸

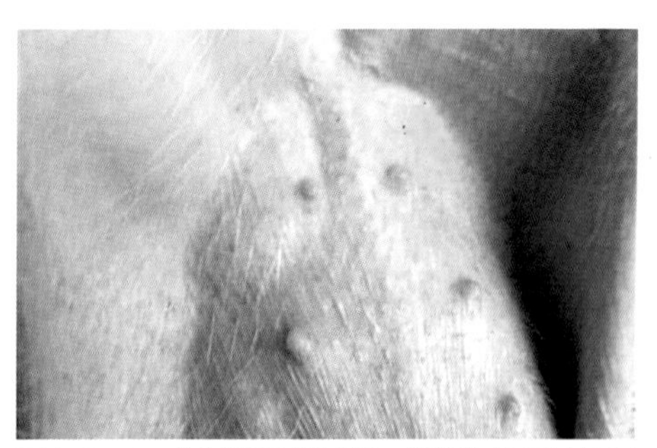

图1–5–2 全身淋巴结肿胀，腹股沟淋巴结外观最为明显

猪皮炎与肾病综合征：主要侵害架子猪、育肥猪和成年猪，发病率低，死亡率高，严重病例发病后几天就可能死亡。病猪皮肤出现红色、紫色的不规则丘疹并遍及全身，但以后躯密度最大。随着病情的延长，丘疹逐渐被黑色结痂覆盖，丘疹机化吸收后留下疤痕。喜卧、步态僵硬。体温有较大差异，正常至41.5℃不等。皮下水肿，典型的皮肤损害，皮肤有瘀血点和瘀血斑，呈紫红色（图1–5–3至图1–5–8）。

图1-5-3 瘀血点或瘀斑融合，病猪皮肤呈紫红色凹凸不平的“癞蛤蟆”皮状外观

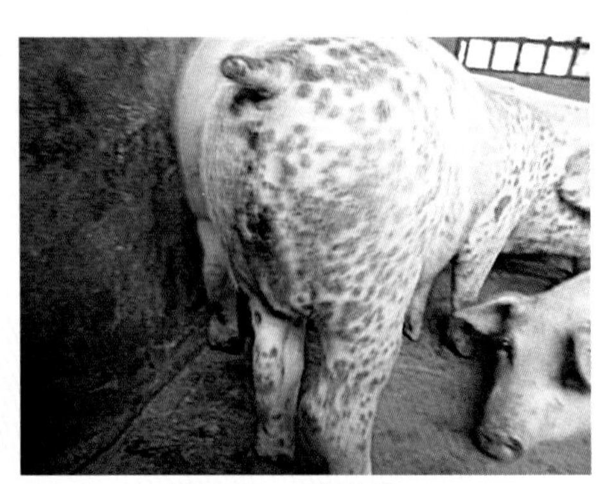
图1-5-4 皮肤损害，后躯较重

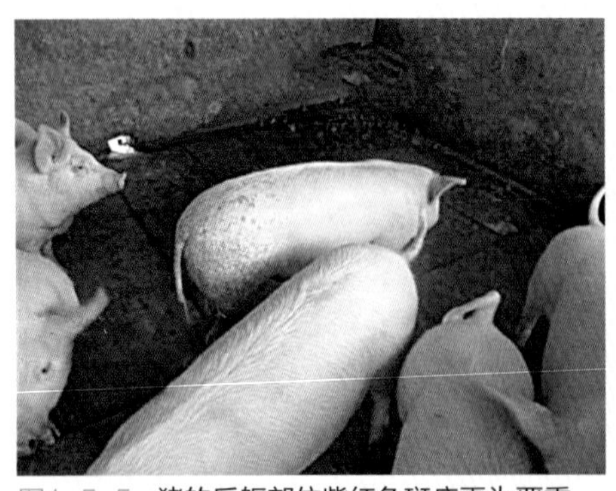
图1-5-5 猪的后躯部位紫红色斑疹更为严重

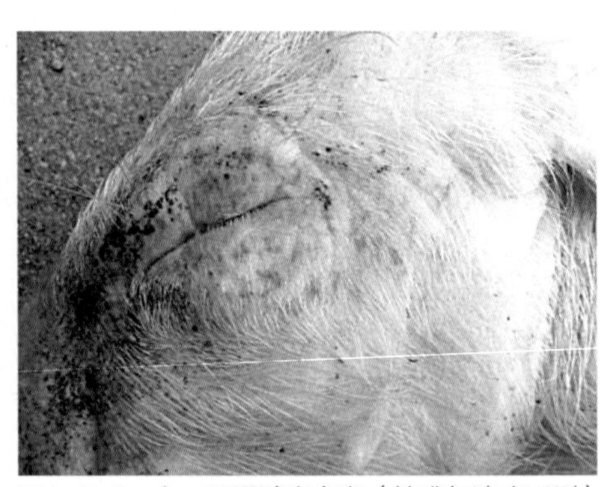
图1-5-6 上、下眼睑出血斑（较难与猪瘟区别）

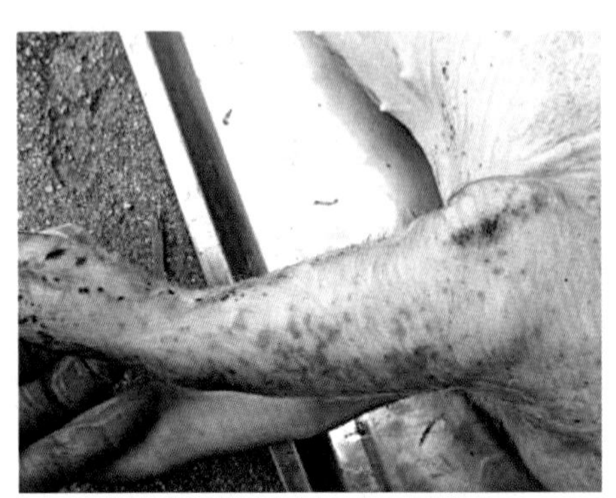
图1-5-7 皮肤出血斑（较难与猪瘟区别）

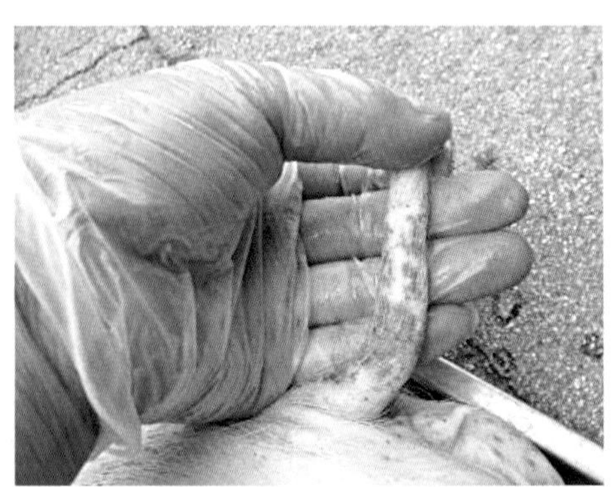
图1-5-8 尾部出血斑（较难与猪瘟区别）

三、剖检变化

断奶仔猪多系统衰竭综合征：淋巴结肿大，特别是以腹股沟淋巴结、肺门淋巴结和肠系膜淋巴结、颌下淋巴结最明显，严重时可肿大3～5倍或更大；肝炎，有些病例肝肿大（有时可能出现萎缩），颜色发白，坚硬表面被颗粒状物质覆盖，肝细胞变性坏死；肺炎，弥漫性充血，间质明显。后期可见无明显特征的黄疸。可出现黄色胸水或心包积液。肾脏呈肾小球性肾炎和间质性肾炎，表面可见白点和（或）瘀血点。严重下痢，呼吸困难。据国外资料介绍，疾病早期淋巴结肿大是主要病理特征，但在疾病更早期淋巴结常呈正常大小或萎缩。

猪皮炎和肾病综合征：内脏和外周淋巴结肿大到正常体积的3～4倍，切面为均匀的白色。肺部有灰褐色炎症和肿胀，呈弥漫性病变，坚硬似橡皮。肝脏呈浅黄色至橘黄色，萎缩。肾脏水肿，肾皮质表面有细颗粒状、皮质红色点状坏死，有时苍白，被膜下有坏死灶（“花斑肾”），肾盂水肿。脾脏轻度肿大，有时可见梗死，质地如肉。胰、小肠和结肠也常有肿大及坏死病变，结肠黏膜可见圆形溃疡灶。大多病猪都有皮肤和肾脏病变，但个别病例也可出现单一的皮肤或肾脏病变（图1–5–9至图1–5–17）。

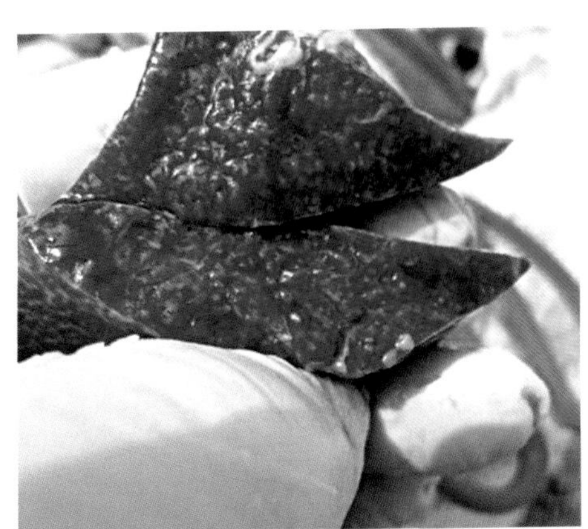
图1–5–9　脾脏轻度肿大，质地如肉状

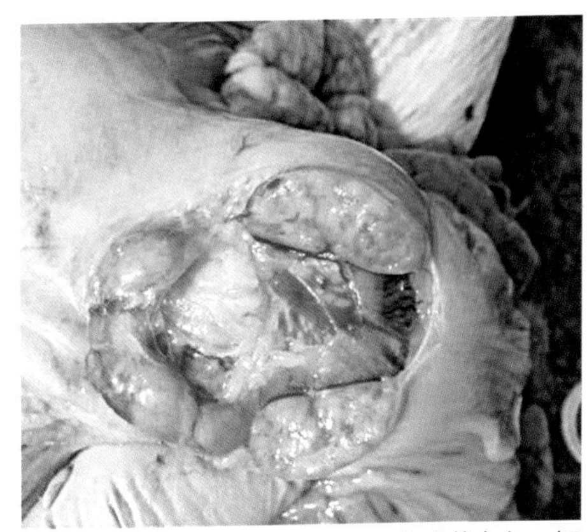
图1–5–10　全身淋巴结肿胀,苍白或黄白色，切面多汁

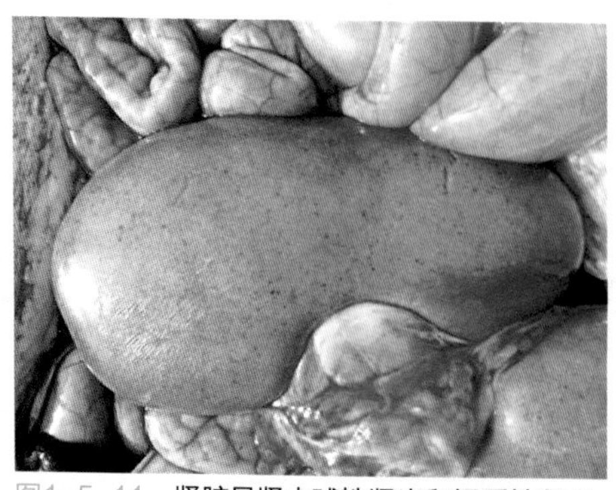

图1-5-11　肾脏呈肾小球性肾炎和间质性肾炎，表面可见瘀血点

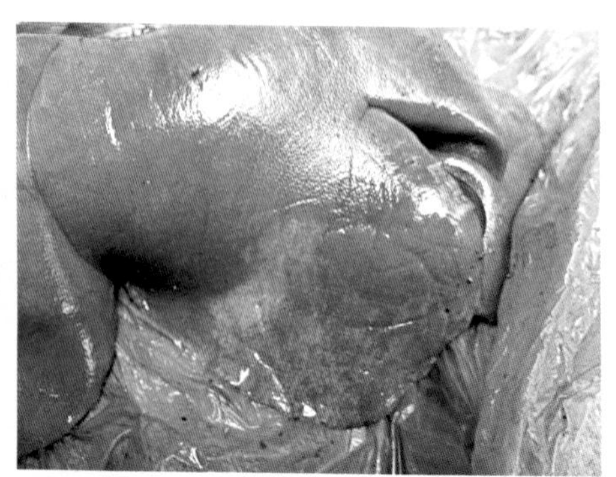

图1-5-12　肝脏呈浅黄色至橘黄包，萎缩

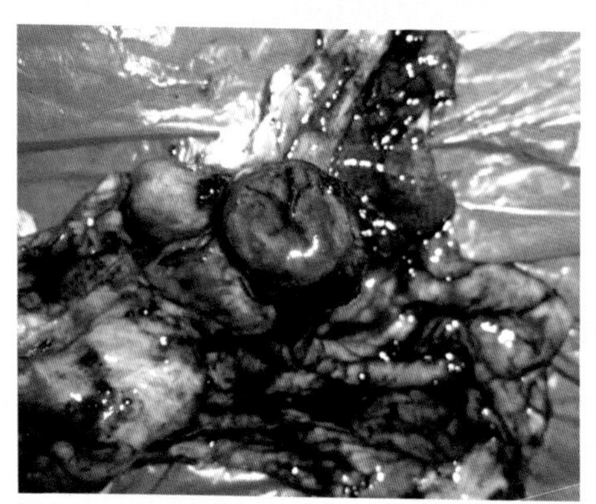

图1-5-13　小肠和结肠也常有肿大及坏死病变

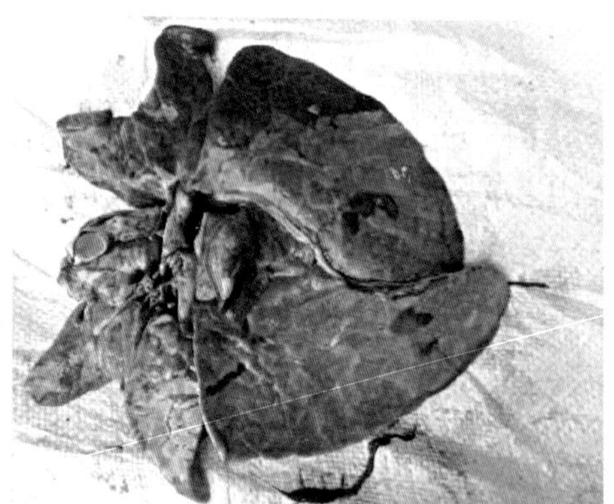

图1-5-14　皮肤出血斑难辨，但肺部有灰褐色炎症和肿胀，“花斑肺”明显

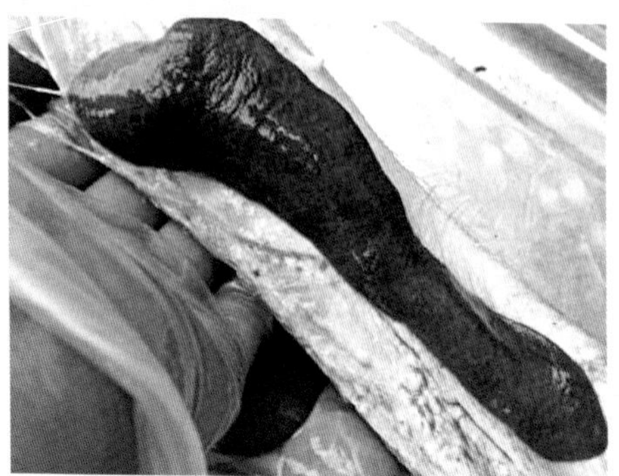

图1-5-15　脾肿大

图1-5-16　肾脏苍白水肿，被膜下有坏死灶

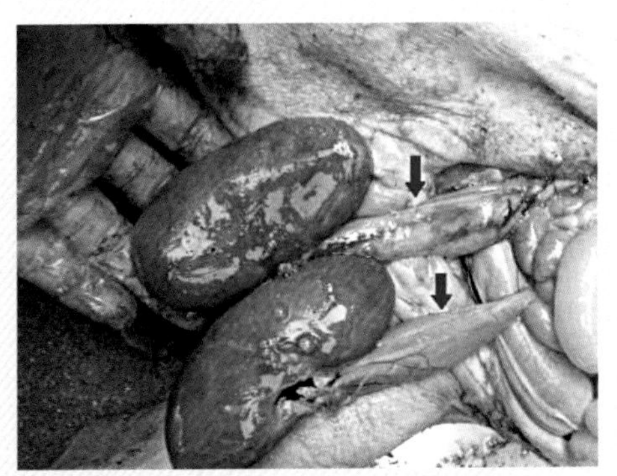
图1-5-17 输尿管积尿

四、防治

1. 加强饲养管理，减少断奶仔猪的应激是预防圆环病毒病的关键。早期补料，到断奶时每头仔猪累计采食1.3千克以上。断奶前4～5天，每天减少哺乳次数，断奶后不要立即并窝并群。

2. 做好猪其他主要传染病的免疫工作 目前各国控制本病的经验是对共同感染源作适当的主动免疫和被动免疫。因此，做好蓝耳病、猪瘟、猪伪狂犬病、猪细小病毒病、气喘病等疫苗的免疫接种，确保胎儿和乳猪的安全是关键，并对母猪实施合理的免疫程序。据报道，对育肥猪采血，分离血清，给断乳期的仔猪腹腔注射或使用自家疫苗进行预防和治疗，在保证安全的情况下效果不错。目前，亦有疫苗问世，大家可以根据厂方提供的免疫方法或在兽医指导下使用。

用抗生素治疗可减少继发细菌感染，降低死亡数，但对本病无治疗作用。

第六节 猪流行性乙型脑炎

本病是由日本乙型脑炎病毒引起的一种人畜共患急性传染病。多发于夏秋季节，以吸血昆虫特别是蚊类作为传播媒介。主要导致死胎和其他繁殖障碍，公猪睾丸炎。大多数猪没有明显症状，仅少数猪呈现神经症状。

一、临床实践

该病与其他繁殖障碍型疾病，有时难于区别。患该病公猪一般一侧性或两侧性睾丸肿大，关节肿胀。该病主要应与猪布氏杆菌病相区别，猪布氏杆菌病还表现乳房炎、子宫炎及胎衣不下。与细小病病毒相比，母猪患流行性乙型脑炎流产、产死胎康复后大多影响下次配种。

二、临床症状

仔猪突然发病，体温升高40～41℃并呈稽留热，持续几天或十几天以上，精神不振，食欲减少或不食。粪便干燥呈球形，表面常附有灰白色黏液。少数猪后肢轻度麻痹，有的后肢关节肿胀，疼痛而跛行；有的出现视力障碍，摆头，乱冲撞，表现出神经症状。妊娠母猪只有发生流产或分娩时才发现症状，分娩时间多数超过预产期数天。主要表现为流产，产出大小不等的死胎、木乃伊胎、畸形胎、弱胎。有些母猪因木乃伊化在子宫内长期滞留，会子宫内膜炎，最后导致繁殖障碍。发病猪所产同窝仔猪大小不均，有的发育可能正常，有的产后不久即死亡，有的呈各种木乃伊胎或畸形胎。病猪流产后大多影响下次配种。公猪常出现单侧性睾丸肿大，也有两侧性肿大，性欲减退和精液品质下降。患病公猪睾丸阴囊皱襞消失，发亮，有热痛感，3～5天后肿胀消退，有的睾丸变硬或萎缩图（图1-6-1至图1-6-3）。

图1-6-1　猪常发生侧性睾丸肿大，性欲减退，但精神和食欲变化不大

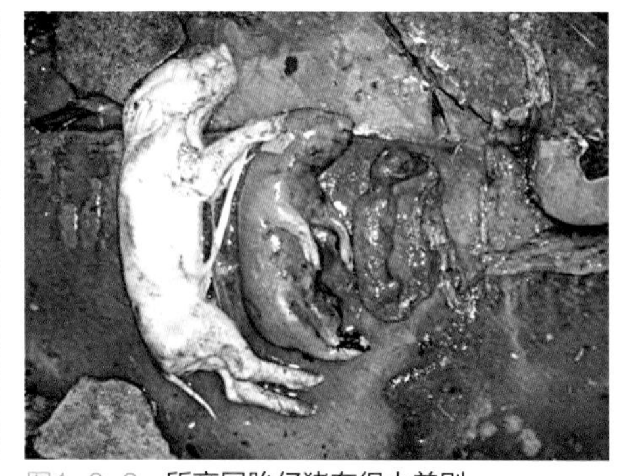
图1-6-2　所产同胎仔猪有很大差别

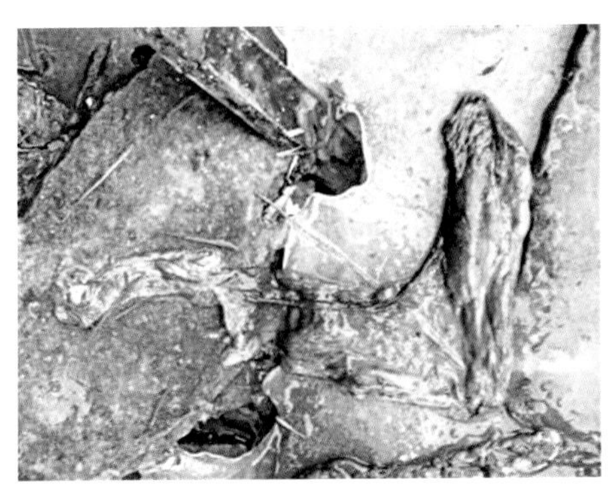
图1-6-3 水肿和出血

三、剖检变化

母猪出现子宫内膜炎。胎儿病变与猪细小病毒病感染的症状相似，有死胎、弱胎、木乃伊胎。所产胎儿皮下水肿，胸腔积液，肌肉褪色似煮过。肝脏、脾脏、肾脏出现坏死灶。肺瘀血，水肿。胎盘水肿或出血。脑积水，有非化脓性炎症。全身淋巴结出血。公猪睾丸实质充血、出血和小坏死灶；硬化缩小的睾丸实质为结缔组织化，并与阴囊粘连。

四、防治

1. 在疫区和受威胁区的猪场，对5月龄至2岁的后备公母猪，在蚊子到来之前1～2月，用乙型脑炎弱毒疫苗免疫接种一次，可产生加强免疫。

2. 乙型脑炎病毒可以在多种蚊类体内繁殖，控制此病要严格灭蚊。

3. 对产出的死胎、木乃伊胎，胎衣及其他生产过程中用过的物品等作焚烧、深埋的无害化处理。

4. 目前，无特效治疗药物。

第七节　猪细小病毒病

本病是由猪细小病病毒引起的繁殖障碍病之一，特征是初产母猪产出死胎、畸形胎、木乃伊胎、弱仔猪，母猪无明显病症。该病毒普遍存在，在大多数猪场呈地方性流行。

一、临床实践

现在部分养殖场（户）为了预防死胎出现，把细小病毒放在比蓝耳病、伪狂犬病更重要的位置。笔者认为没有这个必要，因为细小病毒主要感染初产母猪，而经产母猪主要受蓝耳病病毒、伪狂犬病病毒的侵害。母猪受感染时主要以产死胎为临床症状。与乙型脑炎相比，患细小病毒的母猪在流产、产死胎康复后大多不影响下次配种。

二、临床症状

多数初产母猪，同一时期内，有很多头流产，产死胎和木乃伊胎。流产后母猪精神、食欲均正常。主要表现：母猪怀孕早期，不见明显腹围变大，也不发情，一直到114天后重新发情（假孕，前期感染胚胎被吸收）；中期，腹围逐渐减小，最后木乃伊胎全部产出；后期；出现死胎，怀孕母猪超过预产期仍然不分娩，精神、食欲均正常，1～2周内陆续产出死胎、木乃伊胎等。产下的死胎，因在怀孕的不同阶段被感染，所以大小不均。胎儿死亡，脱水干枯变成棕黑色。该病流行期间，对预产期前（111～113天）尚有胎动的母猪，用氯前列稀醇引产，大部分胎儿能存活下来，但体质虚弱。虽然初产母猪大多产死胎、流产，但康复后的大多不影响再次配种（图1-7-1至图1-7-2）。

图1-7-1　多数初产母猪，同一时期内，很多头流产或产死胎和木乃伊胎

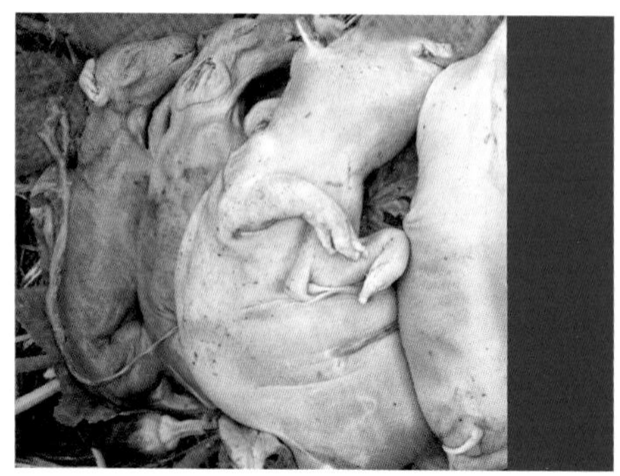
图1-7-2　不同阶段死亡胎儿可水肿、充血、出血

三、剖检变化

妊娠母猪，子宫内膜邻近广泛出现由单核细胞形成的血管套；出现轻度子宫内膜炎，胎盘部分钙化；感染的胎儿可见水肿、充血、出血、体腔积液、脱水等病变（图1–7–3至图1–7–4）。

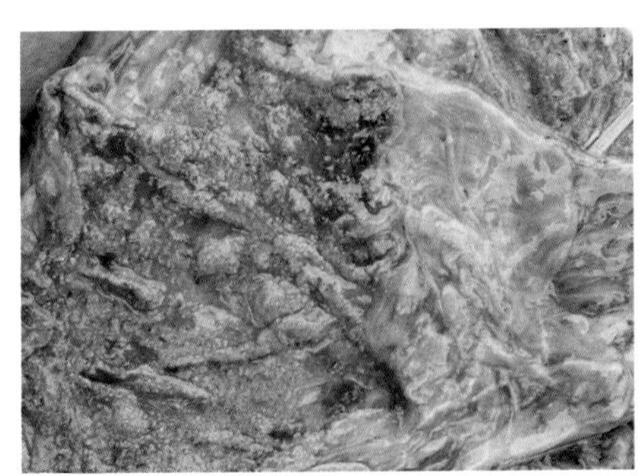
图1–7–3 胎衣钙化

图1–7–4 感染的胎儿可见出血、体腔积液

四、防治

1．引进种猪时，必须检查此病，常用血凝抑制试验。当HI滴度在1∶256以下或阴性时，才能引进。目前，灭活苗和致弱的活苗都已研制成功，对后备猪（含公猪）在配种前1个月进行免疫接种。

2．适当延长后备母猪配种年龄，延至10月龄以后配种，可明显降低发病率。

3．发生流产或产木乃伊胎的同窝幸存母猪不能留作种用。由于仔猪母源抗体很难维持14～24周，故断奶时将仔猪从污染猪群移到清净区，可培育出血清阴性猪群。

4．无特效药物治疗。

第八节 猪传染性胃肠炎

猪传染性胃肠炎是由猪传染性胃肠炎病毒感染引起的。该病毒感染后以三种方式流行，即流行性传染性胃肠炎、地方流行性传染性胃肠炎、猪呼吸道冠状病毒感染。三种流行方式中，本节主要介绍发病症状严重、对养猪生产造成损失较大的流行性传染性胃肠炎病（后两者不叙述，了解就可以）。

传染性胃肠炎是一种急性、接触性肠道传染病，患猪表现为呕吐、严重腹泻和脱水，厌食或绝食。哺乳仔猪发病严重，迅速脱水，2~3周龄仔猪死亡率很高，但随年龄增长死亡率逐渐下降。哺乳母猪常发病，表现厌食和厌乳，从而进一步导致仔猪死亡率上升。不同年龄的猪均可发病，有明显的季节性，以冬春两季发病最多。

一、临床实践

发病季节性明显，深秋至早春易发病。目前没有特效治疗药物，但临床上用免疫球蛋白或血清配合止泻，效果较理想。与流行性腹泻相比，传染性胃肠炎病猪呕吐严重。该病痊愈后，可能在一月内再次复发。不过，临床观察发现，复发后多出现腹泻但不呕吐，不知是否又感染了流行性腹泻病毒所致。患流行性腹泻病毒病的母猪首先表现突然呕吐和绝食，24小时左右开始出现腹泻，而患有传染性胃肠类的母猪可仅表现呕吐。

二、临床症状

突然呕吐和下痢，数日内可波及全群。病初体温可能升高，腹泻后很快下降。前期黄色粪便呈喷射状排出，中后期病猪排泄物呈水样，粪便中经常含有未消化的饲料。粪便颜色多样，有黄色、绿色、灰白色及褐色等。仔猪发病突然呕吐，进而出现剧烈水样腹泻，很快脱水。粪便中经常含有小的未消化的凝乳块，粪便恶臭。该病不但侵害肠道，也侵害胃，因此病猪不仅减食或绝食，而且饮水也减少。发病猪年龄越小，病情越严重，乳猪死亡率可高达100%。架子猪或成年猪的临床症状只限于呕吐、下痢、减食或废食，一般不用药物也可耐过。母猪一般先表现呕吐和突然不食，24小时左右开始出现腹泻，也有表现较轻的病例（图1–8–1至图1–8–7）。

图1-8-1 黄色粪便呈喷射状排出，粪便中经常含有未消化的饲料

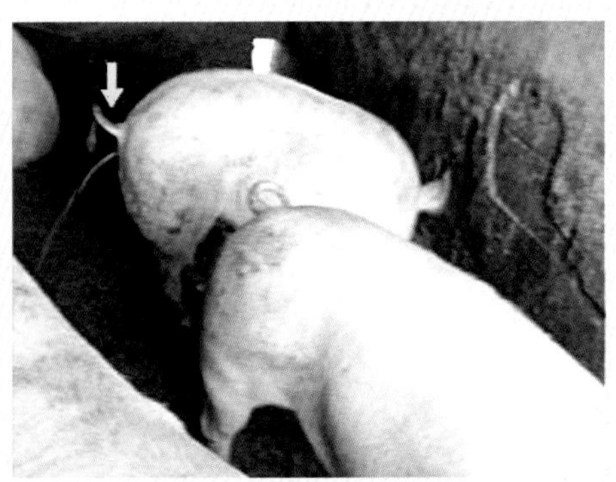
图1-8-2 灰色粪便呈喷射状排出

图1-8-3 该母猪产出的14头仔猪发病1天后还剩下6头（发病10小时后用血清+抗菌止泻药物治疗3天全部存活）

图1-8-4 哺乳仔猪出现水样腹泻

图1-8-5 发酵床养猪也可发病，但表现较轻

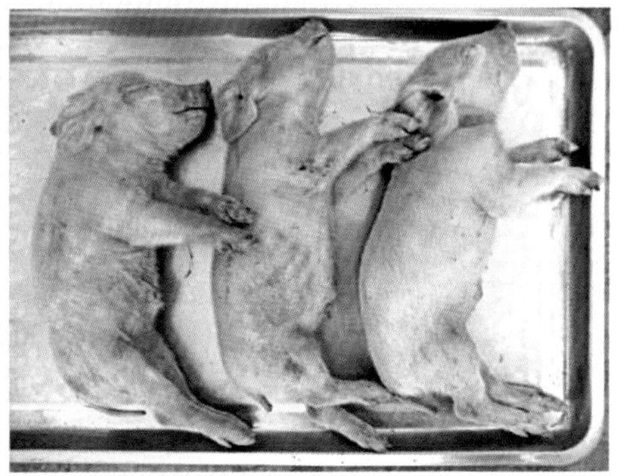
图1-8-6 病猪虽腹泻，但因胃扩张和肠胀气，外观可见腹胀

图1-8-7 **病猪眼窝塌陷**

三、剖检变化

主要病变在胃和小肠。仔猪明显脱水，尸体消瘦；胃胀气，剖开可见未消化的凝乳块，胃底潮红充血和出血。膈侧可能有小出血区，小肠胀气，充满黄绿色或灰白色液体，并含有未消化的凝乳块；肠壁菲薄，呈透明或半透明状，可能是绒毛萎缩引起的（图1-8-8至图1-8-13）。

图1-8-8 **死亡乳猪多见胃扩张和肠管胀气**

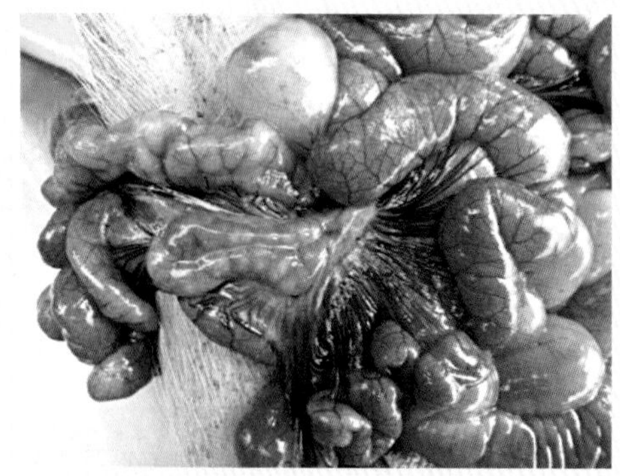
图1-8-9 **病变在小肠和胃，肠系膜淋巴结肿胀，血管扩张、瘀血**

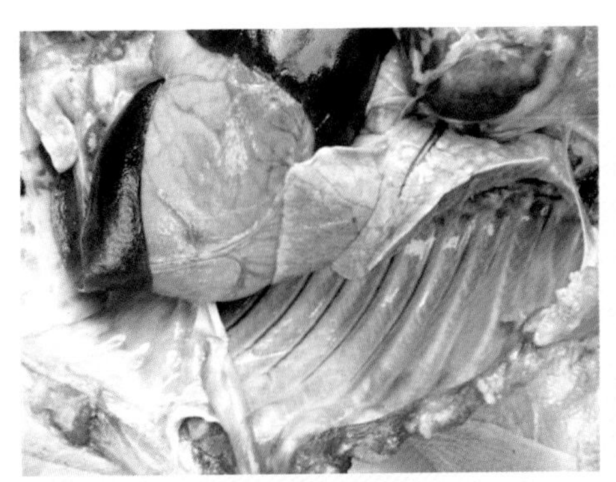
图1-8-10　胸腹腔干枯，无体液

图1-8-11　小肠壁变薄，有的部分肠管胀气

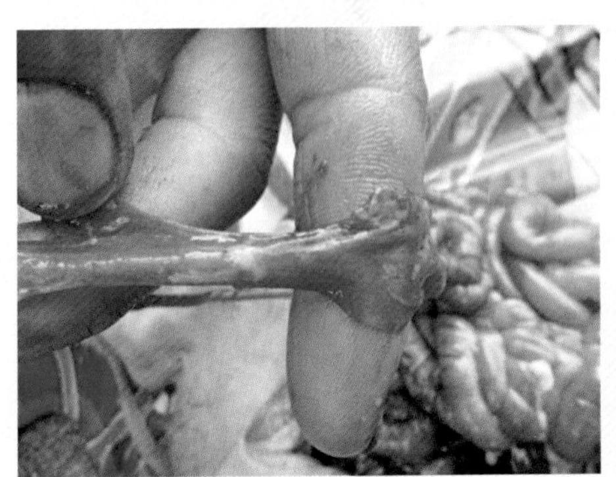
图1-8-12　肠黏膜潮红

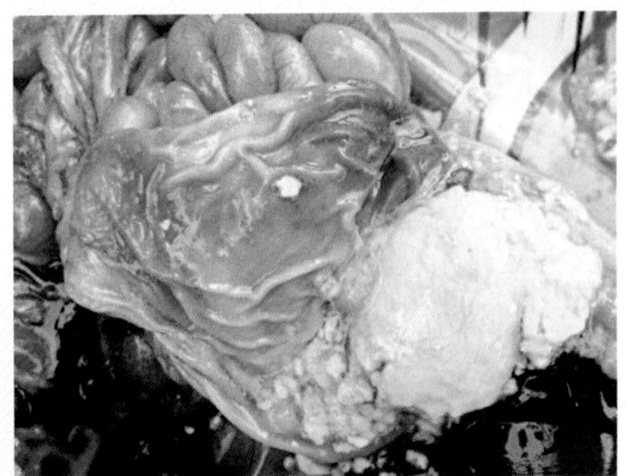
图1-8-13　胃胀气，剖开可见未消化的凝乳块，胃底潮红充血和出血

四、防治

目前无特效防治药物，可采取以下措施：提供温暖（最好32℃以上）、无穿堂风和干燥的环境，并使口渴的病猪能自由饮水或摄取营养液。这些措施将会减少3～4日龄以上感染猪的死亡率。减少饥饿、脱水和酸中毒。静脉输液、补充电解质和营养物质对治疗仔猪有效，但对于猪场大批治疗不实用。目前，用口服电解质溶液和葡萄糖溶液治疗仔猪存在争议。发病仔猪用抗生素治疗可防止继发感染，促进康复，减少死亡。

根据国外资料显示，估计干扰素可以激活新生仔猪体内的自然杀伤细胞，这对传染性胃肠炎病毒的感染或许起着某种程度的抑制作用。另外，在该病暴发期间，用1～20国际单位人α－干扰素给1～12日龄的仔猪连续口服4天，其存活率明显高于未给药仔猪。然而不断给新生仔猪口服α－干扰素时，其存活率却未见增加。这种对传染性胃肠炎病毒感染仔猪后昂贵但有效的治疗仍需要评估。

1．从非疫区引种、坚持自繁自养，以免传入病原。使用传染性胃肠炎和流行性腹泻二联免疫接种，母猪产前免疫两次，可使仔猪获得良好的被动免疫抗体，冬春季节对保育期仔猪进行免疫接种。传染性胃肠炎暴发时，给全场猪（包括新引入的猪）饲喂切碎的感染猪的肠道组织可消除易感猪，以缩短病程，并保证全群猪感染在同一水平。

2．猪群发病时应立即封锁，用固定人员饲养，对病猪停食或减食，饮水中添加适量收敛作用较好的消毒药（高锰酸钾等）或补液盐和电解多维溶液。在饲料中添加抗生素预防继发感染，可以减少死亡，促进康复。

3．肌内注射血清或免疫球蛋白，适当配合抗生素和止泻药物有一定治疗作用。

第九节　猪流行性腹泻

猪流行性腹泻是由冠状病毒引起的一种急性肠道传染病，传播快、分布广，冬季多发。各种年龄猪对本病都很敏感，除成年母猪（发病率为15%～90%）外，其他猪只感染发病率可达100%，尤其是哺乳仔猪受害最为严重。病猪是主要传染源。病毒存在于肠绒毛上皮细胞和肠系膜淋巴结，随粪便排出后，可污染环境、饲料、饮水、交通工具及用具等，主要感染途径是消化道。如果一个猪场陆续有不少仔猪出生或断奶，病毒会不断感染失去母源抗体的断奶仔猪，使本病呈地方流行性。在这种繁殖场内，可造成5～8周龄仔猪在断奶期出现顽固性腹泻。

一、临床实践

虽然目前还没有特效治疗药物，但发病早期用免疫球蛋白或血清配合止泻药物，效果较好。与传染性胃肠炎相比，该病感染猪只呕吐较轻，死亡率也较低。发病15天后有50%或更多猪群可能出现第2次感染。在欧洲，该病在种猪场暴发的特点是断奶仔猪和较大猪可暴发水样腹泻，且传播迅速，但哺乳仔猪不出现临床症状。这并不代表其他国家和地区也如此，诊断中可以参考。

二、临床症状

没有明显的年龄界限，大小猪均可发病。病猪体温一般正常，精神沉郁，食欲减退或废绝。有的腹泻水样，有的出现呕吐现象（传染性胃肠炎患猪大多都呕吐），呕吐多发于吃食、吃奶或灌服药物后。症状轻重与年龄、饲养管理水平有关，年龄越小，症状越重。1周龄内仔猪发生腹泻后3～4天，呈现严重脱水而死亡。母猪发病一般突然绝食或厌食，1天后开始腹泻；病程大约持续1周，逐渐恢复正常。成年猪症状较轻，有的仅表现呕吐，重者水样腹泻3天后，可以自然耐过（图1–9–1至图1–9–3）。

三、剖检变化

病猪脱水严重，淋巴结及内脏实质器官，如肝脏、脾脏、肾脏大多瘀血，颜色暗红。病变仅限于小肠，大肠基本正常。但小肠病变中，尤以空肠最为严重，而回肠变化较轻。小肠扩张，内充满黄色或含泡沫液体，肠壁弛缓，缺乏弹性，变薄，有透明感。肠系膜充血，淋巴结水肿。约25%病例胃底黏膜潮红充血，并有黏液覆盖；50%病例见有小点状或斑状出血，胃内容物呈鲜黄色并混有大量乳白色凝乳块（或絮状小片）；2周龄以上的猪约10%病例可见有溃疡灶，靠近幽门区可见有较大坏死区（图1–9–4至图1–9–6）。也有国外资料显示，该病死亡猪剖检常见背部肌肉坏死。

图1–9–1　病猪体温一般正常，精神沉郁，食欲减退或废绝，主要症状为出现水样腹泻

图1–9–2　乳猪死亡率高，与传染性胃肠炎不同的是该病患猪多不表现腹胀

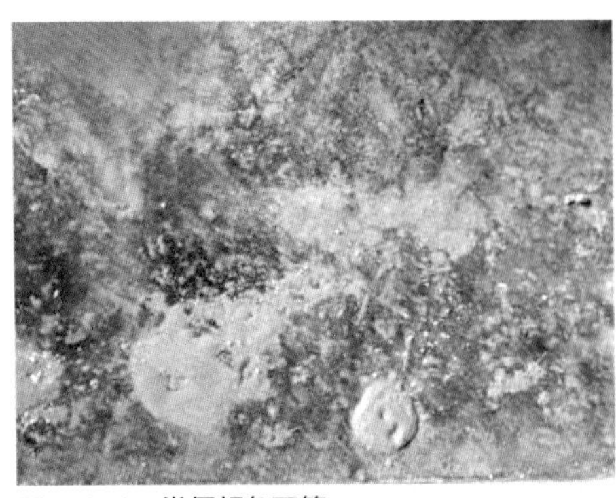
图1-9-3 粪便颜色不等

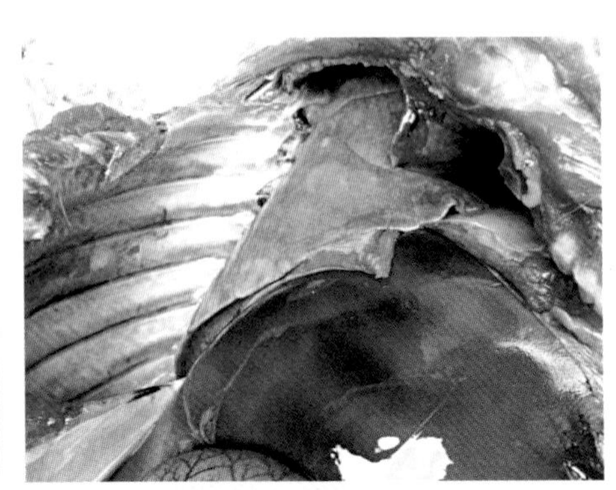
图1-9-4 脱水严重，胸腹腔干枯

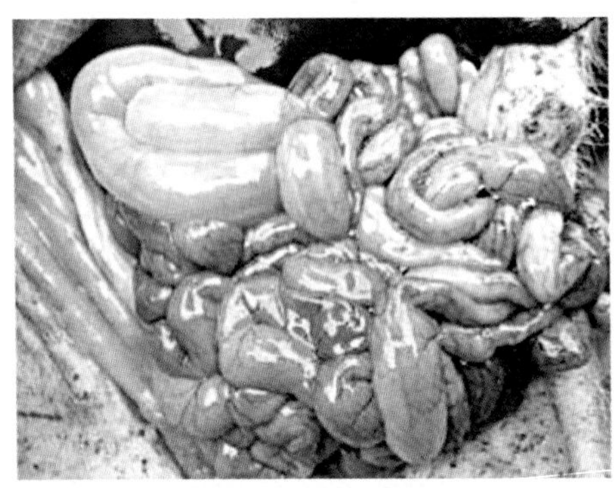
图1-9-5 与传染性胃肠炎病例相似，小肠胀气

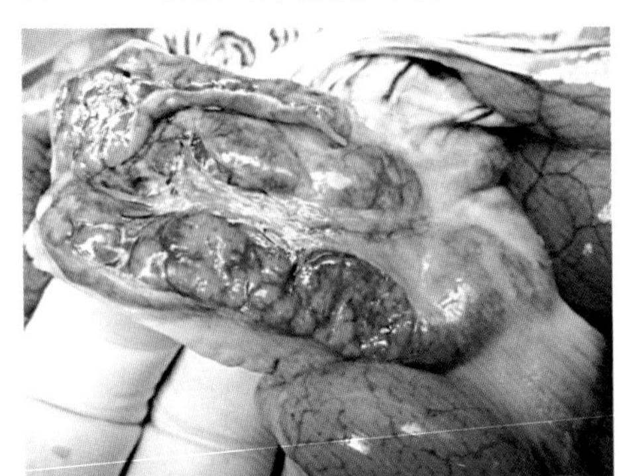
图1-9-6 肠系膜充血，肠系膜淋巴结水肿

四、防治

目前在临床上，疫苗的应用还不够理想，也无特效治疗药物。建议给发病猪停喂饲料或仅给予少量熟化饲料，可自由饮水防止病猪脱水，用病猪粪便、肠内容物或污染物饲喂或接触妊娠母猪，可使母猪分娩后乳汁中有足够的抗体，使初生乳猪获得免疫，以便缩短该病的流行时间。

1．冬初可用传染性胃肠炎、流行性腹泻二联苗免疫接种。加强饲养管理，注意仔猪保温。

2．本病无特效治疗药物，通常应用对症疗法，可以减少仔猪死亡率，促进康复。发病后要及时口服补液盐，防止脱水，用肠道抗生素防止继发感染可减少死亡率。

3. 用康复母猪全血或高免血清每日口服10毫升，连用3天，对新生仔猪有一定治疗和预防作用。

4. 给初生乳猪口服鸡蛋黄，对未发病或已发病猪有预防和治疗作用。

第十节　猪狂犬病

该病是由弹状病毒引起的一种急性人畜共患传染病。其临床特征为先出现兴奋和意识障碍，继之出现局部或全身麻痹而死。该病遍及全球，死亡率很高。虽然常有其他动物或人发病的报道，但集约化养猪业的发展大大减少了猪与各种带毒动物与猪接触的机会。因此，集约化猪场患该病较少，但散养特别是放牧方式易发生该病。

一、临床实践

如今本病很少发生，原因是圈养猪很难与犬类动物接触。近年发现，病例大多是散养猪或跳圈猪。图1-10-1至图1-10-2是被患狂犬病的犬咬伤后40日发病的症状。

二、临床症状

潜伏期12～98天，一般为2个月，体温无明显变化。猪感染该病后的典型临床症状为突然发病，共济失调，对外界反应迟钝、衰竭。先用吻突不停地拱地，横冲直撞，然后卧地不起，不停地咀嚼、流涎，并伴有阵性肌肉痉挛，叫声嘶哑，偶尔攻击人和畜。临床症状出现后72小时内死亡。与狂犬病病例有接触史或有外伤并有典型的临床表现时，注意是否患有狂犬病。图1-10-1至图1-10-2是猪被患狂犬病的犬咬伤后40日龄的症状。

图1-10-1 被患狂犬病犬咬伤后40日龄发病的25千克仔猪

图1-10-2 患猪无目的地啃咬木棒

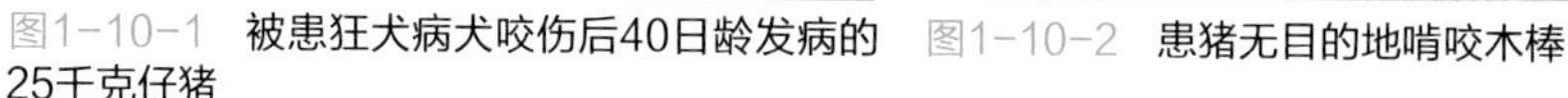

三、防治

在狂犬病疫区，应加强狗、猫的管理，特别是对猪群加强管理。尤其是在放牧地区，防止患狂犬病动物咬伤猪只。对发病猪进行扑杀销毁，同时注意加强自我保护。

目前该病无有效治疗方法。猪被患狂犬病的动物咬伤后，应立即扑杀，作无害化处理。有经济价值的品种，必须治疗的，应迅速用20%肥皂水冲洗伤口并用3%碘酊处理，立即注射抗狂犬病高免血清，同时进行狂犬病疫苗预防接种。

第十一节　猪伪狂犬病

伪狂犬病是由伪狂犬病毒引起的多种家畜和野生动物的一种急性传染病。病毒侵入呼吸和神经组织。该病亦称“疯痒病”，对于非猪类的其他物种，感染是致死性的，基本无恢复可能性。猪是感染后唯一能存活的物种。不过发病猪神经症状多见于哺乳仔猪，出现脑脊髓炎、败血症症状，死亡率高。呼吸症状偶见于育成猪和成年猪。妊娠母猪发生流产、死胎。该病主要通过鼻与鼻的直接或间接传播，也可通过交配及妊娠时经胎盘传播，还可通过鼠类、浣熊或其他感染动物的尸体传播。在适宜的环境下，病毒以气溶胶的形式传播。本病呈散发或地方性流行，一年四季都可发生，但以冬春和产仔旺盛时节多发。

一、临床实践

哺乳仔猪伪狂犬病在猪饲养环境较差时易发。该病一旦感染，并非波及所有猪舍。同一群体感染率决定动物之间直接感染的概率，同一围栏感染率很高，但围栏与围栏之间感染率较低。近几年养猪从业人员在本病诊疗活动中，最易与仔猪低血糖病混淆。一般从体温容易鉴别，低血糖症患猪体温低。

二、临床症状

发病初期，猪场怀孕母猪流产和死胎，2周龄内仔猪大量发病和死亡。先突然发病，体温升高，呼吸困难，有的咳嗽，出现呕吐、腹泻；进而出现神经症状，犬坐、流涎、转圈、惊跳、癫痫、强直性痉挛，后期出现四肢麻痹、口吐沫、倒地侧卧、头向后仰、四肢乱动，1～2天内迅速死亡，死亡率可高达100%。呈现脑脊髓炎、败血症。断奶前后仔猪发病和死亡率皆明显降低，导致昏迷和死亡的神经症状不常出现，有时可见食欲降低、精神不振、发热（41～42℃）、咳嗽、呼吸困难，大多可以自行恢复。个别出现神经症状，可造成休克和死亡。成年猪发病少，症状较轻，表现厌食、精神沉郁、视力差，个别猪也可出现打喷嚏、流鼻液和程度不同的呼吸道症状。妊娠母猪怀孕早期感染，多在病后1周内流产。怀孕中、后期感染，可产死胎、木乃伊胎，产出的弱仔多在2～3天死亡。哺乳母猪有废食、咳嗽、发烧症状，并伴有泌乳减少或停止（图1-11-1至图1-11-4）。

图1-11-1 怀孕中、后期感染，母猪无临床症状

图1-11-2 出现神经症状

图1-11-3　倒地侧卧、头向后仰、四肢乱动，1～2天内迅速死亡

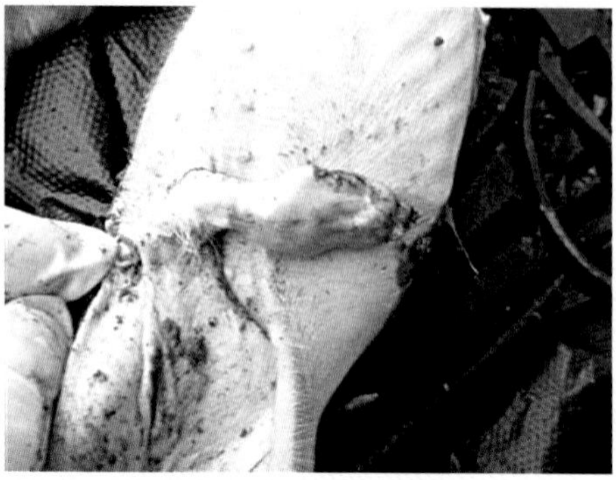

图1-11-4　后期死亡胎儿脐带出血

三、剖检变化

有神经症状的4周龄以内仔猪的病理变化是：脑膜充血、水肿，脑实质小点状出血；全身淋巴结肿胀、出血；肾上腺、淋巴结、扁桃体、肝脏、脾脏、肾脏和心脏上有灰白色小坏死灶；肾脏有出血点;肺充血、水肿，上呼吸道常见卡他性、卡他化脓性和出血性炎症，内有大量泡沫样液体。感染的胎儿肝脏、脾脏一般可见坏死灶，肺、扁桃体有出血性坏死灶（图1-11-5至图1-11-9）。

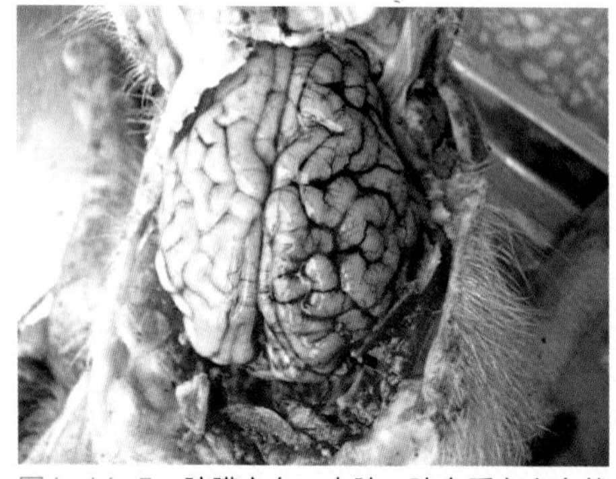

图1-11-5　脑膜充血、水肿，脑实质有小点状出血

图1-11-6　肺充血、水肿，上呼吸道常见卡他性、卡他化脓性和出血性炎症

图1-11-7 肝上有灰白色小坏死灶（蓝色箭头处）

图1-11-8 肾灰白色小坏死灶

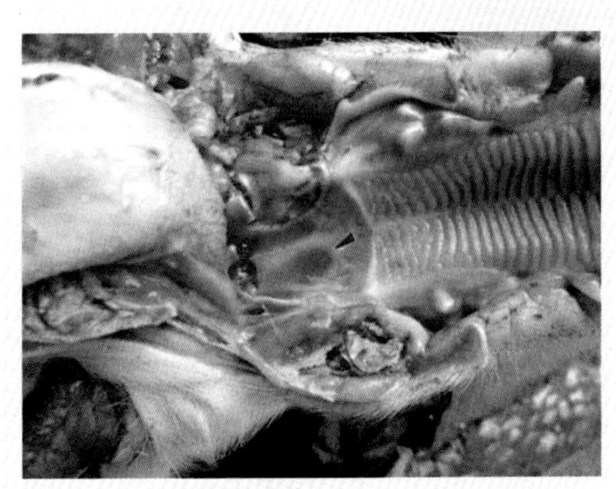

图1-11-9 扁桃体出血

四、防治

1. 禁止从疫区引种，引进种猪要严格隔离，并经检疫无伪狂犬病毒才能转入生产群。

2. 猪场内不准饲养狗、猫，加强灭鼠灭蝇的工作。

3. 目前有灭活油苗和双基因缺失苗，双基因缺失苗毒力低，免疫原性强，用于伪狂犬病预防接种。并结合消毒、灭鼠等工作，可有效降低本病的发生率。

4. 本病无特效治疗药物，加强饲养管理和做好疫苗注射工作非常重要。

第十二节 猪流行性感冒

猪流行性感冒是由A型流感病毒引起的一种急性、传染性呼吸道疾病。不同年龄的猪均可发病。主要发生于天气骤变的晚秋、早春及寒冷的冬季，气温突变是本病的诱因。无继发或并发感染时，一般取良性经过，但患病怀孕母猪会因高烧而流产。

一、临床实践

易于高热病混淆，临床上应注意区分。该病虽然发病突然，传播迅速，但死亡率低。除非变异株造成外，一般不经过治疗便可自愈。发病时，可适当应用中药清热解毒制剂。最好少用药，特别是抗生素药物。

二、临床症状

不同品种、年龄、性别猪均易感，猪群中多数可突然同时发病。发病率可高达100%，但死亡率低（通常不到1%），发病后1周左右康复。体温升高多在41℃左右。结膜潮红，流泪，流鼻液。呼吸困难和阵发性咳嗽，触摸肌肉有疼痛感，懒动。粪便干硬（图1-12-1至图1-12-2）。

图1-12-1 流鼻液，前期浆液性，后期黏液性

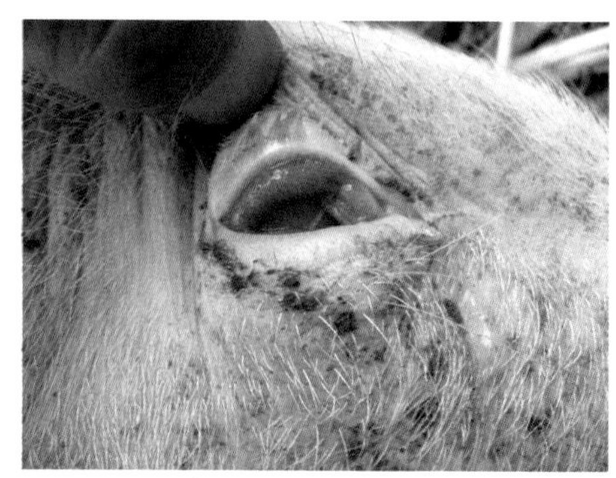
图1-12-2 流泪、结膜潮红

三、剖检变化

鼻、喉、气管和支气管黏膜充血，气管和支气管含大量泡沫状液体；肺呈紫红色或鲜牛肉样，病变通常见于实叶，心叶和中间叶，不规则对称，颈淋巴结和肺门淋巴结充血、水肿（图1–12–3）。

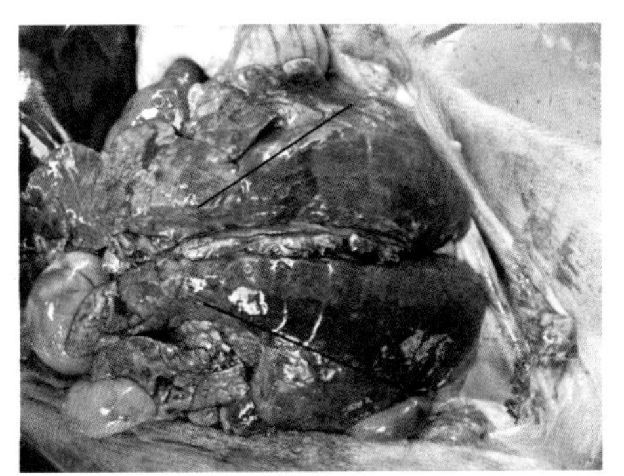

图1–12–3 呈扇形分布的肺炎灶

四、治疗

无特效治疗药物，一般采取对症治疗方法。

1. 肌内注射板蓝根注射液+林可霉素，柴胡或大青叶+卡那霉素或青霉素+链霉素。

2. 中药处方 柴胡20克、茯苓15克、薄荷20克、菊花15克、紫苏15克、防风20克、陈皮20克，水煎服，每天1剂，连用2～3剂。

第十三节 猪痘

猪痘是由猪痘病毒和痘苗病毒引起的一种接触性传染病。皮肤损伤是猪痘感染的必要条件。猪虱及其他吸血昆虫（蚊、蝇）等是主要传播媒介。仔猪发病率可达100%。

一、临床实践

每年5月份，蚊、蝇开始活动季节发病，传播较快。发病季节，圈舍简陋的散养户从大型猪场购进的猪，1周就可全部发病。该病无继发感染时一般不需要治疗，大多数患猪在3周后恢复。个别发热影响采食的病猪，给予中药解热药物治疗即可。康复的猪对猪痘会产生特异的免疫力。临床上应注意该病与皮炎型圆环病毒病的区别。

二、临床症状

该病病变渐进性发展：从发红斑点发展为丘疹再到水疱最后到脓疱或形成硬皮。这个全过程持续3～4周。受感染的幼龄猪比成年猪的表现要严重。痘疹可出现在皮肤的任何部位。痘疹中心凹陷，周围组织肿胀，似火山口或肚脐状。局部贫血呈黄色。脓疱很快结痂，呈棕黄色痂块，痂块脱落后呈无色的小白斑（图1-13-1至图1-13-9）。

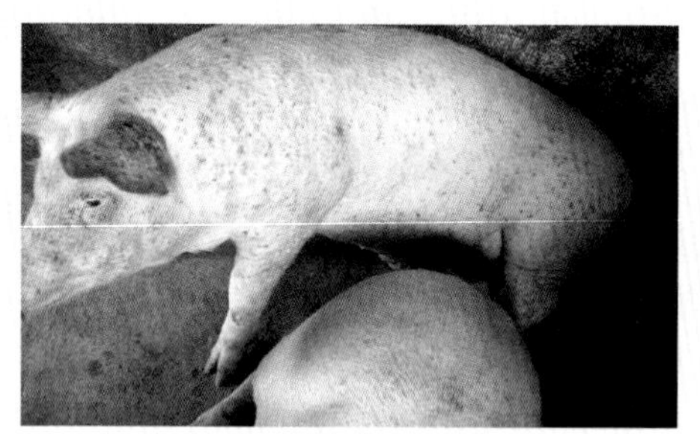
图1-13-1　有发红的斑点

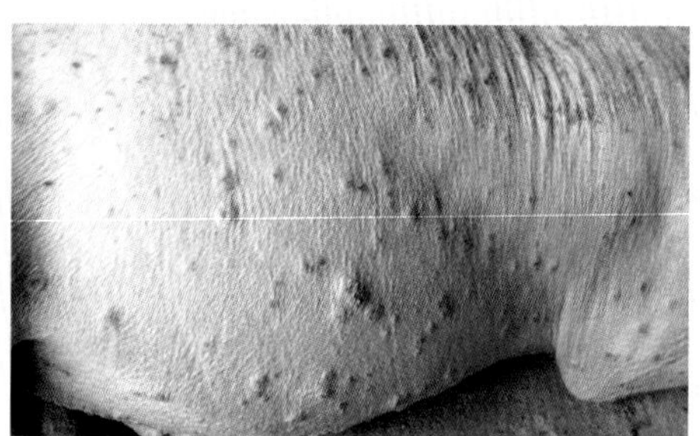
图1-13-2　中间凹陷

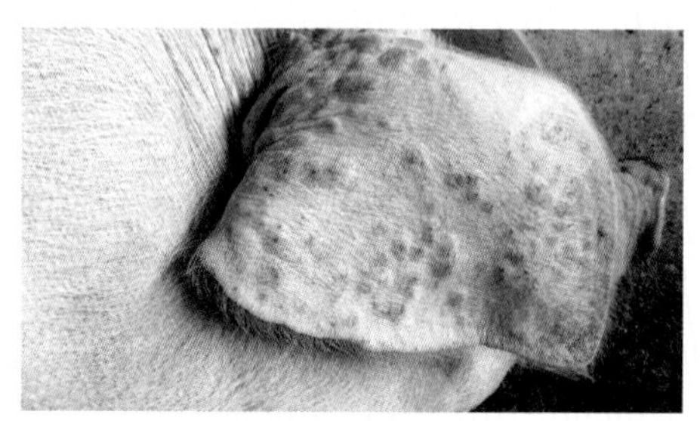
图1-13-3　丘疹(水肿的红斑)

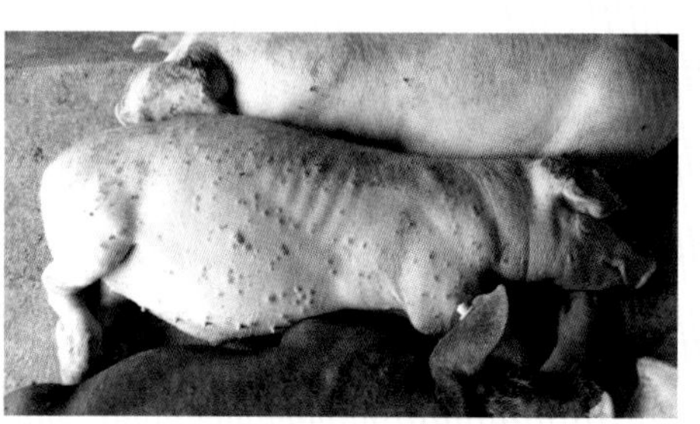
图1-13-4　水疱（从痘病变流出液体）

图1-13-5 10天后痘疹内渗出物被吸收，炎性反应逐渐消散

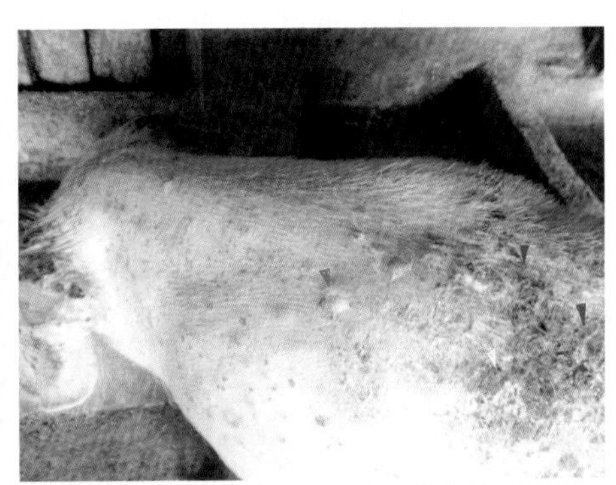
图1-13-6 红色箭头指水疱，蓝色箭头指水疱破溃后的创面，黄色箭头指创面结痂

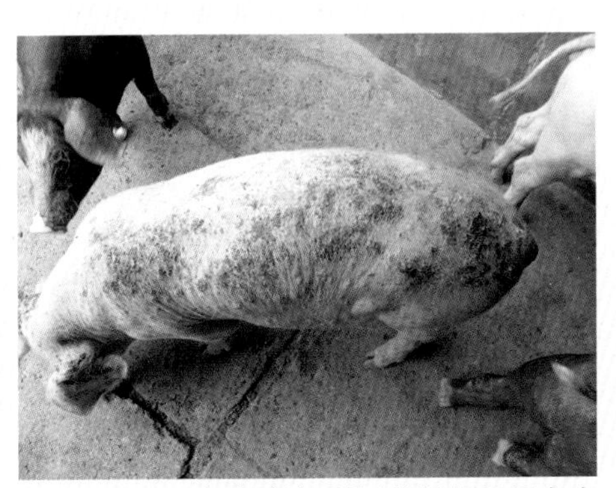
图1-13-7 水疱破溃后的新鲜创面2天左右结痂

图1-13-8 蚊蝇繁殖季节，耳部痘疹较严重

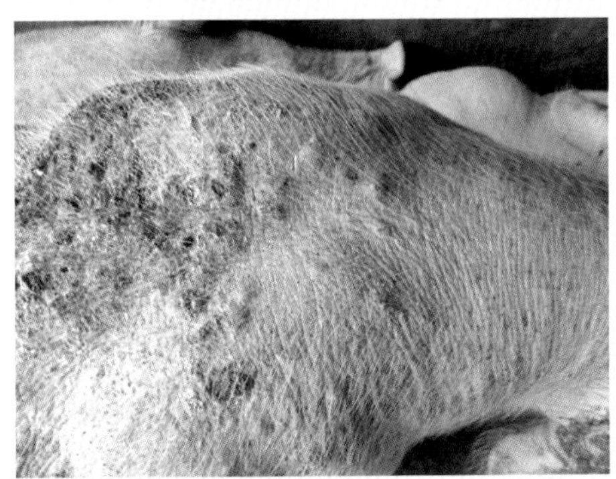
图1-13-9 脓疱或形成硬皮

三、剖检变化

肉眼病变就是临床所见，组织学可见到上皮细胞坏死，在真皮和表皮上皮出现嗜中性白细胞和巨噬细胞。

四、防治

无特效治疗药物，治疗目的在于防止细菌继发感染。控制猪痘的最佳方法，就是加强卫生管理及清除一切外寄生虫。

1. 目前尚无疫苗，流行期间要做到每天消毒，驱除体内外寄生虫及吸血昆虫。

2. 对体温升高的病猪，可用青霉素、链霉素、安乃近或安痛定等控制细菌性感染。

3. 在患处涂擦碘酊、甲紫溶液或用0.1%高锰酸钾喷雾或洗刷猪体。

第十四节　猪轮状病毒病

本病是由轮状病毒引起的猪急性肠道传染病，能感染多种动物及人，常见于仔猪、犊牛及儿童。其主要感染小肠上皮细胞，从而造成细胞损伤，引起腹泻。猪轮状病毒病多发生在寒冷季节。寒冷、潮湿、污秽环境和其他应激因素可使该病加重。常致8周龄内仔猪发病，发病率50% ~80%，死亡率较低。

一、临床实践

一般认为，该病常流行于晚冬至早春季节。该病流行年龄与猪白痢、球虫病等有重叠，有时不易确诊。但要注意，该病短时间内可波及整窝仔猪，发病率高，死亡率低。仔细观察就会发现，多数患病仔猪都有腹围增大的现象。腹股沟淋巴结颜色变化不大，出血较轻。

二、临床症状

突然发病，传播迅速。发病仔猪精神不振，不愿走动，吮乳无力。呕吐及腹泻，排出水样、乳脂、糊状至半固体状腥臭粪便；颜色多样，有黄色、黄绿色、白色或灰白色等，持续3～5天。病前干净的仔猪很快变得很脏，且严重脱水。虽然腹泻，但腹围却增大。症状的轻重取决于日龄、管理及环境条件（图1–14–1至图1–14–6）。

三、剖检变化

哺乳猪小肠壁变薄、松弛、膨胀半透明，内容物呈水样、絮状，有黄色或灰白色液体，小肠后2/3处没有食糜,肠系膜淋巴结变小且呈棕褐色。大多病例的盲肠和结肠也膨胀。胃内充满凝固乳块（图1–14–7至图1–14–10）。

图1–14–1 发病仔猪精神不振，吮乳无力

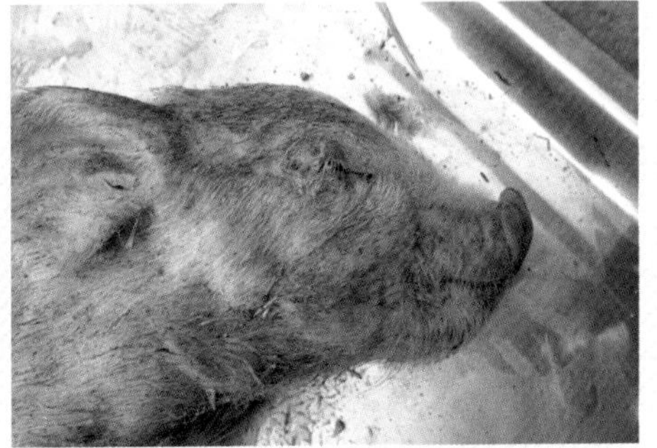
图1–14–2 严重脱水

图1–14–3 排出黄绿色糊状腥臭粪便

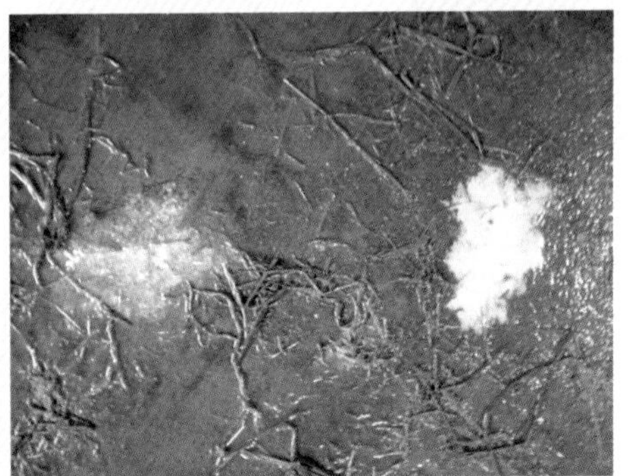
图1–14–4 排出灰白色水样、乳脂状粪便

图1-14-5　排出黄色水样絮状粪便

图1-14-6　排出含凝乳块的粪便

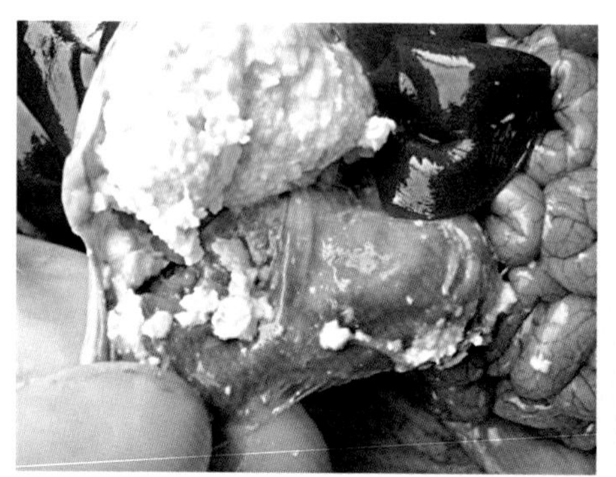

图1-14-7　胃内充满凝固乳块

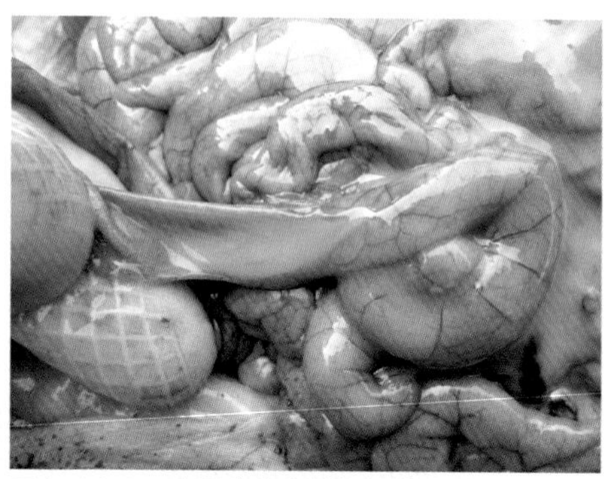

图1-14-8　小肠内含有黄色絮状液体

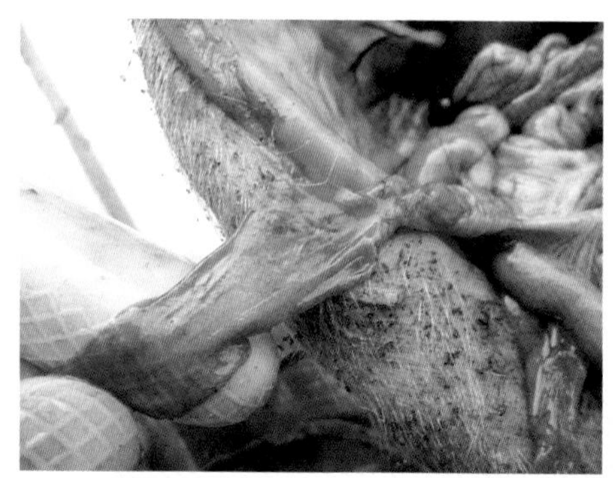

图1-14-9　小肠壁变薄、松弛、半透明，透过肠壁能看到手套菱形纹络

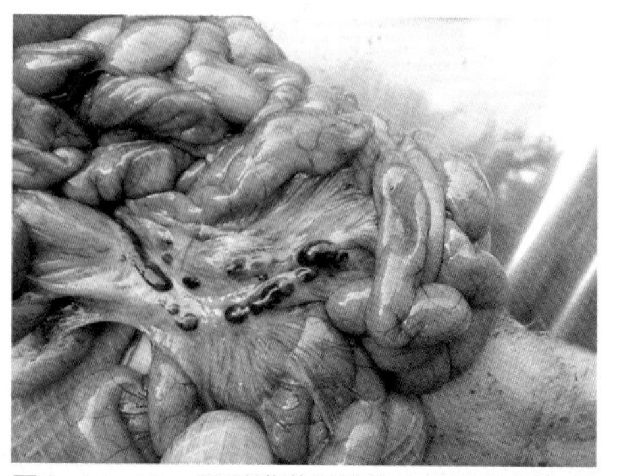

图1-14-10　肠系膜淋巴结变小且呈棕褐色甚至黑色

四、防治

1. 无特效治疗药物，可适当使用抗病毒中药，可选择使用球蛋白、免疫核糖核酸进行治疗。

2. 抗生素治疗无效，适当应用可治疗继发细菌感染。使用电解质溶液预防脱水，可提高治愈率，减少死亡。

3. 使用吸附剂，如活性炭、蒙脱石等疗效较好，因为吸附剂的最大优点就是安全有效。如蒙脱石在肠道不吸收，但能吸附在肠黏膜上，既可修补损伤的肠黏膜，又可吸附和固定细菌和病毒，继而使细菌、病毒随大便排出体外。

4. 目前尚无有效疫苗可用。将吮奶仔猪所排出的痢疾样大便喂于怀孕母猪，会提高乳汁内的抗体含量，可减少所产仔猪的发病率。

第十五节　猪普通感冒

猪普通感冒是一种由寒冷刺激所引起的以上呼吸道黏膜炎症为主要病症的急性全身性疾病。临床以体温升高、咳嗽、羞明、流泪和流鼻涕为特征，无传染性。一年四季可发，但多发于早春和晚秋气候多变之时。仔猪多发。

一、临床实践

猪普通感冒亦称伤风，是临床上的常见病。然而，由于该病危害较小加之养猪从业人员对烈性传染病的重视，因此该病在临床上常被忽视或误诊。特别是有些从业人员，一旦发现猪有异常行为，就想到抗菌消炎，不分青红皂白地就使用大剂量抗生素。这是相当危险的举动，因为一旦有细菌感染，再用抗生素治疗时效果甚微。

二、临床症状

患病猪精神沉郁，低头耷耳，眼半闭，喜睡，食欲减退，鼻干燥，结膜潮红，羞明，流泪，口色微红，舌苔发白，耳尖、四肢发凉。皮肤温度不均，畏寒怕冷，弓背，战栗，喜钻草堆，呼吸加快，咳嗽较轻，打喷嚏，流鼻涕（开始为清水样鼻涕，2～3天后变稠）全身症状较轻，不发热或仅有低热，一般3～5天痊愈。无传染性。另外，天气突变或忽冷忽热，风吹雨淋或舍内湿冷；饲养密度过大、饲料单一；长途运输等均可使上呼吸道的防御机能降低，诱发该病（图1-15-1至图1-15-4）。

图1-15-1　食欲减退，眼半闭，喜睡，羞明，流泪

图1-15-2　初期流浆液性鼻汁

图1-15-3　中期流黏液性鼻汁

图1-15-4　羞明，流泪，发病3天后鼻汁变得黏稠

三、防治

加强管理，在早春、晚秋气候易变季节注意猪的防寒、防雨、防潮。要保持猪舍干燥、卫生、保暖，避免贼风侵袭。发现病猪，及早治疗。

1. 口服阿司匹林或氨基比林，肌内注射30%安乃近注射液10毫升，或复方氨基比林注射液10毫升，或柴胡注射液10毫升。每日2～3次（100千克体重用药量，下同）。以上药物减量30%，大椎穴注射效果更佳。为防止继发感染，可用抗生素或磺胺药物。

2. 将板蓝根、大青叶颗粒溶于水连续饮用5天。个别咳嗽严重的猪只用氯化铵0.3～1克或咳必清0.2克口服止咳。

3. 在苏气、百会、山根等穴位或在耳尖、尾尖、嘴部、四蹄用小宽针放血。

02

第二章

细菌性传染病

第一节　猪丹毒

猪丹毒是由猪丹毒杆菌引起的一种散发性传染病。急性猪丹毒的特征为败血症和突然死亡，亚急性猪丹毒患猪的皮肤则可能出现红色疹块，慢性型表现非化脓性关节炎和疣性心内膜炎。该病菌可引起人的类丹毒。本病主要发生于架子猪，哺乳猪和成年猪发病较少。一年四季都有发生，但主要发生于炎热的夏季。国外资料显示，3月龄以上的猪易感染该病。

一、临床实践

20世纪80年代至2000年年初，猪丹毒很少发现，甚至一度灭绝。近几年发病率有逐年递增态势。从近几年的发病情况看，架子猪多以疹块型居多；青年母猪多呈败血症经过，死亡率明显高于架子猪；哺乳仔猪也有发病现象。病初（喜卧但皮肤无疹块，颜色无肉眼变化）体温一般多在42℃以上，随着疹块的逐渐明朗，患猪体温也在明显下降（以上只是个人临床经验，仅供参考）。目前养猪从业者和兽医精力大都用在“高热病”上。但该病毕竟存在，应引起高度重视，做好卫生防疫工作。青霉素仍是治疗该病的首选药物，疗效确切，目前尚未发现有耐药菌株的报道。

二、临床症状

急性型：个别猪突然发病死亡，体温升至42℃以上。用退热药后，有的病猪病症很快减轻。发病1天左右，如不能及时针对病因治疗，病情很快变坏，且皮肤出现紫黑色连片斑块，走路僵硬形如踩高跷。喜卧、强行驱赶时或接近时，立即走开或短暂站立，有的可能出现尖叫声，表现烦躁和愤怒。一旦解除驱赶，很快又卧下。在站立时，四肢紧靠，头下垂，背弓起。减食或食欲废绝。大猪和老龄猪粪便干硬，而小猪表现腹泻。皮肤呈凸起的红色区域，红斑大小不一，多见于耳后、颈下、背、胸腹下部及四肢内侧，然后瘀血、发紫。怀孕母猪可发生流产。在见到或触到疹块病变前可能病猪就死亡。哺乳仔猪和刚断奶仔猪，一般突然发病，会表现神经症状，如抽搐、倒地而死，病程不超过1天。

亚急性型（疹块型）：体温41℃以上，颈、背、胸、臀及四肢外侧出现数量不等的疹块。疹块呈方形、菱形或圆形，稍凸于皮肤表面，紫红色，稍硬。疹块出现1～2日体温逐渐恢复，经1～2周痊愈。

慢性型：急性或亚急性猪丹毒耐过后常转变成慢性型，以破行和皮肤坏死为特征。皮肤结节坏死并且发黑，表皮坏死增厚似结痂“盔甲”状。耳尖也可能烂掉。关节疼痛和发热，随后肿胀和僵硬。往往引起心脏杂音，突然衰竭而死。消瘦、贫血。

以上临床症状详见图2-1-1至图2-1-12。

图2-1-1　病乳猪体温升高42℃，皮肤有疹块

图2-1-2　乳猪病初疹块明显

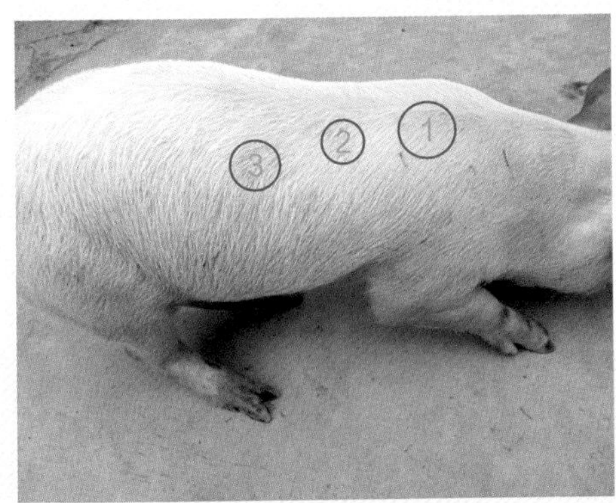

图2-1-3　图2-1-2乳猪用青霉素治疗28小时后，疹块基本消失

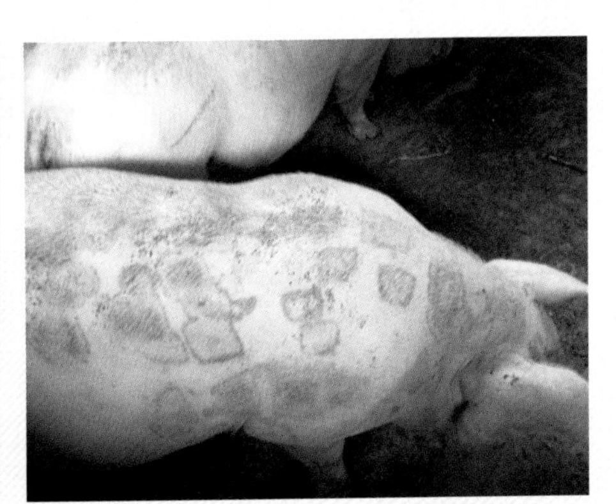

图2-1-4　85日龄猪用药14小时后的症状

图2-1-5　图2-1-4中患病猪继续治疗53小时后，疹块颜色开始变淡

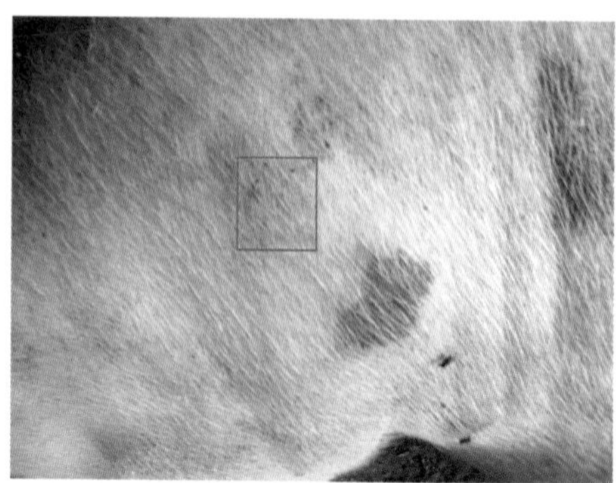

图2-1-6　初期疹块红色，继而呈紫红色或紫黑色

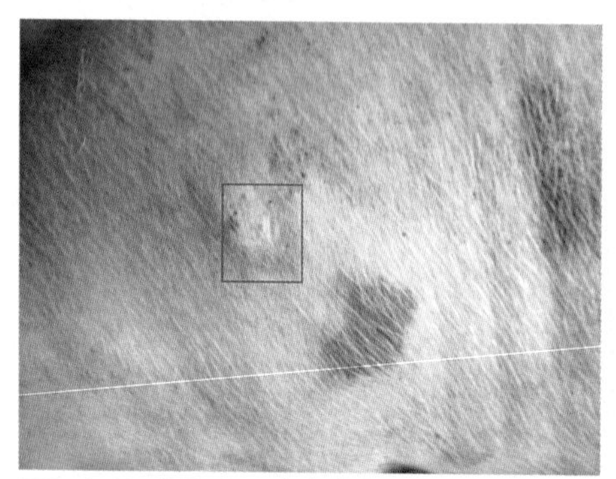

图2-1-7　图2-1-6中患猪皮肤的红色疹块指压后褪色

图2-1-8　青年母猪发病体温升至42℃以上，皮肤出现紫黑色连片斑块

图2-1-9　皮肤出现凸起的红色或黑红色区域，多见于耳后、颈下、背、胸腹下部及四肢内侧，然后瘀血发紫

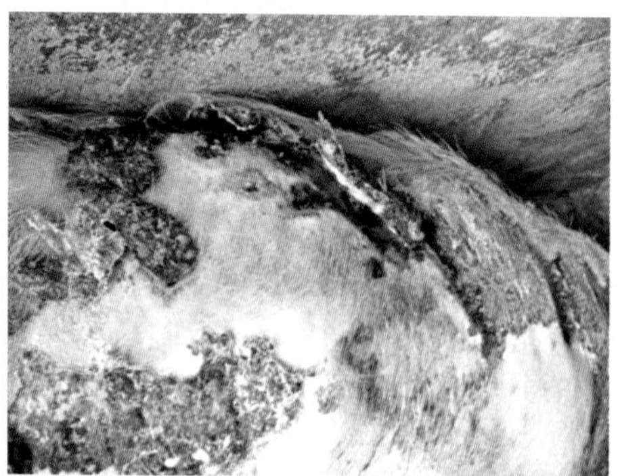

图2-1-10　表皮坏死增厚似结痂“盔甲”状（耳尖也可能烂掉）

图2-1-11 最明显的丹毒疹块

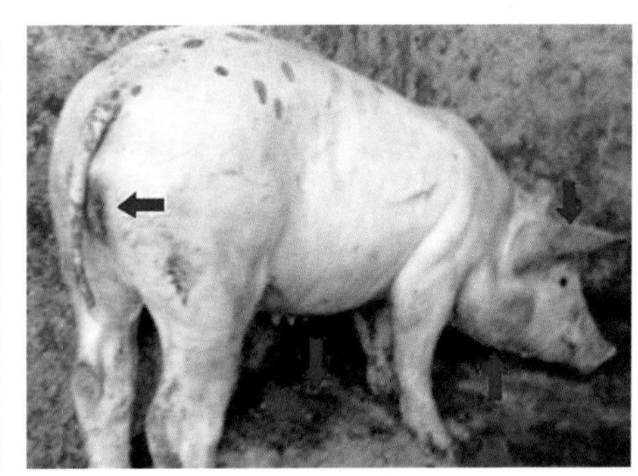

图2-1-12 皮肤大面积发绀

三、剖检变化

急性型：皮肤弥漫性出血，特别是口、鼻、耳、下颚、喉部、腹部和大腿的皮肤。肺脏充血和水肿，心内、外膜有出血点。胃、十二指肠、空肠黏膜出血。肝脏充血。脾明显肿胀，呈樱桃红色是典型特征性病变。肾皮质部有斑点状出血。全身淋巴结充血肿大，切面多汁呈浆液性出血性炎症。患猪皮肤有菱形或方形疹块病灶且这种病灶全身化时，便是一种可靠的败血症的标志。这是急性猪丹毒唯一具有诊断意义的特征性病变。

亚急性型（疹块型）：与急性临诊症状相似。

慢性型：主要病变是增生性、非化脓性关节炎。心内膜炎：常为瓣膜溃疡或菜花样疣状赘生物。

四、治疗

1. 首选青霉素类药物，并且加大剂量，每千克体重5万国际单位，肌内注射，每天2次。

2. 全群投药，可用阿莫西林粉拌料或饮水。

第二节 猪链球菌病

猪链球菌病是由致病性猪链球菌感染引起的一种人畜共患病。猪链球菌是猪的一种常见和重要病原体，也是人类动物源性脑膜炎的常见病原。可引起猪急性败血症、脑膜炎、心内膜炎、关节炎和淋巴结脓肿型，各种年龄均可感染，架子猪和乳猪常发。多种动物、鸟类包括苍蝇均能传播该病，存在于环境中的病原菌可通过浮尘传播该病。猪可通过呼吸道、生殖道、消化道及外伤受到感染。

一、临床实践

阉割、咬尾等外伤最易经伤口感染。脑炎型病猪，有耳朝后症状。神经症状间歇时，可见眼球震颤。一旦有响声刺激，患猪马上出现游泳状运动。此时眼半闭或全闭，上、下眼睑不停地颤动。每年秋末冬初关闭门窗或用塑料薄膜遮盖猪舍保温时，猪咬尾现象严重，此期也是感染链球菌病的高发期。脑膜炎是最典型的临床症状，是早期诊断的基础。临床上以引起败血症、关节炎和肺炎或剖检见纤维素性胸膜炎和支气管炎的疾病较多，不能作为诊断依据，只能作为参考。虽然大多抗生素抗菌谱含链球菌，然而一旦发病治愈率并不高。因此，与其他细菌性疾病一样，一旦发现本病，全群用药是防治本病的关键。

二、临床症状

临床上表现败血性、脑膜炎、关节炎和淋巴性脓肿。最急性病例病猪不表现临床症状可能突然死亡。急性败血型病猪体温高达41～43℃，精神不振，眼结膜充血，流泪，流鼻液，有的有咳嗽和呼吸困难症状。耳、颈、腹下皮肤瘀血、发绀，腹下、后躯的紫红色斑块似“刮痧状”。关节肿大或跛行。等到爬行或不能站立时，就很快死亡。神经症状主要表现为运动失调，游泳状运动，角弓反张，惊厥，眼球震颤和双目直视。个别病猪濒死前，天然孔流出暗红血液。淋巴结脓肿型患猪可见颌下、腹股沟淋巴结脓肿（图2-2-1至图2-2-6）。

图2-2-1 病猪体温高达41～43℃，耳、颈、腹下皮肤瘀血发绀，关节肿大和跛行

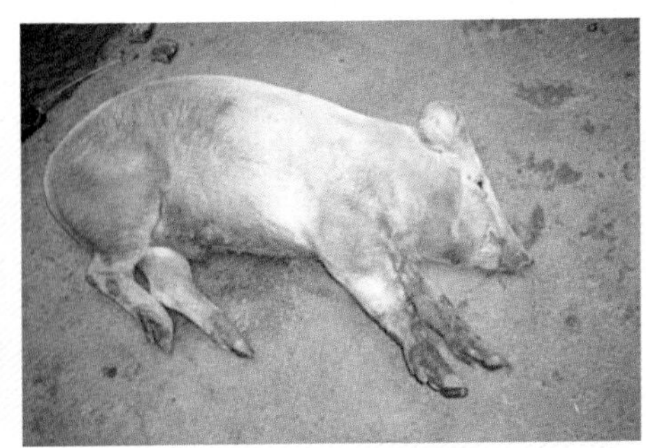

图2-2-2 耳、颈、腹下皮肤瘀血，发绀，神经症状有运动失调、游泳状运动及痉挛

图2-2-3 关节炎或关节肿大，跛行，爬行或不能站立

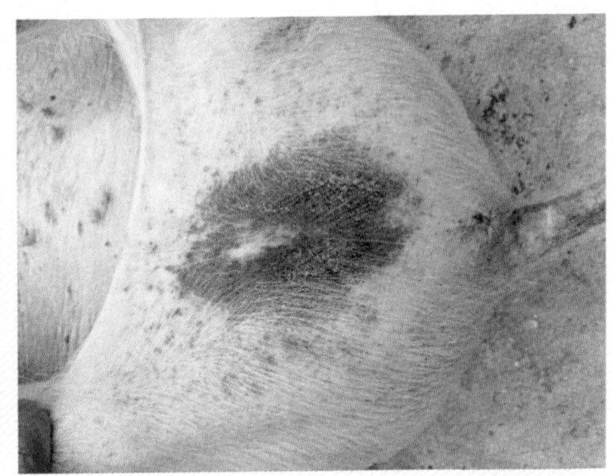

图2-2-4 体表有紫红色斑块，似“刮痧状”

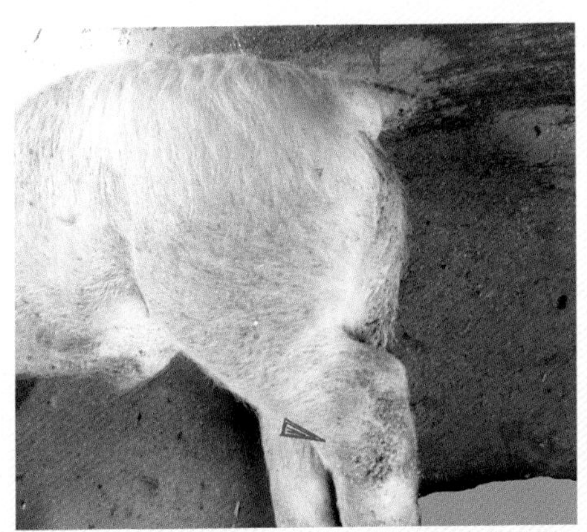

图2-2-5 互相咬尾感染链球菌后死亡的病猪，关节肿大

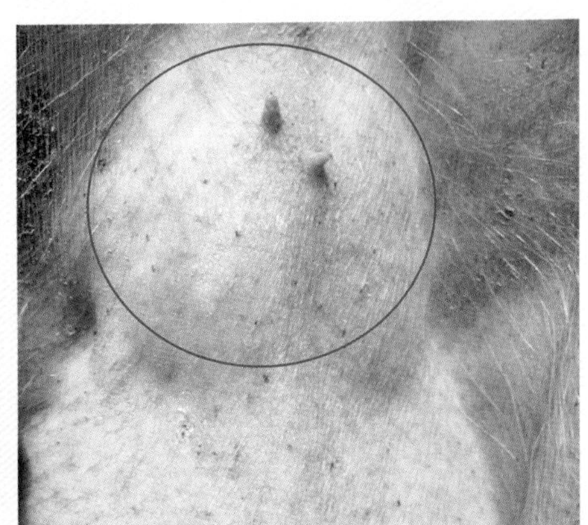

图2-2-6 腹股沟淋巴结脓肿

三、剖检变化

病猪全身各器官充血、出血。肺、淋巴结、关节有化脓灶。鼻、气管、胃、小肠黏膜充血及出血。胸腔、腹腔和心包腔积液，并有纤维素性渗出物。脾脏肿大，呈蓝紫色。肾肿大、充血、出血，膀胱积尿。脑膜充血或出血。心内膜炎，心瓣膜上的疣状赘生物病变呈菜花样（图2-2-7至图2-2-13）。链球菌心内膜炎和关节炎病变症状类似于猪丹毒的症状。

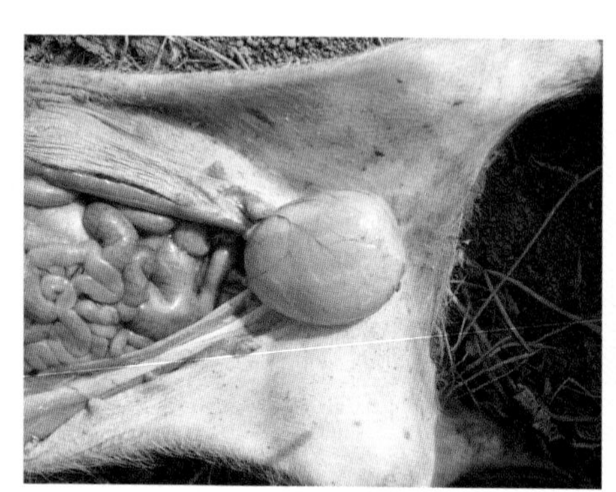
图2-2-7　膀胱积尿

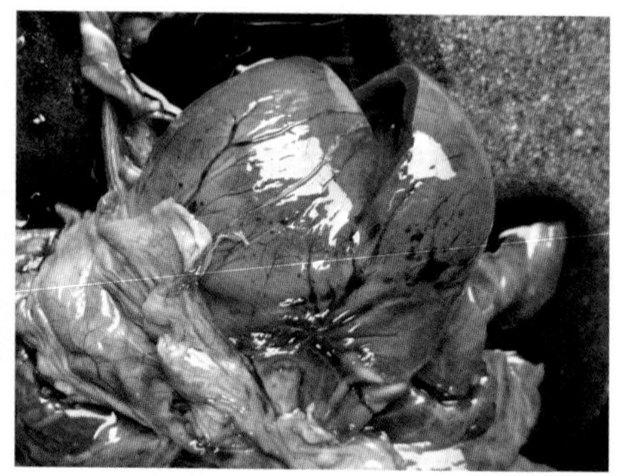
图2-2-8　病猪全身各器官充血、出血

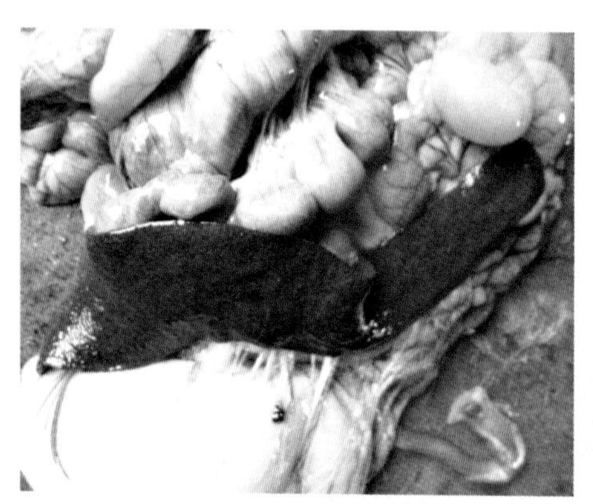
图2-2-9　脾脏肿大，蓝紫色

图2-2-10　脾脏表面蓝紫色，切面紫红色

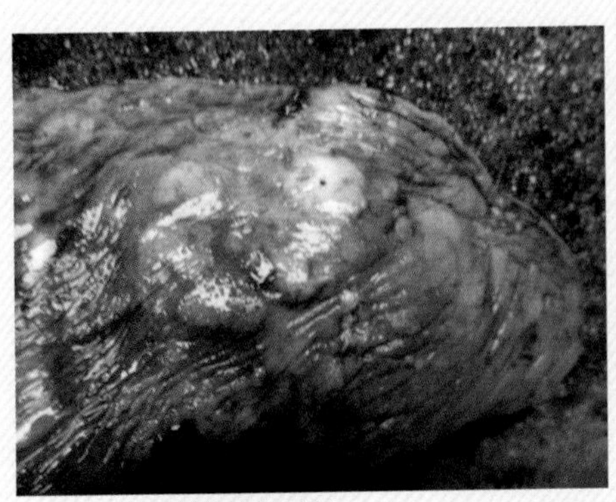
图2-2-11 肺表面化脓灶

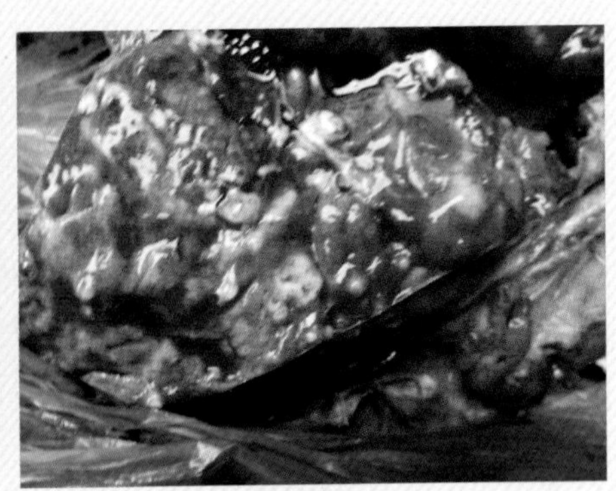
图2-2-12 肺切面化脓灶

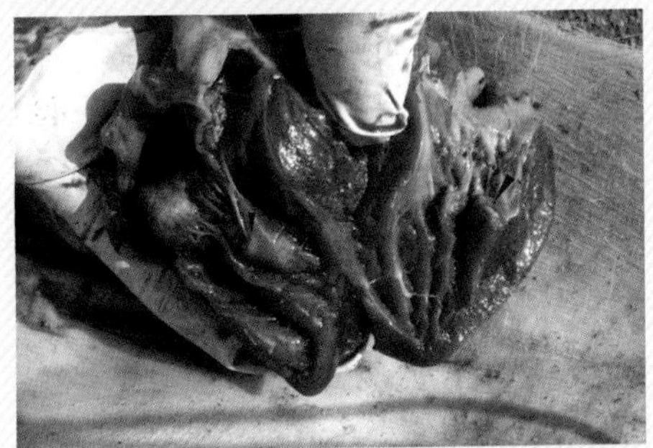
图2-2-13 心瓣膜上的疣状赘生物病变呈菜花样

四、防治

保持猪舍清洁干燥，定期消毒，患猪用青霉素、链霉素、四环素、磺胺类药物治疗均可。

1. 青霉素每千克体重5万国际单位，每日2次，连用3天。
2. 磺胺嘧啶是治疗链球菌性脑膜炎的首选药物。
3. 延长治疗周期，一般用药应不低于1周。

第三节 猪副嗜血杆菌病

猪副嗜血杆菌病又称多发性纤维素性浆膜炎和关节炎，是由猪副嗜血杆菌引起的。对于采用无特定病原或运用早起断奶技术而没有猪副嗜血杆菌污染的猪群，初次感染这种细菌时后果会相当严重。猪副嗜血杆菌广泛存在于自然环境中，病猪和带毒猪是该病的传染源，健康猪鼻腔、咽喉等上呼吸道黏膜上也常有病菌存在。属于一种条件性常在菌，在天气恶劣、长途运输、疾病等情况下，副猪嗜血杆菌就会乘虚而入，主要通过呼吸道、消化道传播。无明显季节性。以5~8周龄的仔猪最为多见，哺乳仔猪也可发病。

一、临床实践

猪场卫生条件的优劣，好像并不影响此病的发病率。该病临床症状较为复杂，因此易与其他疾病混淆。同窝仔猪，个体较大的易首先发病。急性病例最易与水肿病混淆，脑炎、关节炎易于链球菌病等混淆，慢性病例（贫血、苍白、腹股沟淋巴结肿大）易于断奶仔猪多系统衰竭综合征及一些慢性消耗性疾病混淆。近些年，较多仔猪死亡都与该病有关。治疗时，一定要全群用药，如发病一头治疗一头，损失将很惨重。蓝耳病、圆环病毒病等是继发本病和加剧猪病危害的重要因素，因此强化其他疾病（特别是呼吸道疾病）的防治，对控制本病的发生、流行和减少猪病的危害具有十分重要的意义。

二、临床症状

急性病例，不出现临床症状即突然死亡，死后全身皮肤发白或红白相间。约有50%的急性死亡猪出现程度不等的腹胀，个别猪鼻孔有血液流出。一般病例体温升高（40.5~41.0℃），有时可能只出现短暂发热。反应迟钝，心跳加快，耳梢发紫，眼睑水肿。保育猪和育肥猪，一般慢性经过，食欲下降，生长不良，咳嗽，呼吸困难，被毛粗乱，皮肤发红或苍白，消瘦衰弱。四肢无力特别是后肢尤为明显，出现跛行。关节肿胀，多见于腕关节和跗关节。少数病例出现脑炎症状，震颤，角弓反张，四肢游泳状划动。部分病猪鼻孔有浆液性或黏液性分泌物。后备母猪常表现为跛行、僵直、关节和肌腱处轻微肿胀；哺乳母猪跛行及母性行为极端弱化。也可见妊娠母猪流产，公猪慢性跛行（图2-3-1至图2-3-7）。

图2-3-1 乳猪也可发生，临床上最早出生1周后就有发生本病的

图2-3-2 急性病例往往首先发生于膘情良好的猪，有时会无明显症状突然死亡

图2-3-3 个别猪鼻孔有血液流出

图2-3-4 行走缓慢或不愿站立，腕关节、跗关节肿大，共济失调，临死前侧卧或四肢呈划水样

图2-3-5 腹腔脏器粘连，外观可看到腹胀

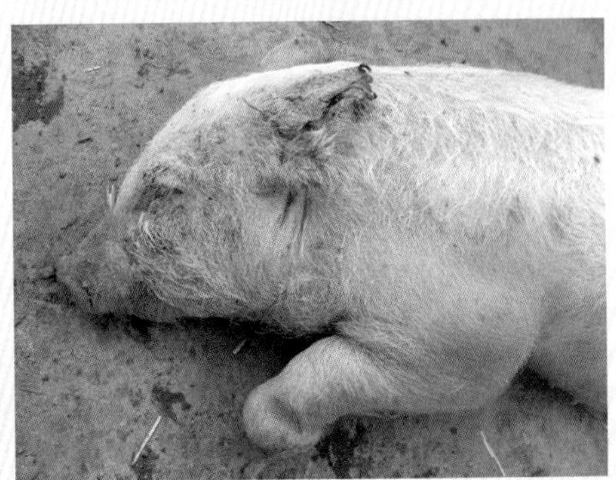

图2-3-6 有的病猪耳坏死

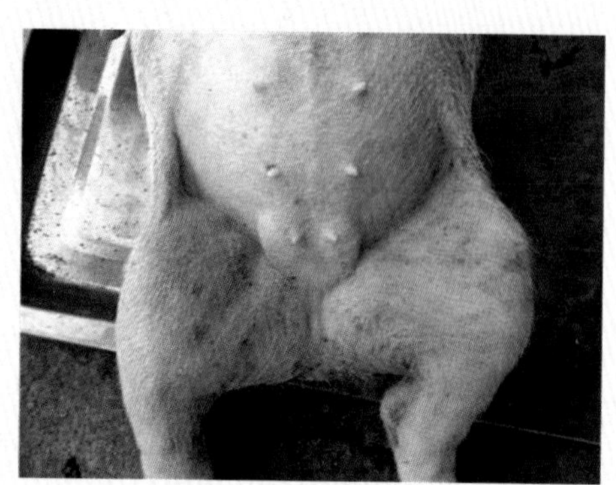

图2-3-7 腹股沟淋巴结明显肿大

三、剖检变化

败血症损伤主要表现在肝脏、肾脏和脑膜上形成瘀点和瘀斑，胸腔、腹腔出现似鸡蛋花状纤维素性炎症。一般病例，胸腔积液，有肝周炎、心包炎、腹膜炎，其病变酷似鸡大肠杆菌（包心、包肝）病变。较慢性病例可见心脏与心包膜粘连；肺与胸壁、心脏粘连，部分出现腹腔积液或腹腔脏器粘连。急性败血死亡病例表现皮肤发绀、皮下水肿和肺水肿。肝脏、肾脏和脑等器官表面有出血斑（点）。急性死亡病例，大多肉眼看不到典型的鸡蛋花状凝块；但经仔细观察，腹腔有少量的、似蜘蛛网状纤细条索。这在诊断急性副嗜血杆菌病死亡病例当中，有相当重要的价值（图2-3-8至图2-3-18）。

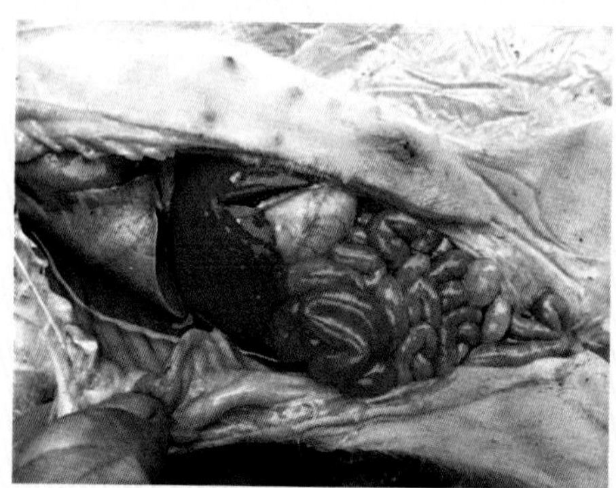

图2-3-8 乳猪发病，胸、腹腔有积液、纤维素炎症并伴随肠炎变化

图2-3-9 乳猪发病，扁桃体出血（只做参考，不是本病特征）

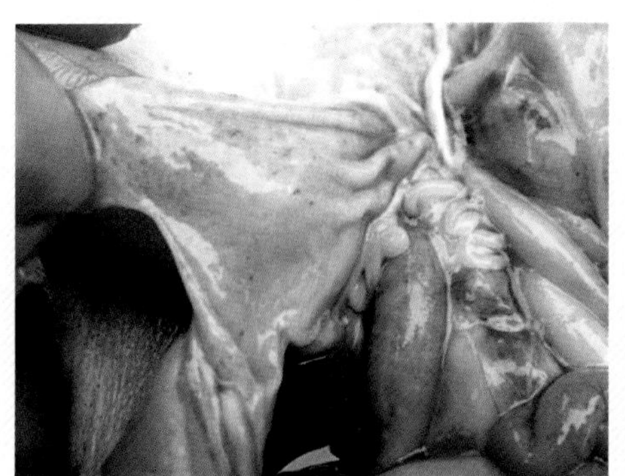

图2-3-10 有时膀胱出血（要与猪瘟区别）

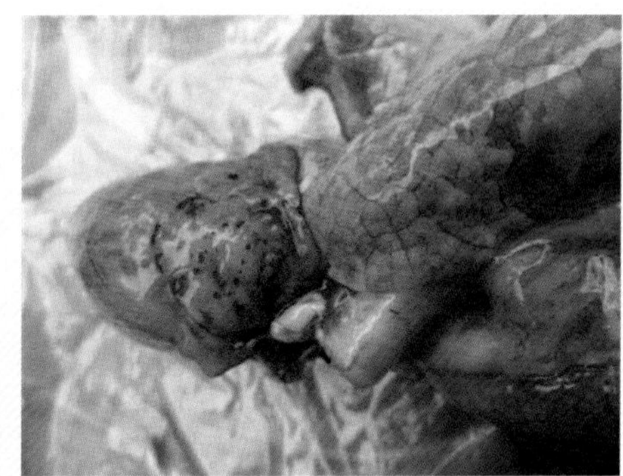

图2-3-11 心房出血（要与猪瘟区别）

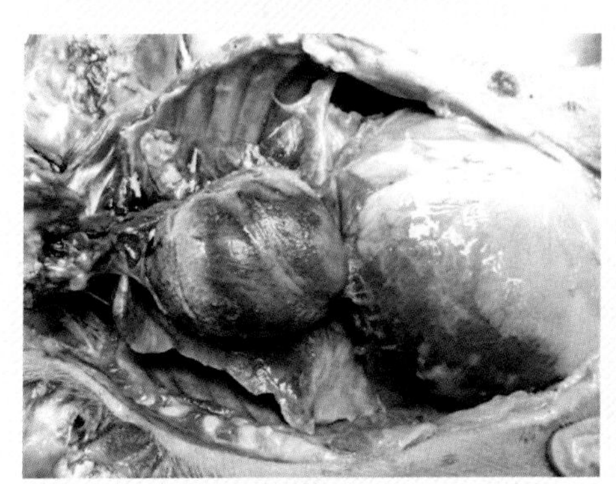

图2-3-12 肺水肿间质性肺炎、肺与胸膜心包粘连；心包积液、粗糙、增厚；肝和脾肿大，与腹腔粘连

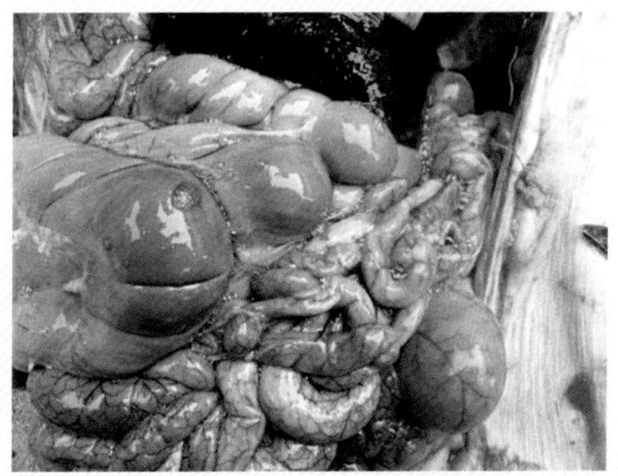

图2-3-13 有的猪可能纤维素炎症不明显，但腹腔可见多量泡沫

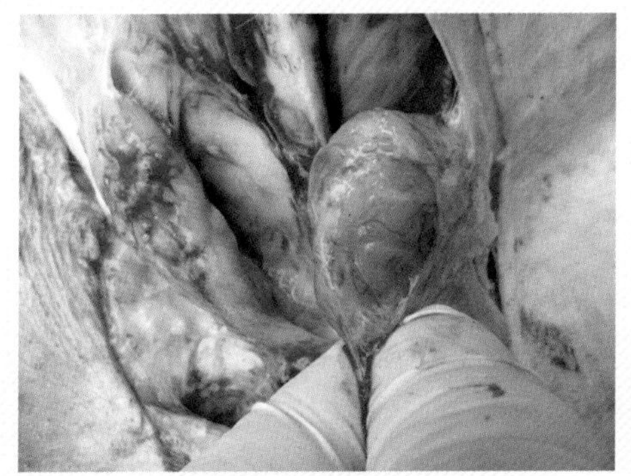

图2-3-14 腹股沟淋巴结灰白色肿大

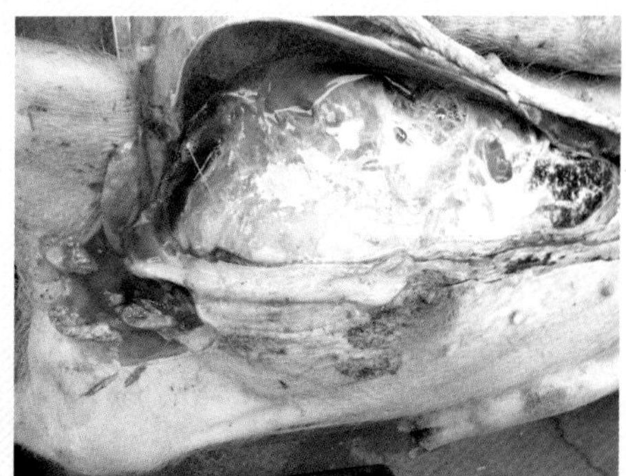

图2-3-15 腹腔蛋花状纤维素假膜

图2-3-16 急性病例，大多肉眼看不到典型的鸡蛋花状凝块；但经仔细观察，腹腔有少量的、似蜘蛛网状纤细条索

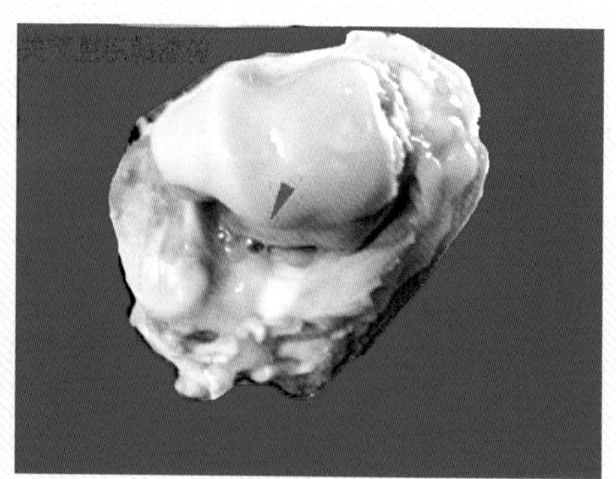

图2-3-17 关节腔炎性渗出物

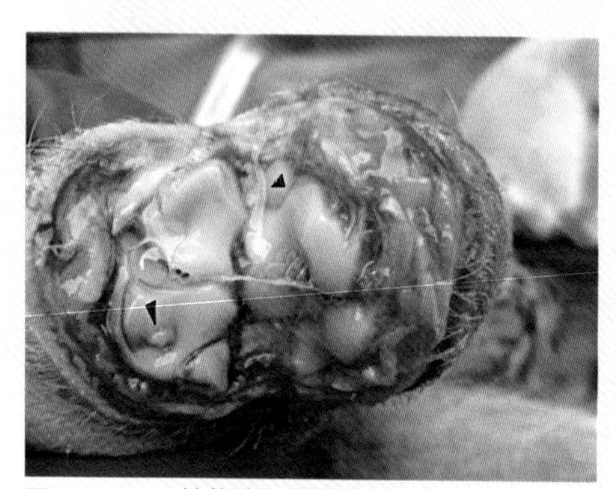

图2-3-18 关节腔纤维素渗出物

四、治疗

发现猪出现上述临床症状，应立即对整个猪群投服大剂量抗生素药物治疗和对未发病猪预防。已经发病猪特别是形成纤维素渗出物病变的猪，治疗比较困难的。大多数血清型的猪副嗜血杆菌对头孢菌素、庆大、替米考星及喹诺酮类等药物敏感。发病猪用药应适当加大剂量。

1．青霉素肌内注射，每次每千克体重5万国际单位，每天2次，连用5天。

2．庆大霉素注射液肌内注射，每次每千克体重4毫克，每天肌内注射2次，连用5天。

3．大群猪口服阿莫西林粉，每日2次，连用1周。

4．在应用抗生素治疗的同时，口服纤维素溶解酶可快速清除纤维素性渗出物，缓解症状，控制猪群死亡率。

第四节　猪接触性传染性胸膜肺炎

猪接触性传染性胸膜肺炎是由胸膜肺炎放线杆菌引起的一种传染病，各种年龄的猪对本病均易感。但由于初乳中母源抗体的存在，因此本病最常发生于育成猪和成年猪。急性期死亡率很高，不仅与毒力及环境因素有关，还与其他疾病的存在，如蓝耳病、圆环病毒病、伪狂犬病等有关。本病在许多养猪国家流行，可造成重大的经济损失。抗生素对本病无明显疗效。虽然对该病及其病原菌已作了广泛而深入的研究，在疫苗及诊断方法上也已取得一定的成果，但到目前为止，还没有很有效的措施来控制本病。该病的传播途径主要是通过猪与猪的直接接触或短距离的飞沫传播。

一、临床实践

猪群的转移或混养、拥挤和恶劣的气候条件（如气温突然改变、潮湿及通风不畅）可加速该病的传播。个别猪可能不表现呼吸困难，懒惰。休息时卧姿异常，两前肢曲于腹下，可能是想减轻胸部压力。治疗中，虽然多种抗生素均可抑杀胸膜肺炎放线杆菌，但遗憾的是该病对肺部损伤严重，治疗作用甚微。因此，早期确诊、及时对尚未发病猪用药控制，显得尤为重要。

二、临床症状

本病有最急性型、急性型、亚急性型或慢性型等多种。

最急性型：同栏或不同栏的一头或数头猪突然发病，体温升高达41℃。患猪精神沉郁，食欲不振。表现极度的呼吸困难，张嘴呼吸，濒死前口鼻流出含有浅血色的泡沫液体。短期内可见轻度腹泻和呕吐，站立时可能看不到明显的呼吸症状。鼻、耳、腿以至全身的皮肤出现紫斑后死亡，有的病例可能未显现症状就突然死亡。

急性型：不同栏或同栏的许多猪只同时感染并发高烧，拒食，精神不振。患猪出现呼吸困难，经常咳嗽及用嘴呼吸。

亚急性型或慢性型：不发烧，猪不爱活动，仅在喂食时勉强爬起。有间歇性咳嗽。患猪消瘦，毛发粗糙及食欲不振，有的出现腹泻、呕吐症状。驱赶猪群时，患猪总是走在群后。

该病常常使个别猪突然发病，急性死亡，随后大批猪发病，临死前常有血染泡沫从口鼻流出（图2-4-1至图2-4-4）。

图2-4-1　体温升高达41℃，患猪精神沉郁，食欲不振，张嘴呼吸

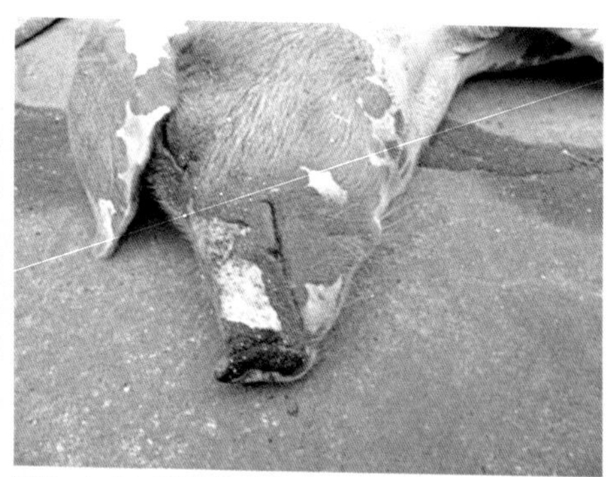
图2-4-2　呼吸极度困难，口、鼻周围含有血的泡沫液

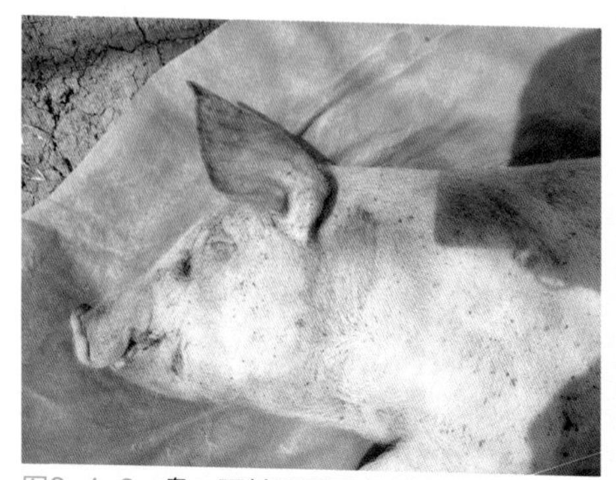
图2-4-3　鼻、耳甚至腿及全身的皮肤出现紫斑后死亡

图2-4-4　部分病猪不表现明显的呼吸困难，但发热，懒动，卧地时四肢收拢

三、剖检变化

病变具有多面性，肺部常呈局灶性损伤且界限明显。心脏和隔膜可见损伤。肉眼可观的病变主要在呼吸道，胸腔积液和纤维素性胸膜炎。肺充血、出血。气管、支气管中充满泡沫状、血性黏液及黏膜渗出物。肺和胸膜粘连。

急性型：肺部充血、水肿，切面如肝，坚实，断面易碎，间质充满血色胶样液体。肺早期损伤，颜色黑红，感染最严重处肺硬化，随着时间推移，损伤部位缩小，直到转为慢性形成大小不同的结节。

慢性型：胸腔积液，胸膜表面覆有淡黄色渗出物。病程较长时，可见硬实的肺炎区，肺炎病灶稍凸出表面，常与胸膜发生粘连，肺尖区表面有结缔组织化的粘连附着物。有的慢性病例在隔叶上有大小不一的脓肿样结节。

以上剖检变化见图2-4-5至图2-4-13。

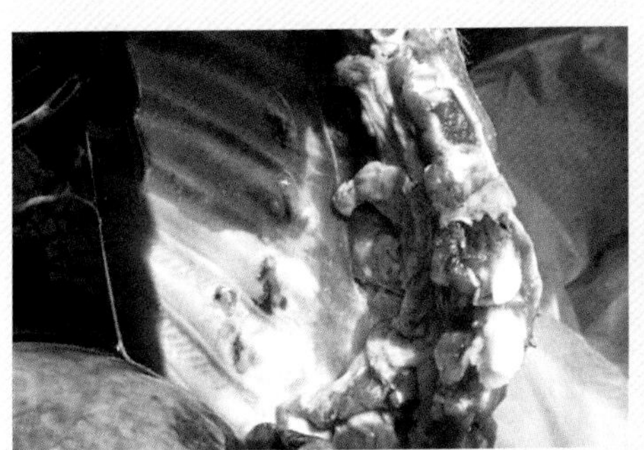

图2-4-5　胸膜破损处肺与胸膜粘连，强行分离撕破的痕迹

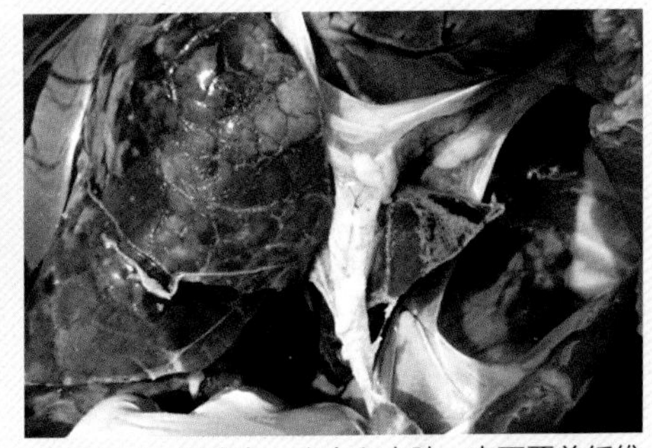

图2-4-6　肺瘀血、出血和水肿，表面覆盖纤维素膜

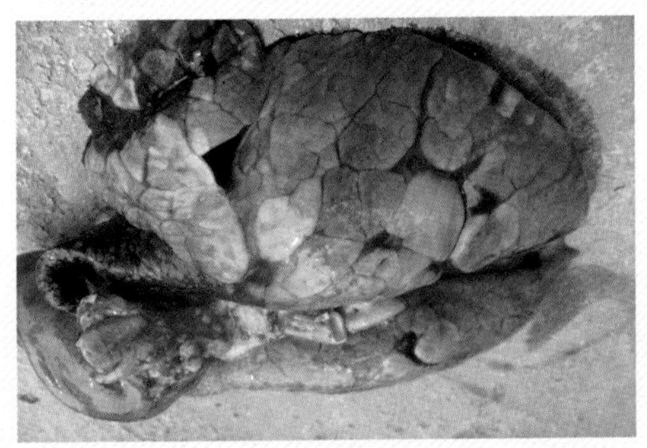

图2-4-7　间质充满血色胶样状液体

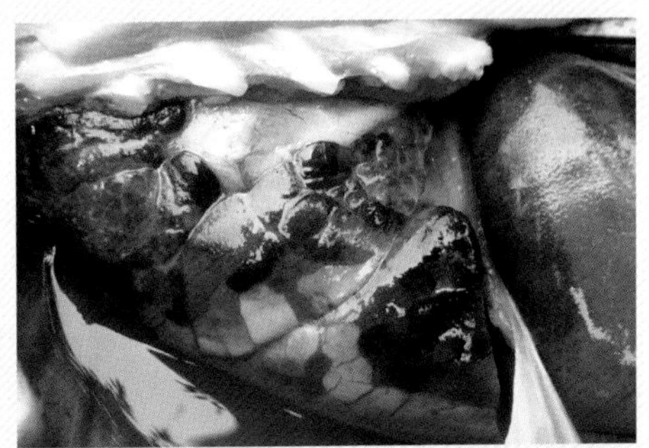

图2-4-8　胸腔积液，肺充血、出血（病变组织与周围组织界限分明）

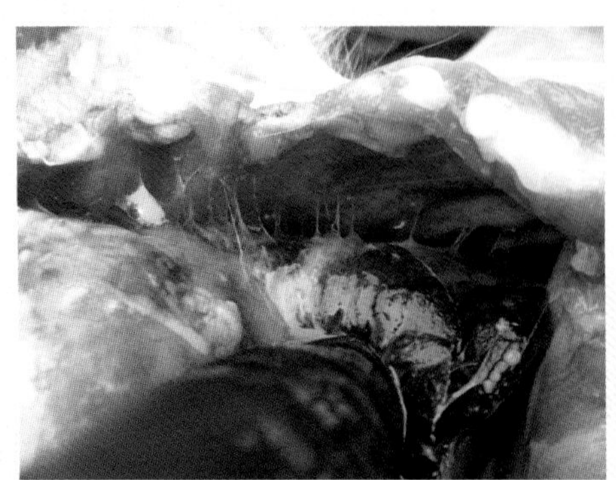

图2-4-9 病程较长时，肺炎区硬实，肺炎病灶稍凸出表面，并与胸膜发生粘连，难以剥离

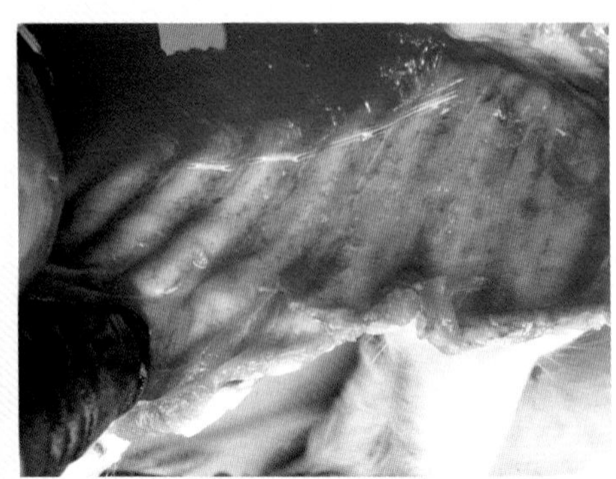

图2-4-10 胸膜出血并有黄白色纤维素性物附着

图2-4-11 气管、支气管中充满泡沫状、血性黏液及黏膜渗出物

图2-4-12 肺切面呈大理石状花纹

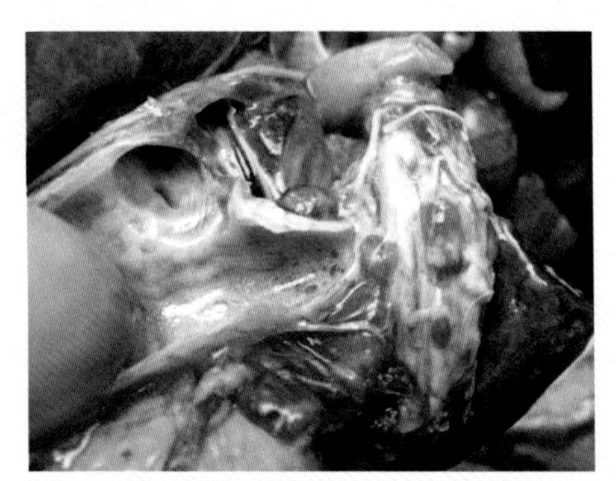

图2-4-13 气管、支气管中充满浅血色泡沫

四、防治

感染最初阶段，尽管抗生素的使用有效，但有效的治疗是建立在早发现、早诊断和快速且有效的治疗基础上。虽然报道许多抗生素对胸膜肺炎放线杆菌有效，但治疗也受到一些因素的制约，如耐药菌株的出现、没能尽早确诊、延误治疗的最佳时间。严重感染的病例，病损严重，即使经过很好的治疗和护理也很难恢复。就目前小型猪场而言，治愈率就更低。其一，受诊断设备、技术的影响，无法快速确诊；其二，引起呼吸道症状的疾病较多，有时可能无法鉴别；其三，激发或协同感染，使病情复杂化。

1. 肌内注射青霉素。每千克体重3万～5万国际单位，每日2次，连用3～5天。

2. 肌内注射或静脉滴注硫酸阿米卡星注射液。50千克体重1.5～2.5克，每日2次，连用4天。

3. 肌内注射或胸腔注射氟甲砜霉素。每日1次，连用3天以上。

4. 饲料中掺拌支原净、强力霉素或氟甲砜霉素，连续用药5～7天，有较好的疗效。

第五节　猪大肠杆菌病

猪大肠杆菌病是由病原性大肠杆菌引起的仔猪肠道传染性疾病。常见的有仔猪水肿病、仔猪白痢和仔猪黄痢三种，以发生肠炎、肠毒血症为特征。

一、仔猪水肿病

仔猪水肿病是由溶血性大肠杆菌引起的断奶仔猪的一种急性、散发性、致死性肠毒血症，也称仔猪胃肠水肿或仔猪蛋白质中毒病，以眼睑或全身水肿、四肢运动障碍、叫声嘶哑、剖检胃黏膜和结肠系膜水肿为特征。主要发生于断奶后的仔猪，发病率10%~50%，死亡率可达90%以上，发病多是营养良好和体格健壮的仔猪。一般局限于个别猪群，不广泛传播。多见于春季的4～5月和秋季的9～10月。本病的发生与饲料营养特别是饲喂含大量豆类高蛋白饲料等有关。

（一）临床实践

该病最易与猪急性副嗜血杆菌病混淆。肾瘀血，紫红色。膀胱黏膜水肿出现率高，胃大弯水肿率只占20%，结肠系膜水肿也较高。虽然出现这些特征性水肿病变，非常有助于确诊。不过，有些病例水肿变化轻微或缺乏，特别是水肿病发生时先出现急性腹泻的病例，水肿病变更不明显。对发病猪静脉注射亚甲蓝配合葡萄糖，可能是目前较理想的方法。该方法猪用过多年，效果较好。

（二）临床症状

发病年龄：断奶后至70日龄最易发生，多发于体况健壮、生长速度快的仔猪。

急性型：突然出现神经症状，共济失调，转圈或后退，抽搐，四肢麻痹，呼吸迫促，闭目张口呼吸，最后死亡。死后皮肤颜色大多正常，有的皮肤出现瘀血现象，表现腹胀。

一般型：体温正常，食欲减退或废绝。初期表现腹泻或便秘，1～2天后病程突然加剧。病猪头部、颈部、眼睑、结膜等部位出现明显的水肿。共济失调并伴有不同程度的痴呆，很快死亡（图2-5-1至图2-5-3）。

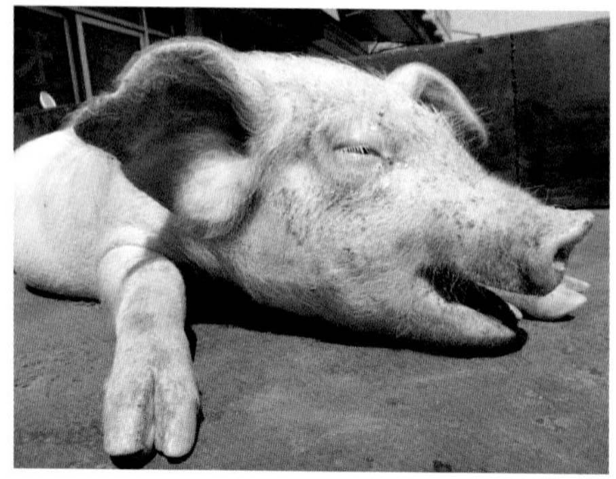

图2-5-1　共济失调，转圈，抽搐，四肢麻痹，呼吸迫促，闭目张口呼吸，最后死亡

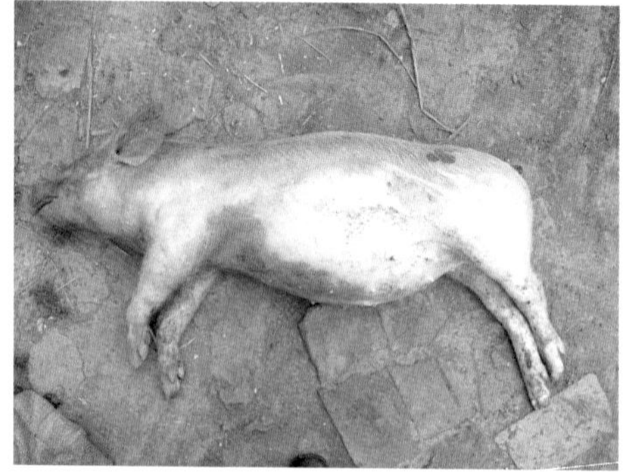

图2-5-2　死后大都表现腹胀，该病例病猪死后皮肤瘀血，但有的病猪颜色可能正常

图2-5-3 病猪头部、颈部、眼睑、结膜等部位出现明显的水肿

（三）剖检变化

胃壁和肠系膜呈胶冻样水肿是本病的特征。胃壁水肿常见于大弯部和贲门部，胃黏膜层和肌层之间有一层胶冻样水肿。大肠系膜水肿。喉头、气管、肺瘀血水肿。胃、肠黏膜呈弥漫性出血。心包腔、胸腔和腹腔有大量积液。肾瘀血水肿，呈暗紫色。肠系膜淋巴结有水肿和充血、出血（图2-5-4至图2-5-11）。

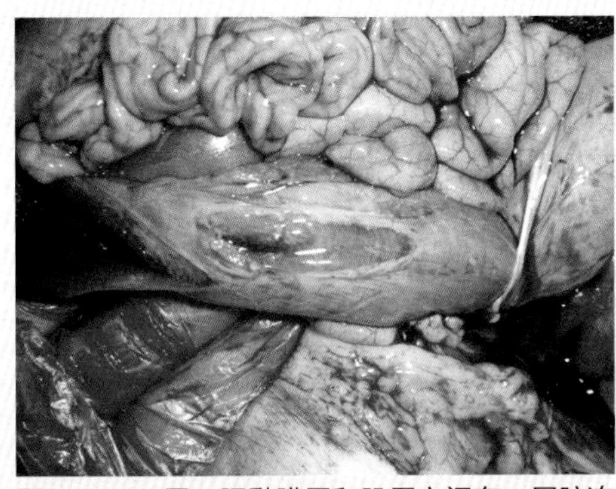

图2-5-4 胃、肠黏膜层和肌层之间有一层胶冻样水肿

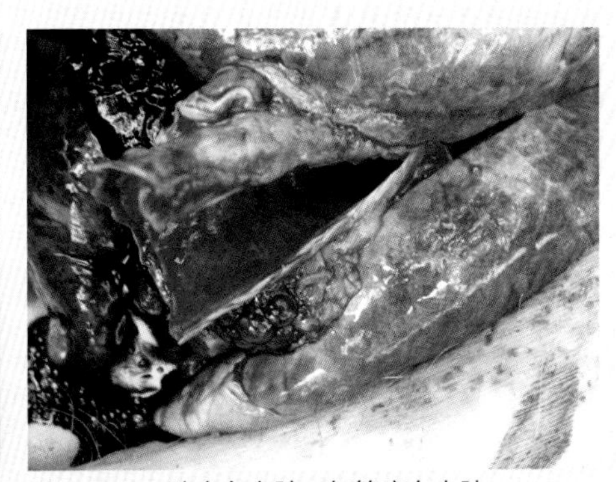

图2-5-5 肺瘀血水肿，气管瘀血水肿

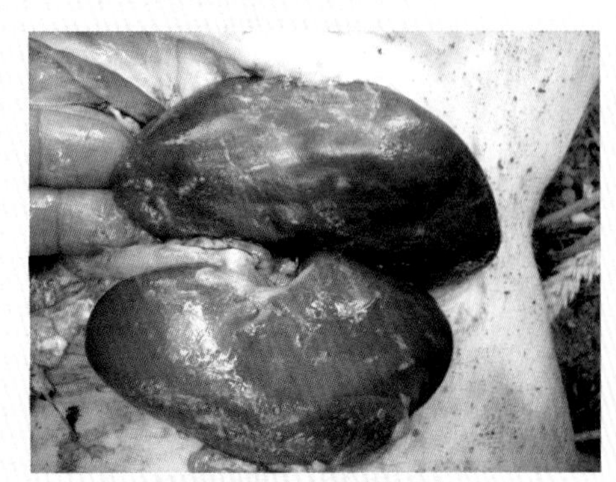
图2-5-6 肾瘀血水肿，呈暗紫色

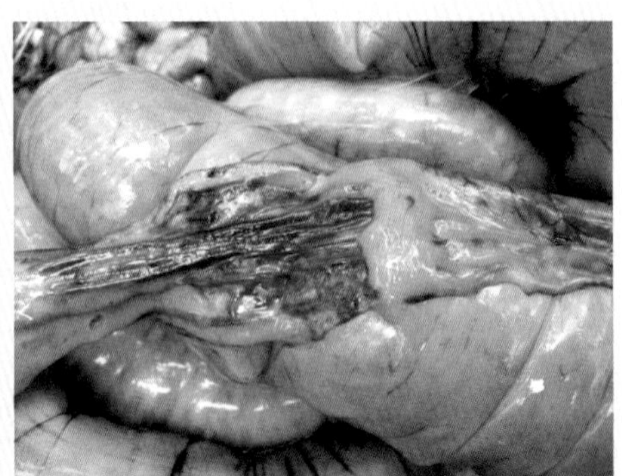
图2-5-7 胃、肠黏膜呈弥漫性出血

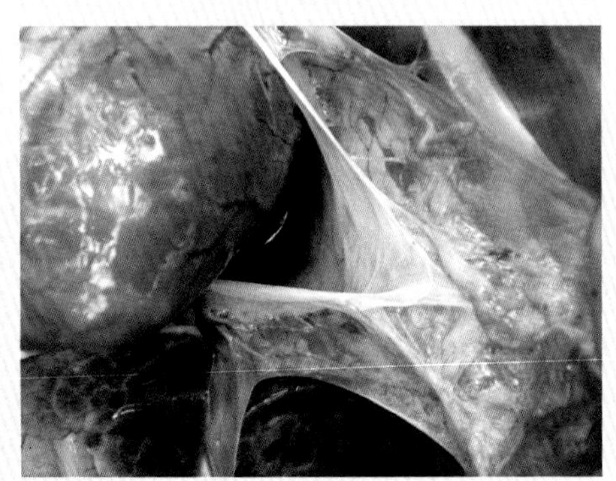
图2-5-8 心包腔、胸腔和腹腔有大量积液

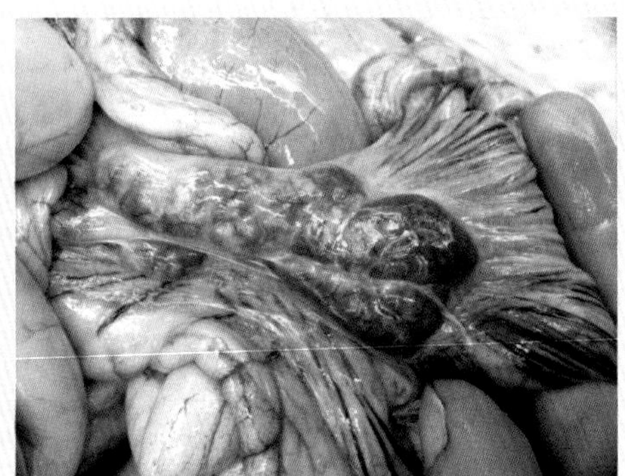
图2-5-9 肠系膜淋巴结水肿和充血、出血

图2-5-10 肠胀气

图2-5-11 膀胱黏膜水肿

（四）防治

疫苗对防止水肿病的发生作用有限，在饲料中加入药物预防的方法虽然已被广泛使用，但有较多缺点：其一，有食品安全隐患；其二，生物安全，长期应用细菌产生抗性；其三，损害免疫的建立及存在长期用药带来的经济负担等。虽然限制饲喂高营养饲料可显著降低该病的发生率，但限饲影响猪生长，延长饲养周期，因此本病目前尚无理想治疗方法。

1．缺硒地区每头仔猪断奶前补硒。合理搭配日粮，防止饲料中蛋白含量过高，适当搭配某些青绿饲料。

2．15kg体重静脉注射50%葡萄糖（40毫升）+20%磺胺嘧啶钠注射液（10毫升）。1日1次，连用3天，同时肌内注射适量速尿注射液。

3．10%葡萄糖酸钙注射液10毫升+40%乌洛托品注射液，静脉注射。1日1次，连用3次，同时配合轻泻药物进行治疗效果更佳。

二、仔猪白痢

仔猪白痢是由大肠杆菌引起的30日龄以下仔猪发生的消化道传染病。临床上以排灰白色粥样稀便为主要特征，发病率高而致死率低。气候变化、饲养管理不当、猪舍卫生活条件、仔猪体质差、猪肠道菌群失调导致大肠杆菌过量繁殖等是本病发生的诱因。

（一）临床实践

很多药物对该病都有治疗作用，但要注意耐药性。应根据治疗效果适当调换药物，有条件时最好做药敏试验。虽然该病死亡率不高，有时特别易被小规模养殖户忽视，但对整个饲养周期的影响很严重。不过，目前对仔猪白痢的病原尚存争议。

（二）临床症状

尚未断奶1月龄以内哺乳仔猪，一般是10～30日龄仔猪易发病。发病仔猪体温一般正常，精神及采食尚可，只是排灰白色、腥臭、糨糊状或水样稀便。病程1周左右，多数可不治自愈（图2-5-12至图2-5-13）。

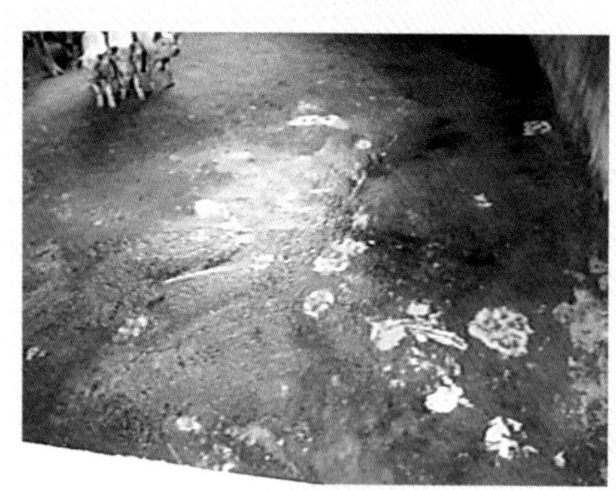
图2-5-12 排灰白色、味腥臭、糨糊状或水样稀便

图2-5-13 产床上的灰白色粪便

（三）剖检变化

以胃肠卡他性炎症为特征。胃膨胀，内含多量凝乳块，黏膜卡他性炎症。小肠扩张充气，肠壁变薄，肠黏膜卡他性炎症，含黄白酸臭液体。肠系膜淋巴结水肿（图2-5-14至图2-5-16）。

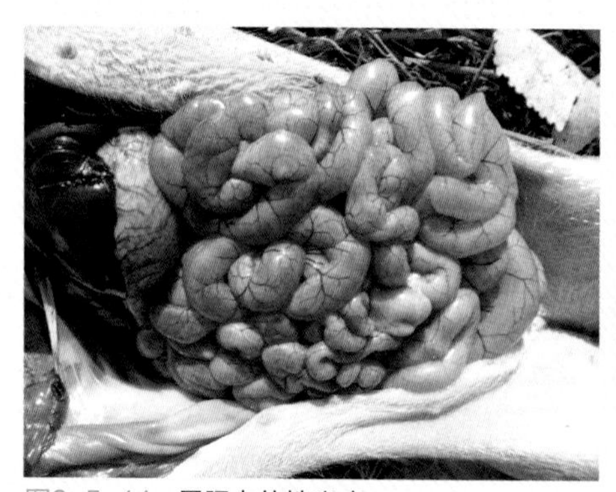
图2-5-14 胃肠卡他性炎症

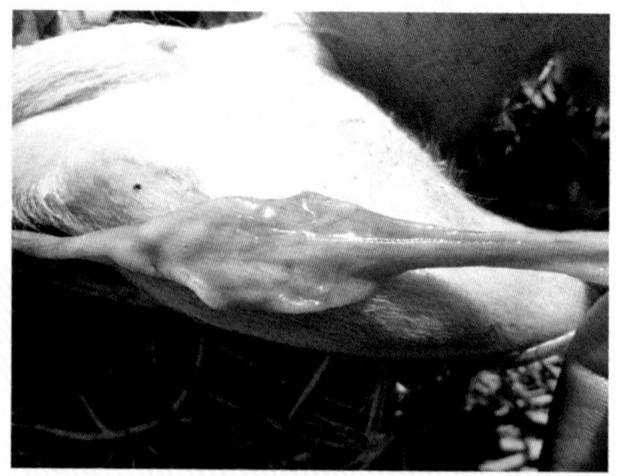
图2-5-15 小肠扩张充气，肠壁变薄，肠黏膜卡他性炎症，含黄白酸臭液体。肠系膜淋巴结水肿

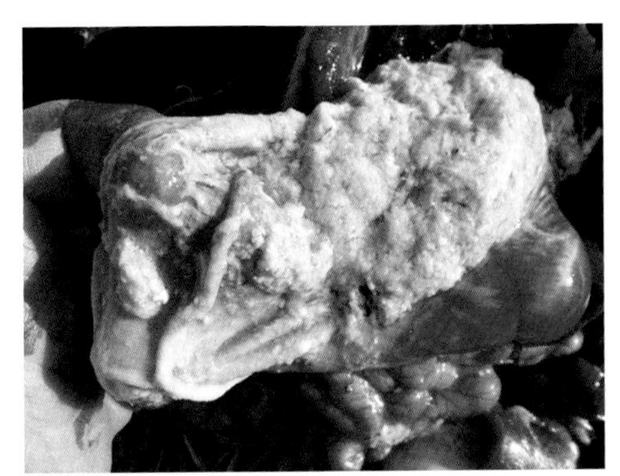

图2-5-16 胃膨胀，内含多量凝乳块，黏膜卡他性炎症

（四）防治

1. 及时清除粪、尿和污物，保持猪舍良好的卫生环境和舍内温度。给母猪提供营养全面的饲料，有条件的可饲喂青绿多汁饲料。

2. 对于初产母猪，要做好预防接种，建议使用大肠杆菌六价苗预防接种。

3. 治疗白痢药物和方法较多，要因地、因时而选用，如白龙散、大蒜液、矽炭银、活性炭和促菌生。

4. 庆大霉素、氟苯尼考及喹诺酮类药物均可使用，有条件的可做药敏试验。对于应用抗生素治疗仍有腹泻的，可采用收敛、止泻、助消化药物。

三、仔猪黄莉

仔猪黄痢又称早发性大肠杆菌病，是1～7日龄的仔猪发生的一种急性、高度致死性的疾病。临床上以剧烈腹泻、排黄色水样稀便、迅速死亡为特征。寒冬和炎夏潮湿多雨季节发病严重。

（一）临床实践

与球虫病、轮状病毒病感染易混淆，是仔猪出生后3天左右，最迟在1周发病，而球虫病一般6～15日龄发病。测量pH有助于诊断。大肠杆菌引发的分泌液性腹泻物pH呈碱性，而传染性胃肠炎和轮状病毒病引起的代谢紊乱腹泻物pH呈酸性。猪场发病严重，而分散饲养的发病少。头胎母猪所产仔猪发病最为严重，随着胎次的增加，仔猪发病逐渐减轻。

（二）临床症状

仔猪出生时健康，但突然拉稀。表现为窝发：第1头猪拉稀后，一两天内便传至全窝。粪便呈黄色或褐色水样或糊状,顺肛门流下。有时粪便过于清稀，以致大体看上去没有腹泻粪便，仔细查看病猪会阴部方可看到。稀便含有未消化的凝乳块。病猪口渴、脱水、肌肉松弛、眼睛无光、反应迟钝、皮肤蓝灰色、皮质枯燥、代谢性酸中毒，严重时出现呕吐现象，最后昏迷死亡。有的病例在尚未出现腹泻时就死亡（图2-5-17至图2-5-18）。

图2-5-17　排黄色水样或糊状粪便

图2-5-18　粪便黄色水样或糊状,含有未消化的凝乳块

（三）剖检变化

剖检常有肠炎和败血症，有的无明显病理变化。主要病变为十二指肠的急性卡他性炎症，表现为黏膜肿胀、充血或出血。肠内容物黄红色，混有乳汁凝块；空肠、回肠病变较轻，肠腔扩张，明显积气；肠壁和肠系膜常有水肿。胃膨大，含有未消化的凝乳块。颌下、腹股沟、肠系膜淋巴结肿大、充血和出血，内含黄色带气泡的液体。心脏、肝脏、肾脏有小出血点，肝脏、肾脏常见小坏死灶（图2-5-19至图2-5-21）。

图2-5-19 急性卡他性炎症，表现为黏膜肿胀、充血或出血，内含黄色带气泡的液体

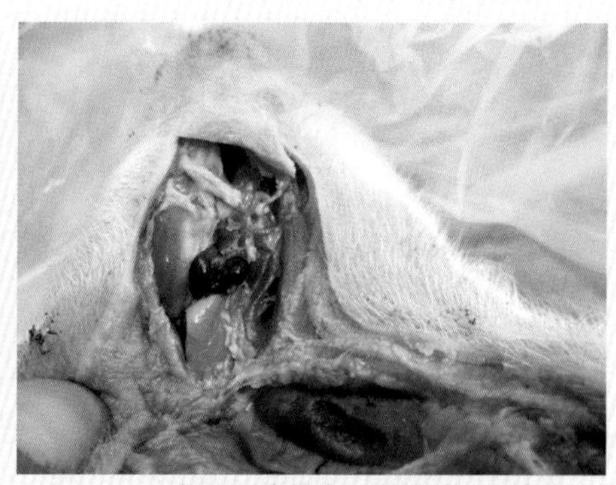

图2-5-20 颌下、腹股沟、肠系膜淋巴结肿大、充血和出血

图2-5-21 胃膨大，含有未消化的凝乳块

（四）防治

产房要严格消毒，并保持干燥和无贼风侵袭。母猪产前用0.1%高锰酸钾溶液洗涤乳头，以免初生仔猪开乳时就受到大肠杆菌的感染。出现症状时再治疗，往往效果不佳。发现一头病猪立即对与病猪接触过的未发病仔猪进行药物预防，疗效较好。大肠杆菌易产生抗药菌株，应交替用药，如果条件允许，最好先做药敏性试验再选择用药。

1. 仔猪出生后口服痢菌净，预防效果较好。

2．患猪每千克体重肌内注射氧氟沙星注射液0.3～0.4毫克。

3．肌内注射或口服，庆大霉素注射液每头1.5万国际单位，每天1次，连用3天。

第六节　猪气喘病

猪气喘病是由猪肺炎支原体引起的慢性、接触性传染病，在猪群中可造成地方性流行，不同年龄猪均易感。该病一年四季都可发生，在寒冷、多雨、潮湿或气候骤变时较为多见。发病率高，致死率低。本病的潜伏期较长，很多猪群在不知不觉中会受到感染，因此本病常在猪群中存在。该病一旦传入猪群，如不采取严密措施，很难彻底扑灭。

一、临床实践

此病在临床上反复发作，不易根除（散养户不重视，因为得病后一般死亡率低；但猪场最头痛，生长速度慢，出栏时间延长，降低经济效益）。驱赶或运动时，猪咳嗽明显，可能看不出气喘，但在卧地休息或站立不动时可见明显气喘（太湖猪对气喘病相对易感）。本病对以破坏细胞壁的杀菌药物无效。肺腧穴注射敏感药物是较理想的治疗方法，大家不妨一试。

二、临床症状

本病发生无品种、年龄、性别差异，尤以寒冷、多雨、潮湿或气候骤变时较为多见。呼吸增快呈腹式呼吸，咳嗽。咳嗽时表现伸颈、弓背、头下垂，连续用力咳嗽，甚至伴随排气和从肛门喷出粪便，但有的病猪可能表现不明显。发病缓慢，病程可持续2～3个月以上，以间歇性咳嗽（干咳）和喘气为主要特征。初期体温、精神、食欲、体姿均基本正常。随着病情的发展，呼吸次数剧增（可达60～120次/分），病后期可能出现张口呼吸，严重时出现连续痉挛性咳嗽。死亡率不高，生长受阻。并发其他呼吸道疾病时，可以造成死亡，这也是促使喘气病猪死亡的主要原因。患猪长期生长发育不良，饲料转化率低。种母猪感染后也可传给后代，导致后代不能留作种用（图2-6-1至图2-6-3）。

图2-6-1 呼吸增快呈腹式呼吸，犬坐姿势

图2-6-2 后期气喘加重，甚至张口呼吸

图2-6-3 生长受阻，大小不均匀

三、部检变化

急性病例，肺气肿、膨大、被膜紧张、边缘钝圆，肺表面湿润且富有光泽。以小叶性肺炎和肺门淋巴结及纵隔淋巴结显著肿胀等特征。心叶、尖叶、中间叶病变明显，切面呈鲜肉样外观即肉样变。随着病情的发展，肺前下部两侧对称，外观呈界限分明的虾肉样实变。气管断端有含血的泡沫状液体。肺门和纵隔淋巴结髓样肿大（图2-6-4至图2-6-9）。

图2-6-4 急性病例：肺气肿、被膜紧张、边缘钝圆，肺表面湿润且富有光泽

图2-6-5 小叶性肺炎：心叶、尖叶、中间叶病变明显，切面呈鲜肉样外观即肉样变

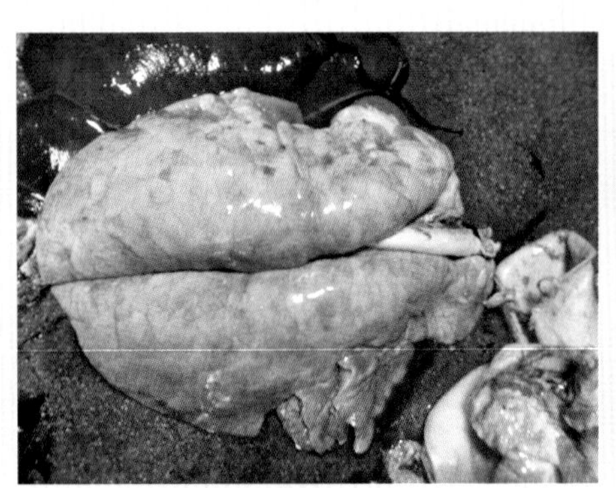

图2-6-6 肺部胰样病变

图2-6-7 肺前下部两侧对称且外观呈界限分明的虾肉样实变

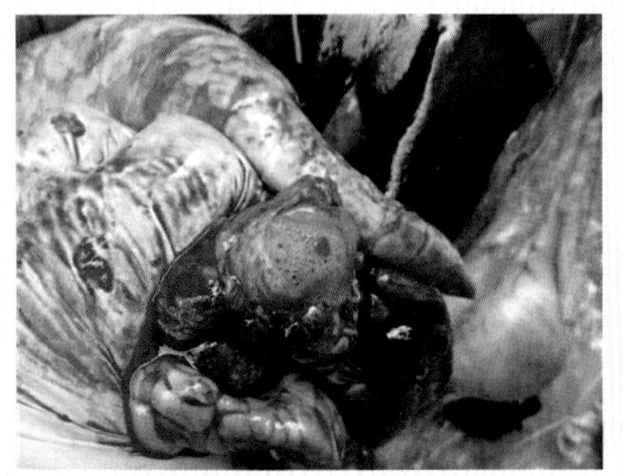

图2-6-8 气管断端有含血泡沫液体流出

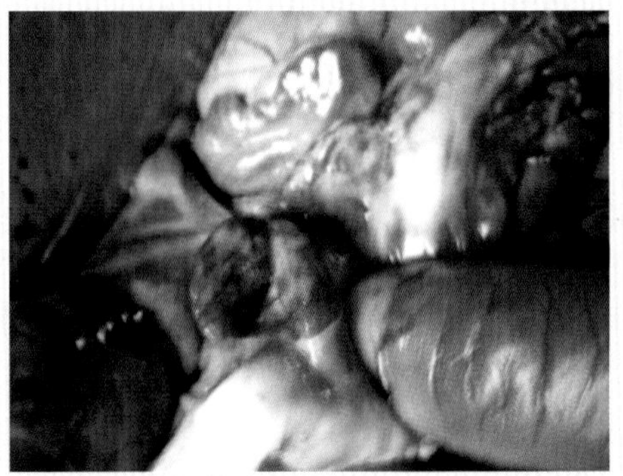

图2-6-9 肺门淋巴结髓样变

四、防治

多种抗生素对本病的治疗都有效，但抗生素只能控制疾病的发展，不能去除呼吸道或痊愈后器官中的病原体。青霉素、头孢菌素及阿莫西林等对本病治疗无效，目前普遍应用的主要有替米考星、泰乐菌素、林可霉素及恩诺沙星等。用药防治该病在猪出现应激时就开始，如断奶期、转群混养期和冬季来临时等。发病后治疗，停药后病原菌会再次出现。另外，其他病原侵入时，可能要交替应用多种抗生素。

1．采取综合性防治措施，坚持自繁自养的原则。必须引进种猪时，在隔离区饲养3个月以上，并经检疫证明无阳性方可混群饲养。给种猪和新生仔猪接种猪喘气病弱毒疫苗或灭活疫苗，以提高猪群免疫力（虽然效果不佳，但也是无奈选择）。

2．加强饲养管理，保持猪群合理、均衡的营养水平，加强消毒，保持栏舍清洁；干燥通风，降低饲养密度；减少各种应激因素等，对控制本病有着重要的作用。

3．每吨饲料中添加200克金霉素或250克林可霉素，连续使用3周可预防猪喘气病；也可用泰妙菌素拌料给药，连用5～7天。

4．每千克体重肌内注射4万国际单位林可霉素。每天2次，连续5天。此为1个疗程，必要时进行2～3个疗程。用替米考星、泰乐菌素也可收到良好效果。

5．如果想要净化气喘病，可在严格消毒下剖腹取胎，并在严格隔离条件下人工哺乳，培育和建立无特定病原猪群，以新培育的健康母猪取代原来的母猪；采取综合性措施，净化猪场，逐步使疫场变成无喘气病的健康猪场。

第七节　猪传染性萎缩性鼻炎

猪传染性萎缩性鼻炎也称鼻甲骨萎缩病。现在该病被分为两种：一种是非进行性萎缩性鼻炎，主要是由产毒素的支气管败血波氏杆菌引起；另一种是进行性萎缩性鼻炎，主要由多杀性巴氏杆菌引起，有时也可能是由支气管败血波氏杆菌和产毒素的多杀巴氏杆菌共同所致。两种病原都能引起鼻甲骨萎缩或外观面部变形，本节将其合并叙述。该病常发生于2～5月龄的猪。在猪与猪之间传播，多为散发或地方性流行。

一、临床实践

该病在猪场比较普遍，可能是发病后症状轻微，精神食欲尚可。在临床上，前期没能引起重视的原因。但是久病后再治疗很困难，鼻甲骨一旦萎缩，结果可能是不可逆的，应该引起重视。猪舍飞扬的灰尘和自动料槽干喂，特别是粉料干喂可使病情加重。良好的饲养管理与环境，可使带菌母猪产下无病仔猪。

二、临床症状

非进行性萎缩性鼻炎患猪体温正常，打喷嚏，鼻塞、鼻炎，有时伴有黏液、脓性鼻分泌物，鼻汁中含黏液脓性渗出物。猪群中出现持续的鼻甲骨萎缩。大猪只产生轻微症状或无症状。由于鼻泪管阻塞，因此常流泪，被尘土沾污后在眼角下形成黑色痕迹。鼻腔内有大量黏稠脓性甚至干酪性渗出物（图2–7–1至图2–7–2）。

4～12周龄猪一般患进行性萎缩性鼻炎。初期有打喷嚏及鼻塞的症状，由于经常打喷嚏，因此可造成鼻出血，鼻出血多为单侧，程度不一。在猪圈的墙壁上和猪体背部有血迹。特征病变是鼻软骨的变形，上颌比下颌短，有面部被上推的感觉。骨质变化严重时可出现鼻盘歪斜（图2–7–3至图2–7–5）。

图2–7–1 鼻泪管阻塞，常流泪，被尘土沾污后在眼角下形成黑色痕迹

图2–7–2 鼻盘湿润，鼻腔内有大量黏稠脓性甚至干酪性渗出物

图2-7-3　特征病变是鼻软骨的变形，骨质变化严重时可出现鼻盘歪斜，即嘴歪眼斜

图2-7-4　鼻甲骨萎缩、变形，鼻痒，喜欢用鼻擦地

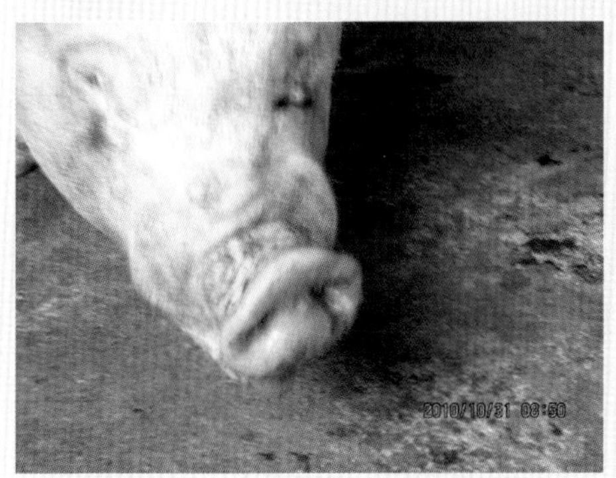

图2-7-5　打喷嚏及鼻塞的症状，鼻单侧出血，程度不一

三、剖检变化

病变多局限于鼻腔和邻近组织。病初可见鼻黏膜及额窦有充血和水肿，有多量黏液性、脓性甚至干酪性渗出物蓄积。随着病程的进一步发展，鼻软骨和鼻甲骨出现了软化和萎缩。大多数病例，最常见的是下鼻甲骨的下卷曲受损害，鼻甲骨上、下卷曲及鼻中隔失去原有的形状，弯曲或萎缩。鼻甲骨严重萎缩时，可使腔隙增大，上、下鼻道的界限消失，鼻甲骨结构完全消失，常形成空洞。

四、防治

该病暴发时，各个年龄猪都要治疗；而随着病情的减轻，要首先减少即将上市猪的用药量。为了防止药物在食品中残留，商品猪上市前至少要停药4～5周或更长时间。药物治疗的同时要结合良好的饲养管理，包括圈舍卫生环境及通风换气等。

1. 用抗生素药物早期预防可以降低此病的发生，一般在仔猪出生3天、7天和14天时注射四环素或在断奶仔猪饲料中加抗生素，连喂几周可以预防此病。

2. 注射疫苗可以预防此病的发生。

3. 管理上做到全进全出，良好的卫生条件也能消灭病因。

4. 磺胺间甲氧嘧啶拌料或者肌内注射，同时卡那霉素滴鼻也有效果。

第八节　仔猪渗出性表皮炎

仔猪渗出性表皮炎，又名油皮病，由葡萄球菌引起。该病呈散发性，发病率低，但对个别猪群的影响可能很大，特别是新建立或重新扩充的群体。在无免疫力猪群中引进带菌猪时，会导致各窝仔猪都被感染，死亡率可达70%。

一、临床实践

临床上，最易与疥癣虫病相区别。治疗时，一旦有一头发病，要全群用药，且连续用药不得低于1周。形成的痂皮，似疥癣病状，但与疥癣明显区别在于本病无疼痛感和痒感。本病是一种接触性传染性皮肤疾病,由表皮葡萄球菌感染引起,主要发生在哺乳期。是一种急性致死性浅表脓皮炎，一般1～4周龄发病，以1～2周龄以内的哺乳仔猪发病最高。

二、临床症状

哺乳仔猪发病率高，主要在争乳吃过程中，互相咬伤感染所致。表现为皮肤呈黏湿的血清及油脂状渗出物，全身皮肤湿润，渗出物和尘埃、皮屑及垢物可形成龟背的痂皮，耳根、眼周围、肘后较严重，且有难闻的臭味。病猪精神沉郁、厌食、消瘦、脱水及战栗，发病几天就死亡（图2-8-1至图2-8-4）。

图2-8-1 争乳过程中互相咬伤可引发感染

图2-8-2 皮肤裂隙中的皮脂及血清渗出，形成痂皮，似疥癣病状

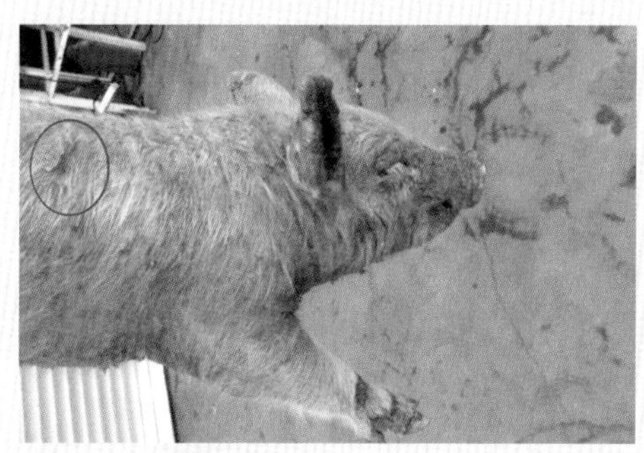
图2-8-3 油皮

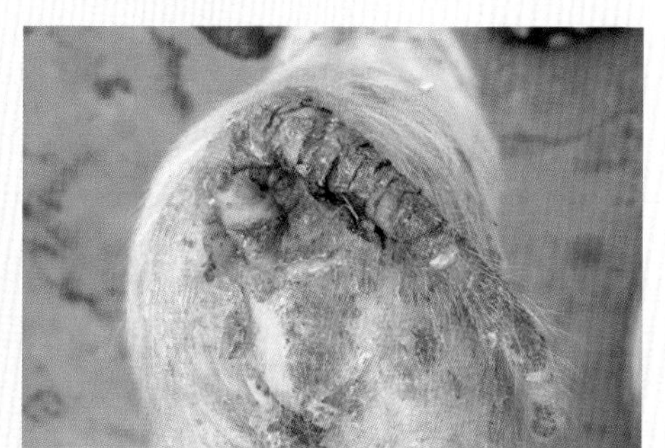
图2-8-4 尾部坏死

三、剖检变化

剖检时，有较明显的肉眼变化，如肾切面、肾盂积尿并有尿酸盐沉积（图2-8-5）。

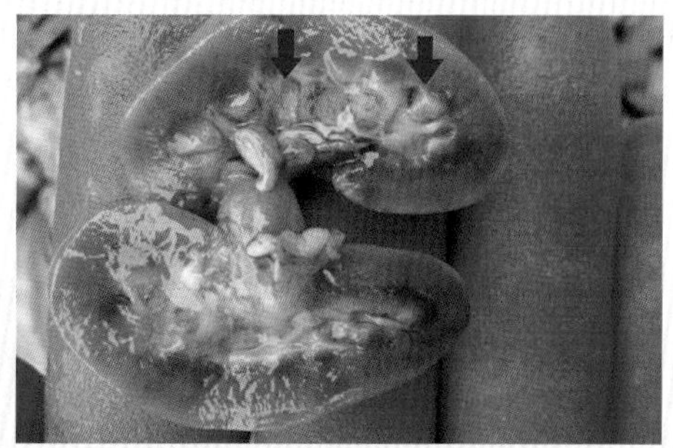
图2-8-5 肾切面肾盂积尿并有尿酸盐沉积

四、防治

1．做好带猪消毒工作。每天1次，对母猪、哺乳期仔猪，用高锰酸钾消毒。

2．群体用药。哺乳仔猪以窝单位，发现一头，全窝或全栏给药一个疗程，口服即可，可选用的药有林可霉素等。

3．个别用药。对个别发病猪，病灶部位用好利安消毒擦涂，并注射青霉素、氨苄青霉、庆大霉素。

第九节　猪增生性肠炎

猪增生性肠炎是由细胞内劳森氏菌引起的一种接触性传染病，常发生于6～20周龄的生长育肥猪，是近年来世界各国养猪地区逐渐重视的常见猪病。被感染的猪群死亡率虽然不高，仅有5%~10%；但由于患猪对饲料利用率下降（比正常猪下降17%~40%），生长迟缓，被迫淘汰率升高，猪舍占用时间延长，因此可给养猪业带来严重的经济损失。

一、临床实践

主要是从引起保育猪或生长育肥猪出血性、顽固性或间歇性下痢为特征的消化道疾病，分为急性型与慢性型。如无继发感染，一般体温正常，临床诊断易于猪痢疾混淆。但有的病例可能无腹泻症状，诊断时应注意。

二、临床症状

急性型：较为少见。多见于4～12月龄的猪，表现为血色水样下痢；病程长的，排煤焦油粪便并突然死亡；后期转为黄色稀粪；也有突然死亡仅见皮肤苍白而无粪便异常。

慢性型：较为常见，多见于6～12周龄的猪，约15%的猪只出现临床症状，食欲不振或废绝，精神沉郁或昏睡；间歇性下痢，粪便变软、变稀而呈糊样或水样，颜色较深，有时混有血液或坏死组织碎片；病猪消瘦、弓背，有的站立不稳；病程长的可见皮肤黏膜苍白；有些病例在4～6周可自然康复。

以上临床症状见图2-9-1至图2-9-3。

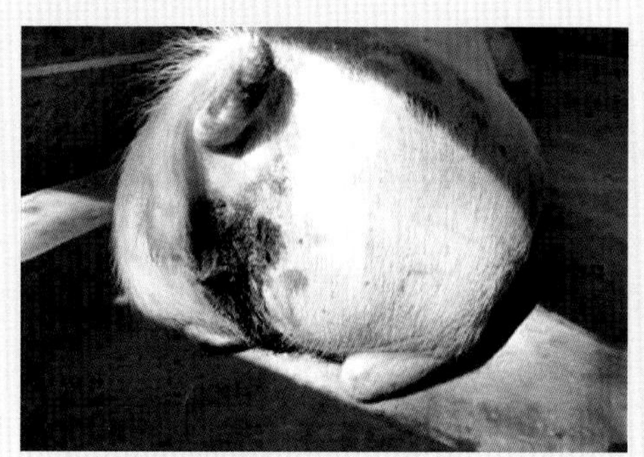

图2-9-1 急性病例出现血色下痢

图2-9-2 排煤焦油粪便

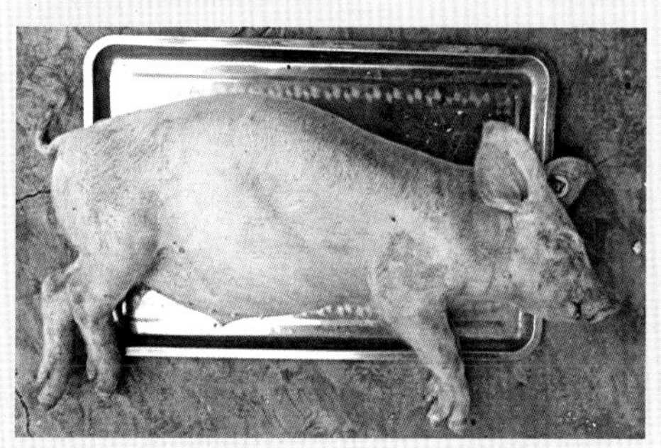

图2-9-3 患猪腹围多数增大

三、剖检变化

小肠后部、结肠前部和盲肠的肠壁增厚，直径增加，浆膜下和肠系膜常见水肿。肠黏膜呈现特征分枝状皱褶，黏膜表面湿润而无黏液，有时附有颗粒状炎性渗出物，黏膜肥厚（图2-9-4至图2-9-9）。

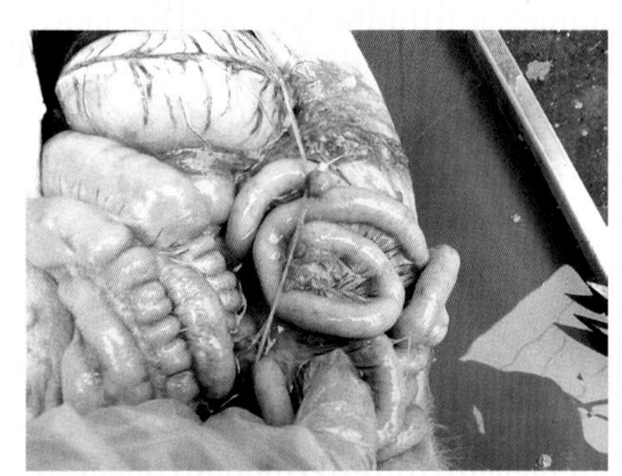
图2-9-4　小肠外观饱满

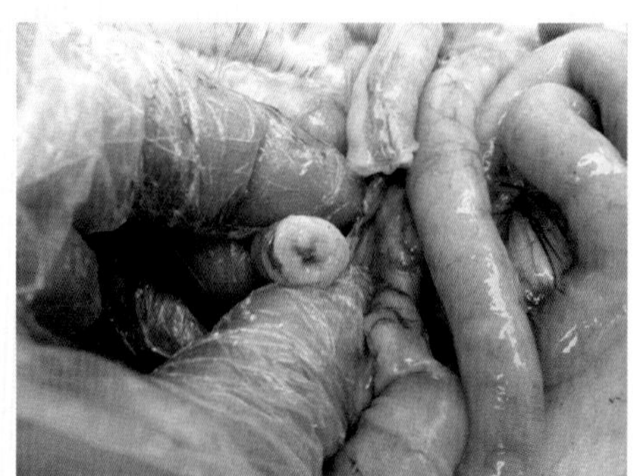
图2-9-5　小肠后部直径增加，黏膜肥厚

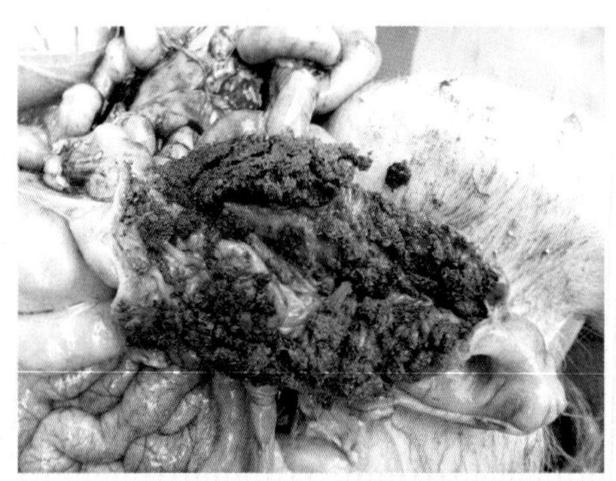
图2-9-6　肠内有凝血块，结肠内混有血液的粪便

图2-9-7　肠黏膜呈现特征分枝状皱褶，脑回状

图2-9-8　肠黏膜呈现特征分枝状皱褶并出血

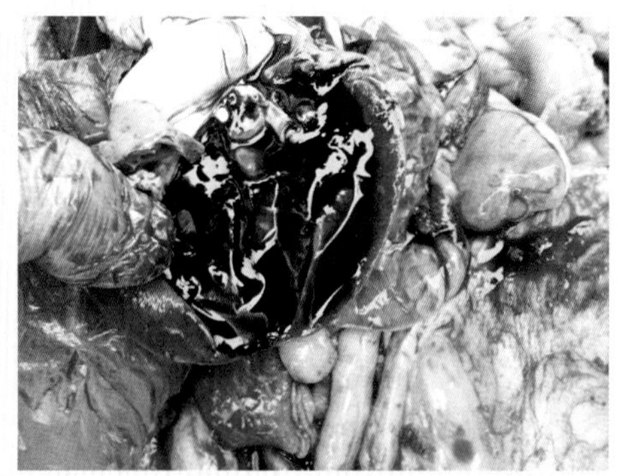
图2-9-9　心脏有黑红色血凝块

四、防治

1. 肌内注射恩诺沙星注射液，每天2次，连续4～5天。

2. 肌内注射泰乐菌素注射液，1天1次，连用4天。

3. 治疗时，对尚未发病的同舍猪群也在饲料中添加泰乐菌素和阿莫西林粉，连用1周。

第十节　猪钩端螺旋体病

钩端螺旋体病是一种复杂的人畜共患传染病和自然疫源性传染病。各种年龄的猪均可感染，但仔猪发病较多，特别是哺乳仔猪和断奶仔猪发病最严重，中、大猪一般病情较轻。传染源主要是发病猪和带菌猪。钩端螺旋体可随带菌猪和发病猪的尿、乳和唾液等排于体外并污染环境。猪的排菌量大，排菌期长，而且与人接触的机会最多，对人也会造成很大的威胁。

一、临床实践

哺乳仔猪可出现神经症状，易与伪狂犬病混淆。黄疸，皮肤出血斑（主要出现在腹下部）和颈部水肿，“粗脖子”是其特征。

二、临床症状

病猪体温升高，尿如茶色或有血尿。眼结膜及皮肤前期多数潮红后期黄染。急性病例哺乳期，可见全身有出血斑点，头颈部水肿。哺乳仔猪死亡率高，较大猪发病主要表现黄疸、血尿。怀孕母猪发病可造成流产、死胎、木乃伊胎或弱仔，流产多见于怀孕后期。临床上出现发热、轻度厌食。有的哺乳母猪无乳或发生乳腺炎（图2-10-1至图2-10-3）。

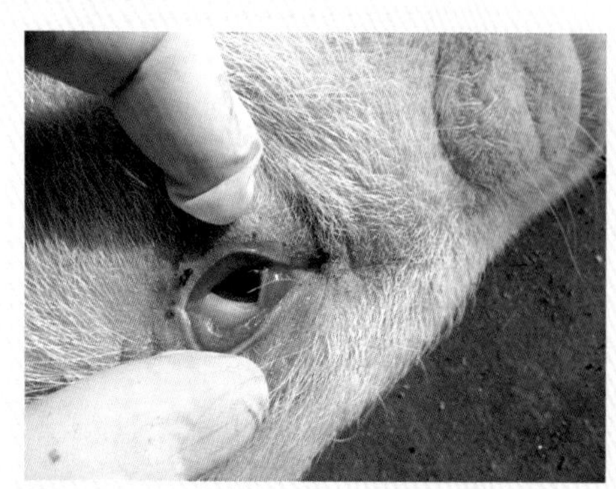
图2-10-1 病猪体温升高，眼结膜及皮肤前期多数潮红，后期黄染

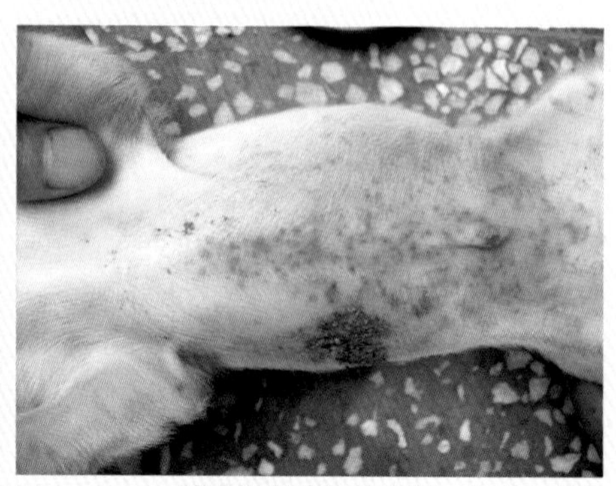
图2-10-2 哺乳期仔猪急性病例，全身有出血斑点

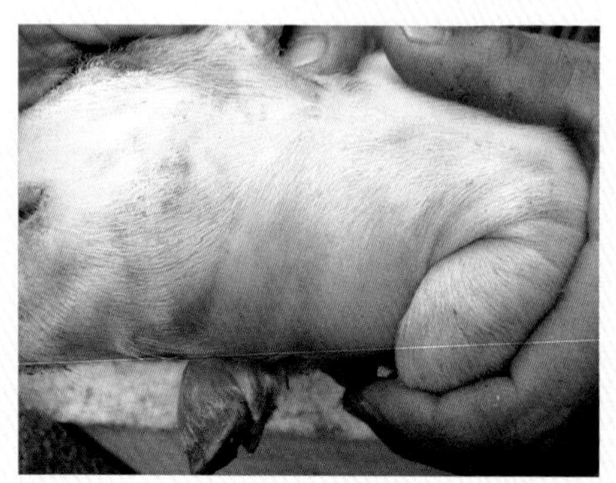
图2-10-3 头颈部水肿“粗脖子”或“大头瘟”病

三、剖检变化

皮下组织、浆膜、黏膜有不同程度的黄染；心内膜、肠系膜、肠、膀胱黏膜出血；胸腔和心包积液；肝脏肿大，棕黄色；急性肾肿大、瘀血；慢性黄染和坏死灶。哺乳仔猪头、颈、背及胃壁水肿，切面似明胶样。肾脏散在小的灰色坏死灶，坏死灶周围有出血环。结肠系膜透明胶样水肿（图2-10-4至图2-10-10）。

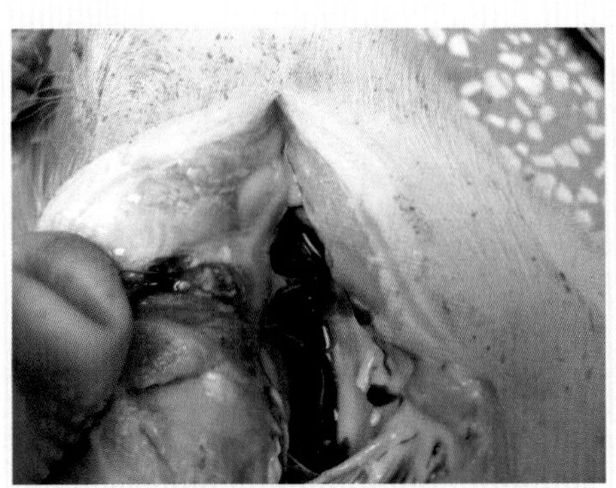
图2-10-4 急性病例哺乳仔猪头、颈部水肿，切面呈透明胶样

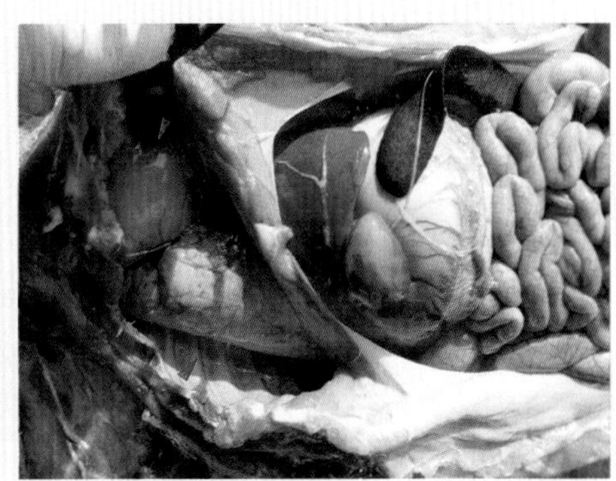
图2-10-5 胸腔和心包积液，皮下组织、浆膜、黏膜有不同程度的黄染

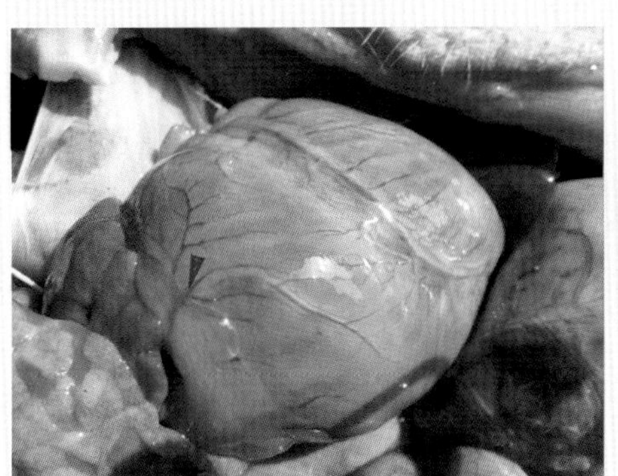
图2-10-6 心冠脂肪透明胶样水肿

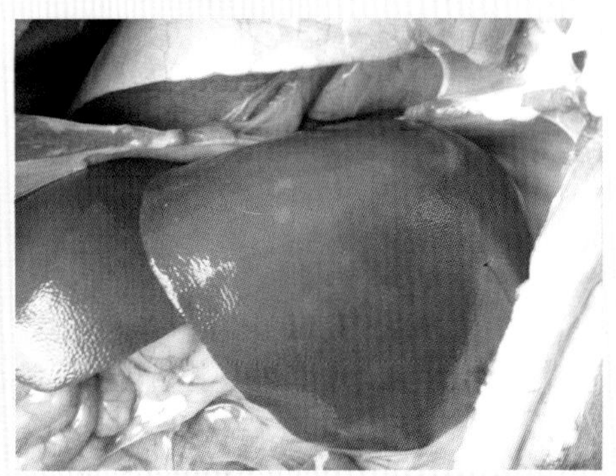
图2-10-7 肝脏肿大，棕黄色

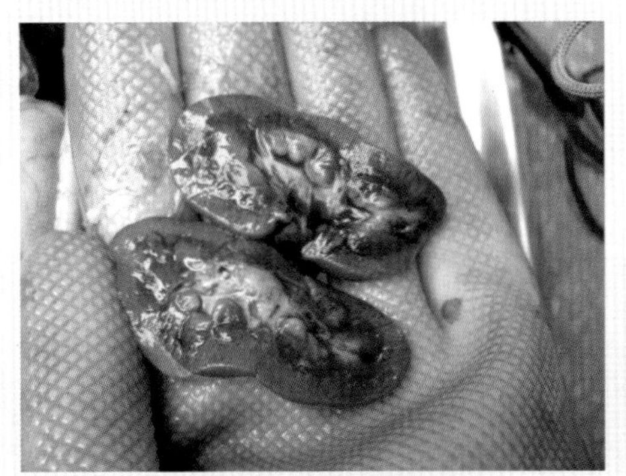
图2-10-8 肾切面肾乳头黄染明显

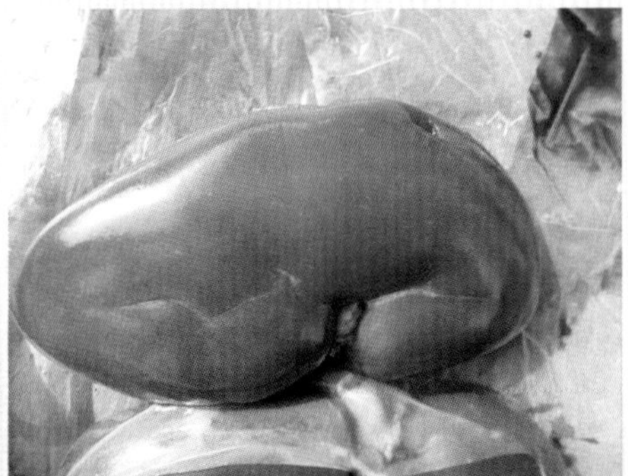
图2-10-9 急性型肾脏肿大、瘀血；慢性型有肾小的灰色病灶

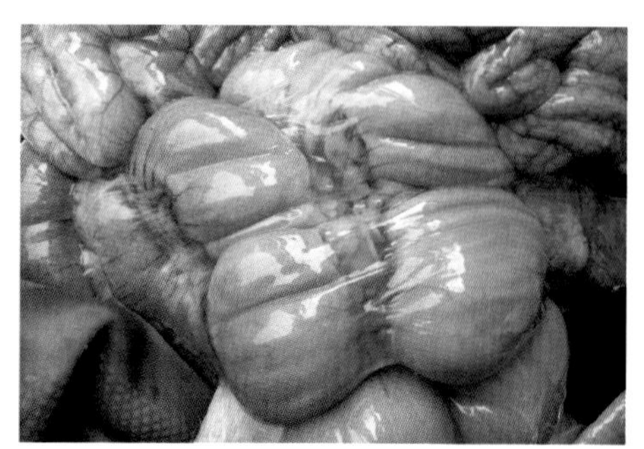
图2-10-10 结肠系膜透明胶样水肿

四、防治

1. 采取综合性防治措施，开展群众性灭鼠、卫生、消毒等工作。发现可疑病猪和病猪，要及时隔离、淘汰或治疗，并要消毒和清理污染物，防止传染和散播。

2. 猪群中发现病猪后，除对病猪用药治疗外，要全群投药预防。每吨饲料加四环素600～800克，连用2周；如需要，可间隔1周再喂2周。

3. 青霉素和链霉素混合注射，青霉素每千克体重4万国际单位，链霉素每千克体重50毫升，每天2次，连用5天。如需要，可同时配合注射维生素C，强心、补液等对症疗法。

第十一节 猪附红细胞体病

附红细胞体病由附红细胞体（嗜血支原体）寄生于人、猪等多种动物红细胞表面或血浆及骨髓中，引起的临床上以发热、贫血、黄疸为特征的一类人畜共患病。多种动物可感染，常感染猪、牛、羊、免及鼠。猪附红细胞体病可发生于各日龄猪，但以架子猪多见。被感染的猪不能产生很强的免疫力，再次感染会随时发生。常呈零星散发，只有新发病区能形成地方性流行。

一、临床实践

毛孔渗血点是特征症状，三紫（眼圈、乳头和肛门）现象是仔猪发病临床特征。部分发病猪有耳静脉塌陷现象。该病属传染病，但就目前来看，切断传播途径可能仍然发病，健康猪大多携带本病原。该病发生主要是应激引起，因此减少猪群应激可有效控制本病。该病病原是嗜血支原体，不是血虫，也非立克次体。因此，四环素类药物治疗有效。

二、临床症状

急性型病例：前期皮肤赤红，稽留热；不过也有前期体温正常，2~3天后开始发热的。中后期出现贫血、黄疸，尿如浓茶（血尿）。部分少许怀孕母猪流产和死胎，且主要见于初产母猪；一般经产母猪，经过治疗后基本都能正常生产，只是所产胎儿较弱。仔猪出现急性溶解性贫血和黄疸时，很快死亡。

慢性型病例：架子猪，初期一般体温正常或偏高，呼吸正常或稍快。群发时初期忽然饮水增加，尿频，圈舍湿度加大。采食总量可能并未减少，只是一次量不能在短时间（几分钟）内吃完，但是下一次喂料时可能吃完或有少量剩料。随着时间的推移，剩料越来越多。被毛粗乱，皮肤暗红色，鬃部毛孔可能最早出现渗血点，后遍及全身，渗血点大小、颜色不同。有的猪有针尖大小的红渗血点，但有的猪出现碎麸皮状汗渍。黑色或棕色猪，渗血点不明显，但鬃部毛孔有湿润感，其上有尘埃黏附，耳内侧也可见渗血点，部分猪耳静脉塌陷。这些渗血点用指甲可刮掉（特别是湿润后更容易刮掉）。结膜炎、有血样脓性眼屎，睫毛根部棕色，眼圈周围、肛门发青紫色。部分猪后肢麻痹或肌肉震颤，行走时后躯摇晃或两后肢交叉，起卧困难。后期个别猪出现贫血、黄疸和尿如浓茶。耳发绀，病程较长。病猪可见腹泻或排干粟便并附有黄色黏液，但并非特征。

断奶仔猪发病除有不同程度的以上症状外，体表暗红或苍白。抓捕时，皮肤疏松，肌肉无弹性。提起两后肢可见仔猪乳头基部呈蓝紫色，特别是后边的几对乳头更明显。耳外侧，特别是腹部皮下几乎都有不同程度的、较规则的深蓝墨水样瘀血点。一般没有呼吸困难症状，病程较短。

哺乳仔猪体温升高或正常（慢性），一般全窝仔猪都发病，出现腹泻，排黄色或白色粥状或水样稀便，与黄白痢很难区别。很多病例就是按黄、白痢治疗，结果导致大批死亡。而有的猪在发病初期，排稀薄粪便并有大量凝乳块，被毛逆立，发抖。病猪精神沉郁，个别猪只偶尔出现的症状有咳嗽，呼吸困难，流鼻液，鼻液呈清亮或黏稠样，鼻盘发绀、眼结膜苍白，严重的可见到黄染，肛门、眼周围呈蓝紫色。病猪濒死期体温下降，排黄红色尿液，患猪耳尖部及腹下出现紫红色斑块。虽然，在个别发病初期的仔猪观察不到毛孔渗血，但用拇指和食指捏压发病白色仔猪皮肤，毛孔处很快有锈点状血液渗出。这些特征应仔细观察。

母猪发病，较典型的症状是体温时高时低，有时可降至36℃，1天后可能自然升至正常。不过在临床上发现，发病母猪背部厥冷，这是母猪较典型的一种临床症状。有的母猪乳头、阴门出现水肿、发绀。单纯患有附红细胞体病时，经产怀孕母猪死胎、流产较少，断奶后的母猪长时间不发情或发情后屡配不孕，食欲始终很低。个别情况可能出现食欲废绝，病程较长。

不管是急性型还是慢性型病例，都有血液稀薄、凝固不良和伤口难以愈合的情况。一般从阉割后，伤口恢复情况便可看出（图2-11-1至图2-11-10）。

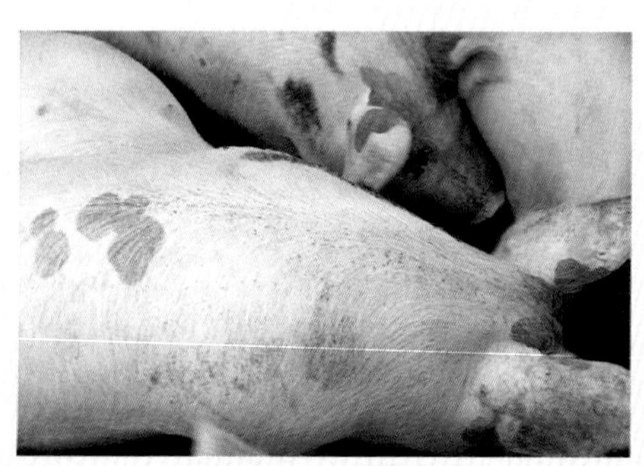

图2-11-1　被毛粗乱，皮肤暗红色，鬃部毛孔可能最早出现渗血点

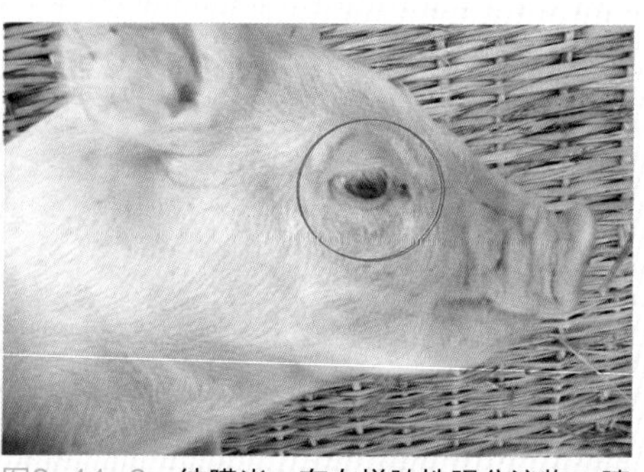

图2-11-2　结膜炎，有血样脓性眼分泌物，睫毛根部棕色，眼圈周围发青紫色

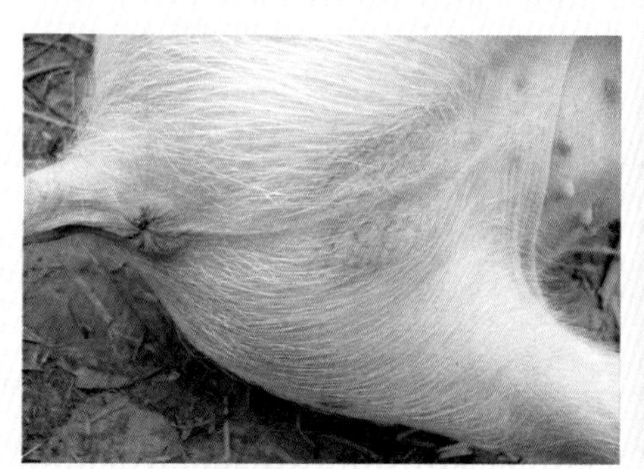

图2-11-3　阴囊部皮肤、肛门呈青紫色

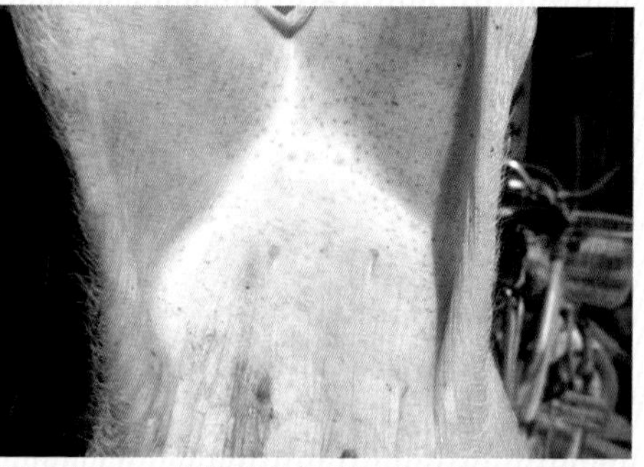

图2-11-4　仔猪乳头基部呈蓝紫色，特别是后边的几对乳头更明显，腹部皮下几乎都有不同程度的、较规则的深蓝墨水样瘀血点

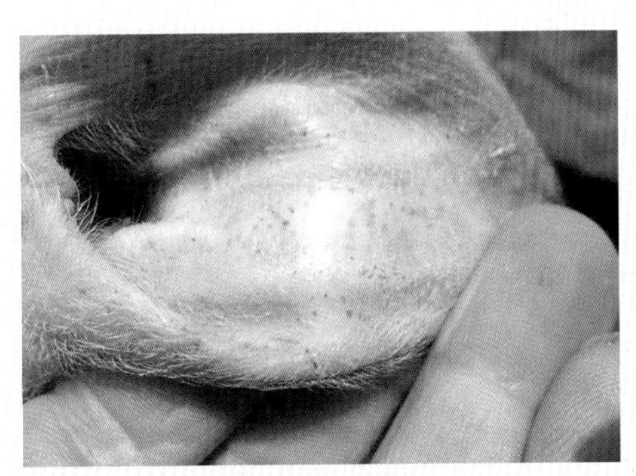

图2-11-5 哺乳仔猪耳内外侧，有较规则的深蓝墨水样瘀血点

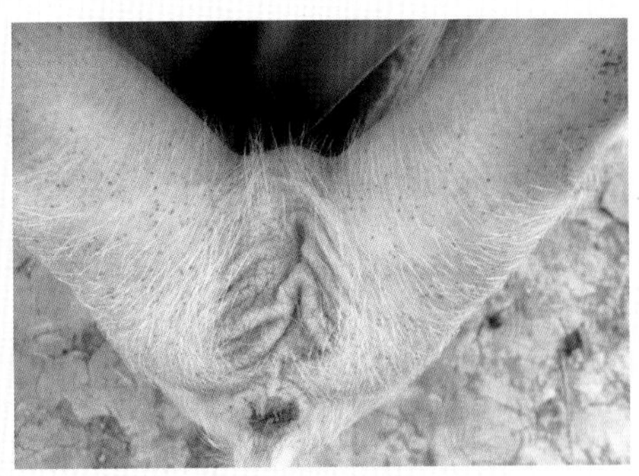

图2-11-6 臀部、腿部毛孔渗血点

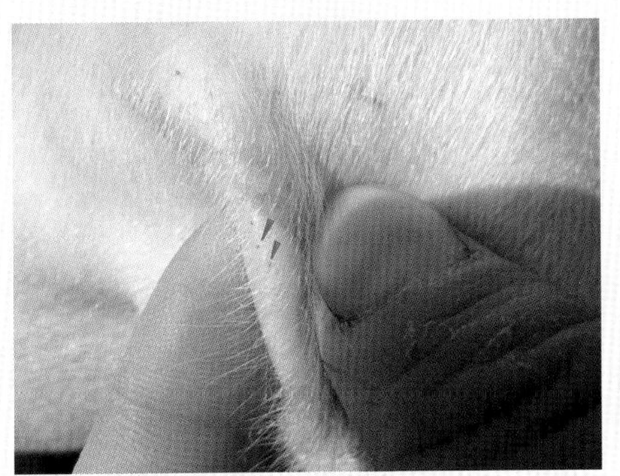

图2-11-7 虽然个别发病初期的仔猪，观察不到毛孔渗血，但用拇指和食指捏压发病白色仔猪皮肤，毛孔处很快有锈点状血液渗出

图2-11-8 部分病例耳静脉塌陷

图2-11-9 部分猪后肢麻痹或肌肉震颤，行走时后躯摇晃或两后肢交叉，起卧困难

图2-11-10 病猪腹泻或有干栗粪便，上附有黄色黏液（并非特征）

三、剖检变化

贫血，皮肤及黏膜苍白。血液稀薄、色淡、凝固不良。有的出现全身性黄疸、皮下组织水肿。心包积液，心外膜有出血斑（点），心肌松弛似皮囊状，无弹性。肝脏肿大，变性，呈黄棕色，表面有黄色条纹。胆囊膨胀，内部充满浓稠的明胶样胆汁。脾脏肿大变软，呈暗黑色。肾脏肿大，有微细出血点或黄色斑（点），淋巴结水肿。体表淋巴结黄染或发黑（慢性），肠系膜淋巴结黄染（图2-11-11至图2-11-13）。

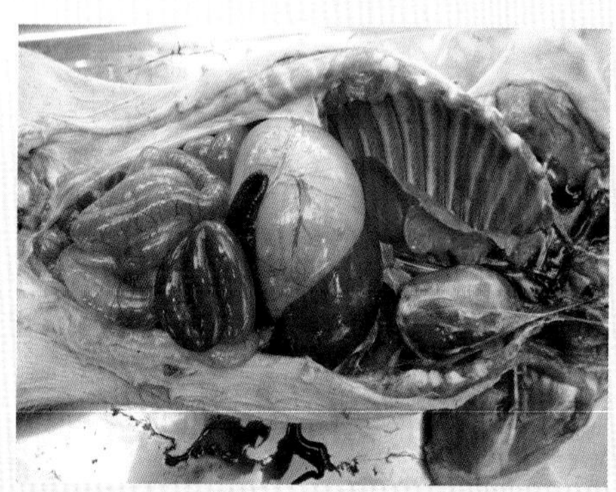

图2-11-11 贫血，皮肤及黏膜苍白，血液稀薄、色淡、凝固不良

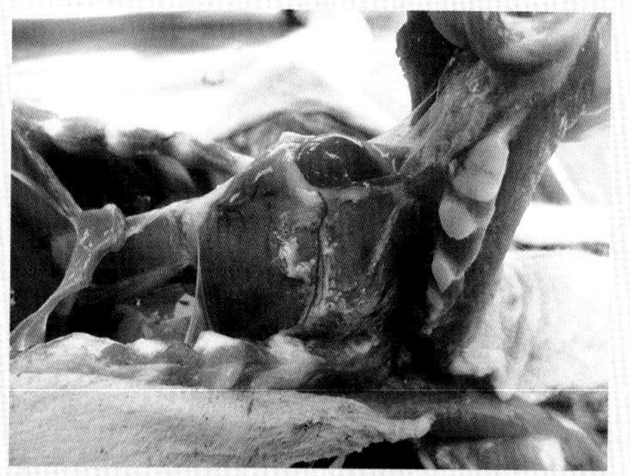

图2-11-12 心包积液，心外膜有出血斑（点），心肌松弛似皮囊状，无弹性

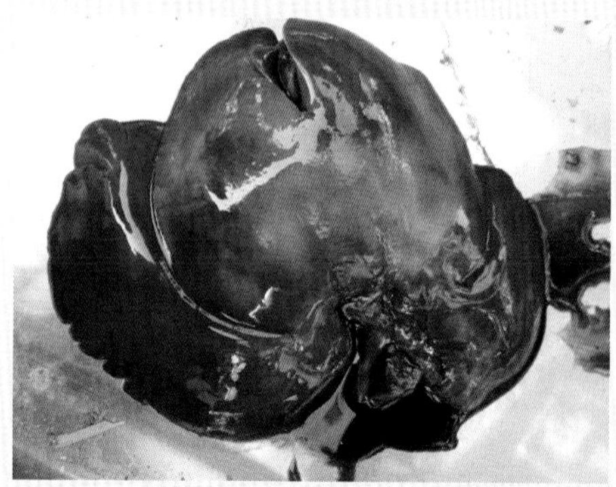

图2-11-13 肝脏肿大，变性，呈黄棕色，表面有黄色条纹

四、防治

1．加强饲养管理，保持猪舍、饲养用具卫生，粪便及时清扫，减少不良应激。夏秋季节要经常喷洒杀虫药物，防止昆虫叮咬。在实施，如预防注射、断尾、打耳号、阉割等饲养管理程序时，均应更换器械或严格消毒。购入猪要进行血液检查，防止引入病猪或隐性感染猪。

2．群体给药　阿散酸0.18%连用1周，0.09%连用4周；四环素类，如多西环素、金霉素、土霉素（0.18%～1%）、四环素，5～7天一个疗程。

3．个体给药　长效土霉素注射液、黄芪多糖注射液、多西环素注射液、黄芪多糖注射液分别肌内注射。

另外，治疗时补充铁剂可提高疗效，减少死亡。

第十二节　猪肺疫

猪肺疫是由多种杀伤性巴氏杆菌引起的一种急性传染病（猪巴氏杆菌病）。本病为散发，偶尔呈地方性流行，常发于湿热、多雨季节。大、小猪只均可发病，小猪与中猪多发，其发生与环境条件及饲养管理关系密切。环境恶劣、饲养不良、猪抵抗力下降时可以诱发自体感染而发病，发病率和致死率都比较高。

一、临床实践

本病应与其他呼吸道疾病鉴别。该病患猪咽喉部肿胀，淋巴结肿大，俗称“锁喉风”“肿脖瘟”。秋末冬初、通风不良时发病较高，近几年其他疾病也常诱发。

二、临床症状

最急性与急性患猪表现为败血症与胸膜肺炎，以咽喉部及周围组织炎性水肿为特征，即“锁喉风”。咽喉部发热、红肿、坚硬。患猪表现干性痛咳，咳出的脓黏液往往带有血丝，呼吸极度困难。犬坐姿势。鼻有时见带血样泡沫，可视黏膜和皮肤发绀。体温40～42℃，病程1～2天，死亡率100%（图2-12-1至图2-12-3）。

急性型：听诊有啰音和摩擦音，病程5～8天，因心跳加快、不能站立而窒息

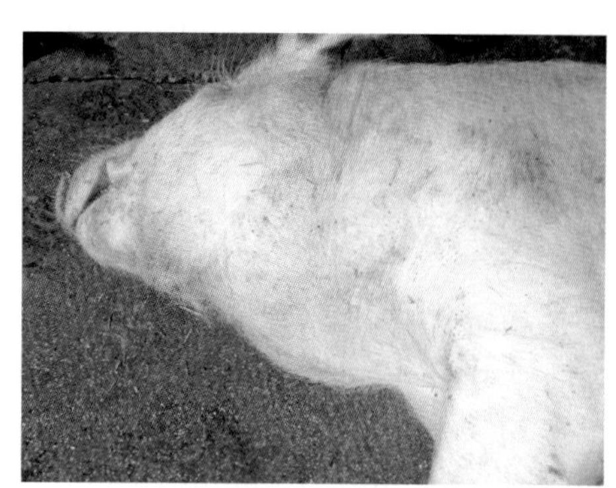
图2-12-1 急性败血型，发病突然，1～2天死亡，咽喉部肿胀

图2-12-2 可视黏膜和皮肤发绀。咽喉部肿胀（“锁喉风”），呼吸高度困难，特征性的张口呼吸。颈部前伸，可听到痛苦的喘鸣声

图2-12-3 呼吸困难，成犬坐姿势，特征性地张口呼吸（腹部突然收缩）

死亡，不死的患猪则转为慢性。

慢性型：呈慢性肺炎和慢性胃炎症状。持续咳嗽呼吸困难、下痢。皮肤有红斑和红点，流黏性鼻液。食欲废绝，消瘦，贫血。

三、剖检变化

最急性型或急性型：最急性病例为败血症的变化，全身皮下、黏膜、浆膜有明显的出血点。咽喉部黏膜因炎性充血、水肿而增厚，黏膜高度肿胀，引起声门部狭窄。周围组织有明显的黄红色出血性胶冻样浸润。淋巴结急性肿大，切面红色，尤其是颚凹、咽背及颈部淋巴结明显，甚至出现坏死。心外膜出血，胸腔及

心包积液，并有纤维素。肺充血、水肿。脾有点状出血，但不肿大。胃肠黏膜有卡他性或出血性炎症。肺小叶间质水肿、增宽，有不同发展时期的肝变区，病变部质度坚实如肝，切面有暗红、灰红、灰白或灰黄等不同颜色，呈大理石样外观。支气管内充满分泌物。胸腔和心包内积有多量淡红色混浊液体，内混有纤维素。胸膜和心包膜粗糙无光泽，上附纤维素，甚至心包和胸膜或者肺与胸膜发生粘连。胸部淋巴结肿大或出血（图2-12-4至图2-12-12）。

慢性型：慢性经过者，尸体消瘦，贫血。肺炎病变陈旧，肺有肝变区，肺组织内有坏死或干酪样物，外有结缔组织包围；化脓及纤维化胸膜及心包的纤维性粘连，肺与胸膜粘连。支气管淋巴结、纵隔淋巴结和肠系膜淋巴结有干酪样变化。

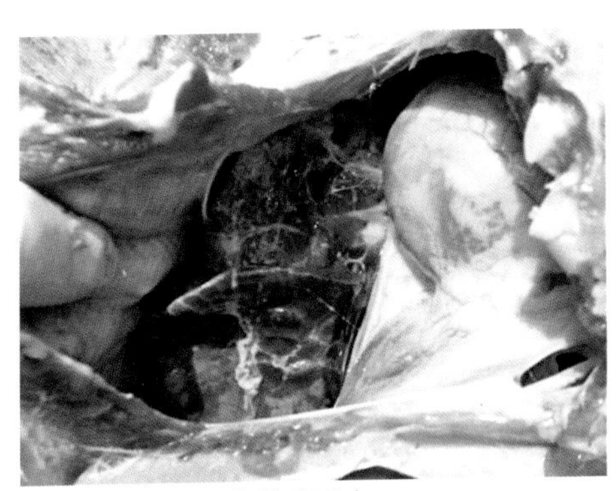

图2-12-4 肺呈纤维素炎症

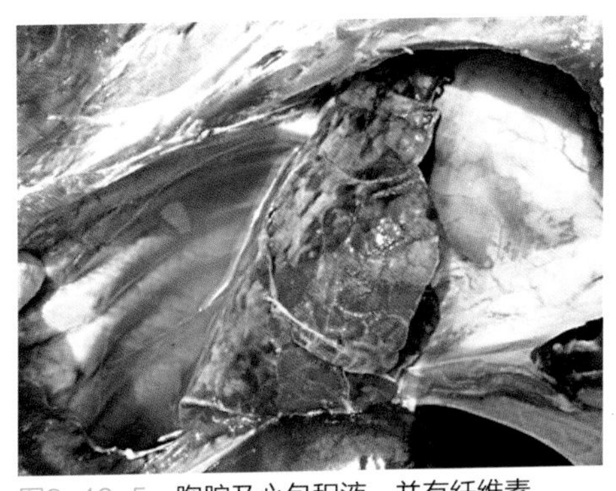

图2-12-5 胸腔及心包积液，并有纤维素

图2-12-6 肺有肝变区，坏死灶肺炎灶中心坏死，化脓及纤维化胸膜及心包的纤维性粘连，肺与胸膜粘连

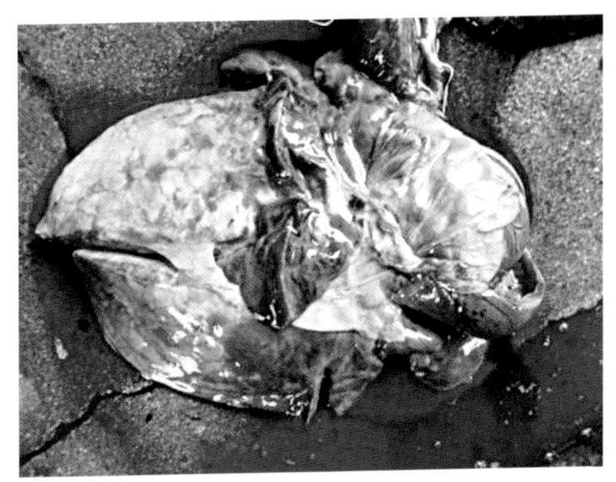

图2-12-7 肺充血、出血

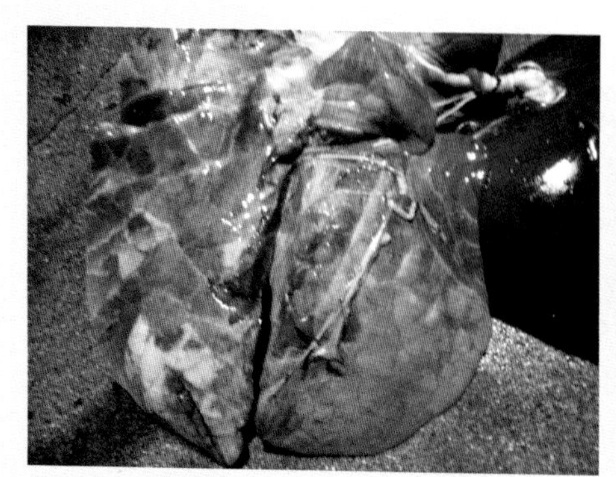

图2-12-8 肺肿大，坚实，有暗红或灰黄色肝样病变

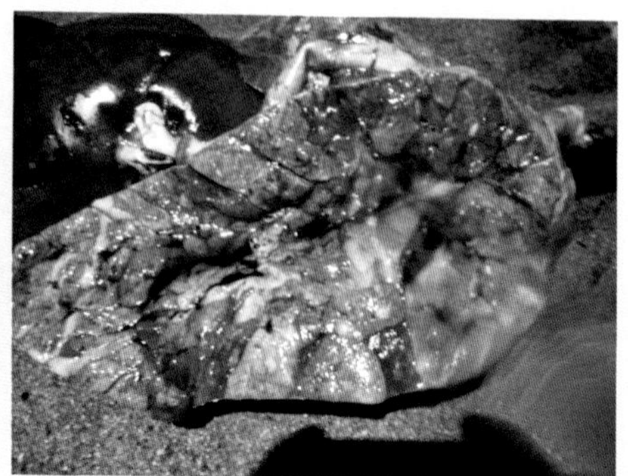

图2-12-9 切面大理石状

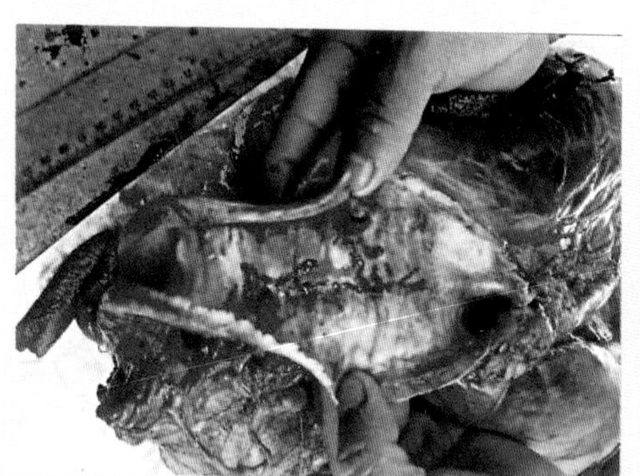

图2-12-10 气管黏膜充血出血

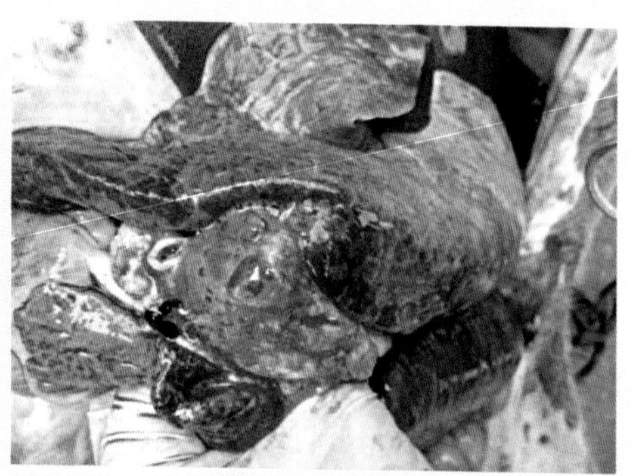

图2-12-11 气管内有血色泡沫

图2-12-12 肺病变部质度坚实如肝，切面有暗红、灰红、灰白或灰黄等不同颜色，呈大理石样外观

四、防治

1. 加强饲养管理，避免拥挤和寒冷，畜舍和围栏定期消毒，定期预防接种（猪肺疫弱毒疫苗）。

2. 治疗时，青霉素、链霉素可混合肌内注射。每日2次，连用3天。或用硫酸卡那霉素，按每千克体重4万国际单位肌内注射，每日2次，连用3天。

第十三节 仔猪副伤寒

仔猪副伤寒也称猪沙门氏菌病，是由沙门氏菌引起的仔猪的一种传染病。急性者为败血症，慢性者为坏死性肠炎。常发生于6月龄以下仔猪，特别是2～4月龄仔猪多见。本病一年四季均可发生,多雨、潮湿、寒冷季节交替时发生率高。传播途径较多，与病猪、猪的分泌物及排泄物接触都可传播该病。沙门氏菌污染的空气尘埃可短距离传播，但感染并不意味着引起发病。

一、临床实践

因该病发生时，病猪耳呈蓝紫色，因此与蓝耳病症状相似。近几年临床上把该病误诊为蓝耳病的比比皆是，应引起高度重视。只要综合诊断，其实很容易鉴别。沙门氏菌暴发大多从一个猪栏传播到另一个猪栏，但如果所有的猪同时发病，应考虑是否为饮水、饲料、垫草或整个环境污染所致。

二、临床症状

体温高达41～42℃。精神不振，食欲废绝。后期有下痢，浅湿性咳嗽及轻微呼吸困难，耳根、胸前和腹下皮肤瘀血呈紫斑。病程多数为2～4日，死亡率很高。较慢性病猪体温40.5～41℃，食欲不振，恶寒怕冷，喜钻草窝，皮肤出现痂状湿疹。粪便呈灰白色或灰绿色，恶臭，呈水样。皮肤有紫斑，耐过猪生长缓慢，形成僵猪（图2-13-1至图2-13-2）。

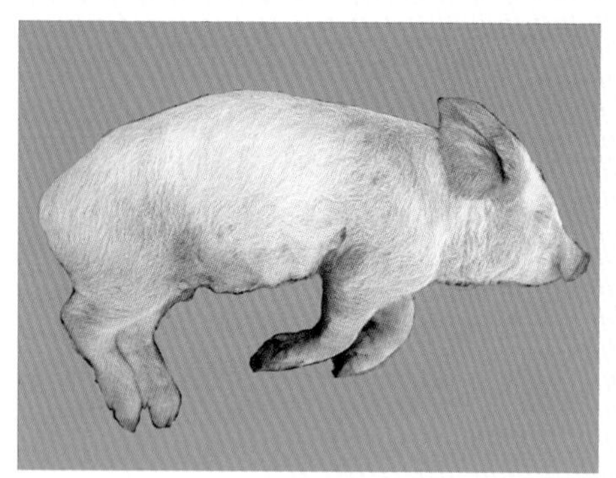
图2-13-1 耳根、胸前和腹下皮肤瘀血呈紫斑。病程多数为2～4日，死亡率很高

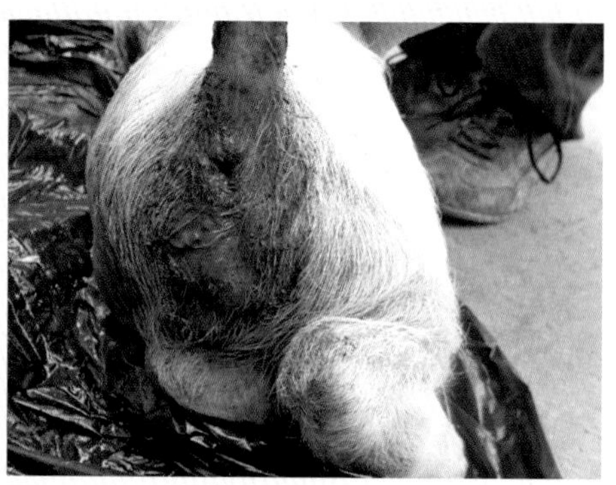
图2-13-2 慢性病猪：粪便灰白色或灰绿色，恶臭，呈水样下痢，相当顽固

三、剖检变化

急性病例，全身黏膜、浆膜均有不同程度出血点。脾脏肿大，呈蓝紫色，切面蓝红色是特征性病变。淋巴结肿大，尤其是肠系膜淋巴结索状肿大。肾肿大并出血。病变以大肠（盲肠回盲瓣附近）发生弥漫性纤维素性坏死性肠炎为特征，肠壁增厚变硬。局灶性坏死，周围呈堤状轮层状结局不明显，肝脏肿大，呈古铜色，上有灰白色坏死灶。下腹及腿内侧皮肤上可见痘状湿疹，有灰白色坏死小灶。有时肾皮质及心外膜可能有瘀点性出血（图2-13-3至图2-13-12）。

图2-13-3 脾脏肿大，呈蓝紫色，切面蓝红色是特征性病变

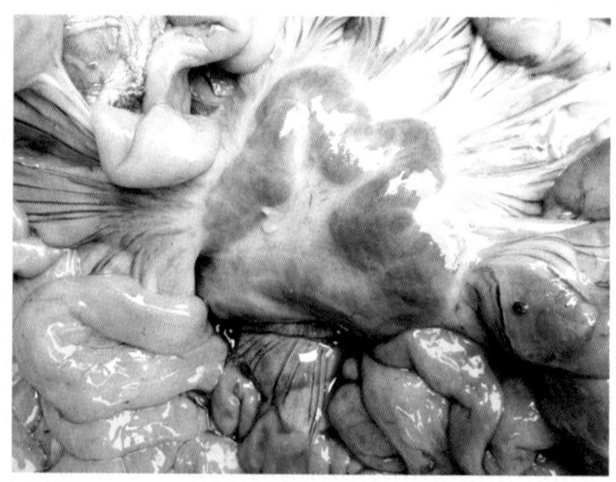
图2-13-4 淋巴结肿大，尤其是肠系膜淋巴结索状肿大

图2-13-5 肾脏肿大并出血

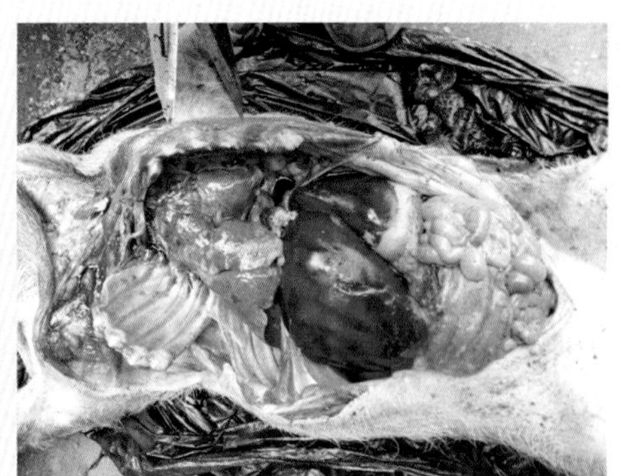

图2-13-6 肝脏肿大，呈古铜色，上有灰白色坏死灶

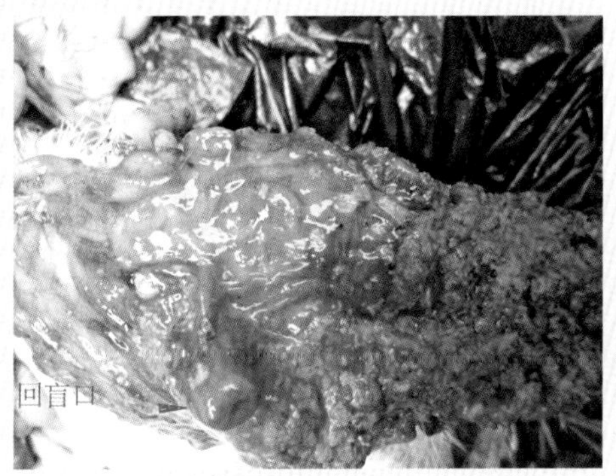

图2-13-7 病变以大肠（盲肠回盲瓣附近）发生弥漫性纤维素性坏死性肠炎为特征，肠壁增厚变硬

图2-13-8 淋巴结肿大，切面出血

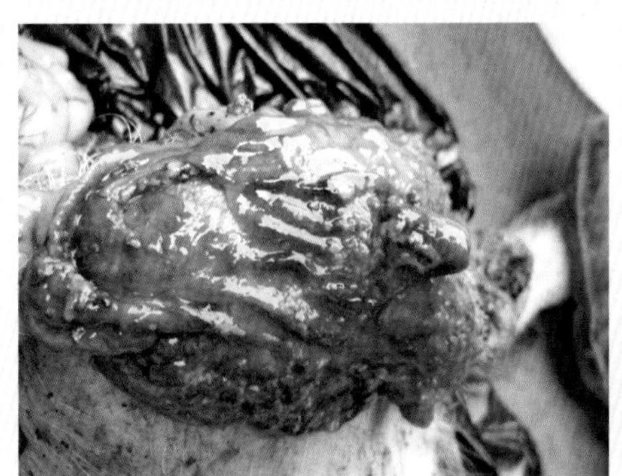

图2-13-9 盲肠黏膜黏附黄色细胞残骸

图2-13-10 坏死的肠壁坚硬，呈橡胶状

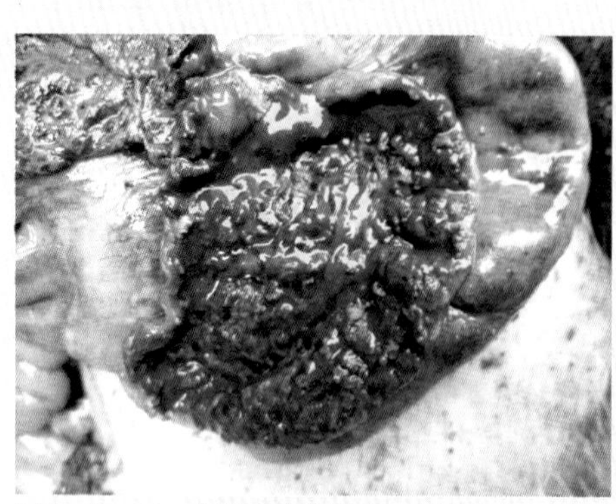

图2-13-11 大肠内容物被少量胆汁染色，并混有黑色或沙子状坚硬物质

图2-13-12 肠、胃浆膜和黏膜均有出血

四、防治

1．虽然氯霉素为治疗本病首选药物，但我国已经禁用，现在多用氟苯尼考替代。不过久病猪用抗生素治疗，效果不佳。治疗应与改善饲养管理同时进行。常发本病的猪场可考虑给1月龄以上的哺乳仔猪和断仍仔猪注射猪副伤寒弱毒菌苗。

2．阿米卡星注射液，每次20万～40万国际单位。肌内注射，每日2～3次。

3．盐酸多西环素注射液，按每千克体重0.3～0.5毫升肌内注射。每日1次，连用3～5天。

第十四节　猪痢疾

猪痢疾是由猪痢疾短螺旋体引起的一种严重的肠道传染病，在自然情况下，只有猪发病。各种年龄、品种的猪都可感染，但主要侵害的是2～4月龄的仔猪。仔猪的发病率和死亡率都比大猪高（也有资料显示该病主要侵害生长育肥猪）。病猪及带菌猪是主要的传染来源，本病的发生无明显季节性。由于带菌猪的存在，因此通过猪群调动和买卖猪只会使本病进一步扩散。带菌猪，在正常的饲养管理条件下常不发病，当有降低猪体抵抗力的不利因素，如饲养不足、缺乏维生素和应激因素时，便可引起发病。

一、临床实践

该病经常发生，但大都得不到及时治疗。临床诊疗中，约30%或更高数量的散养户、小型猪场（规模养殖户）以为该病是猪吃饱撑的或饲喂不当造成的，一般不治疗，到病情严重时再去治疗。

二、临床症状

2～4月龄的架子猪易感，哺乳仔猪一般不发病或较少发病。一旦有猪发病，便会出现渐进性传播，可能每天都有新感染的病例。最急性病例，可能看不到腹泻症状，发病当天即死亡。亚急性发病病猪排黄色或灰色的稀软粪便，部分病猪厌食，直肠温度可升至40～40.5℃。随着病情的发展，患猪先排含有带血黏状便，进而可见含血液、黏液和白色黏液纤维性渗出物碎片的粪便。病猪表现腹痛，弓背或偶尔踢腹。长期腹泻导致脱水，伴随渴欲增加。感染猪逐渐消瘦、虚弱。慢性型病猪的粪便常呈暗黑色，俗称黑粪，有时是混有血液的黏液样粪便（图2-14-1至图2-14-8）。

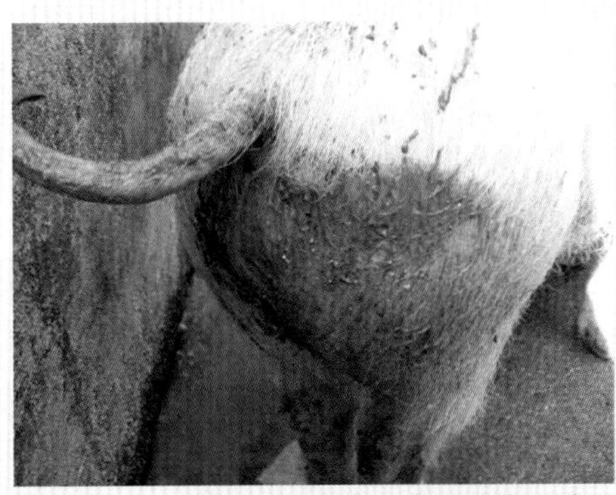

图2-14-1 部分病猪厌食，直肠温度可升至40～40.5℃，排黄色或灰色的稀软粪便

图2-14-2 前期粪便带有黏液

图2-14-3　病猪表现腹痛，弓背或偶尔踢腹，明显消瘦，被毛粗乱，上粘有粪便

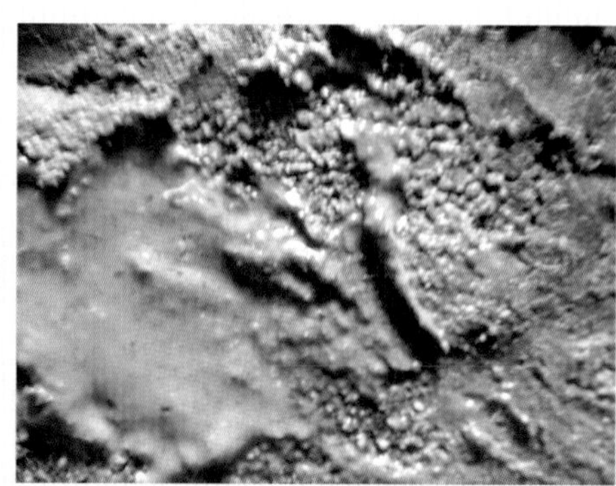
图2-14-4　随着病情的发展，开始排带血的黏状便

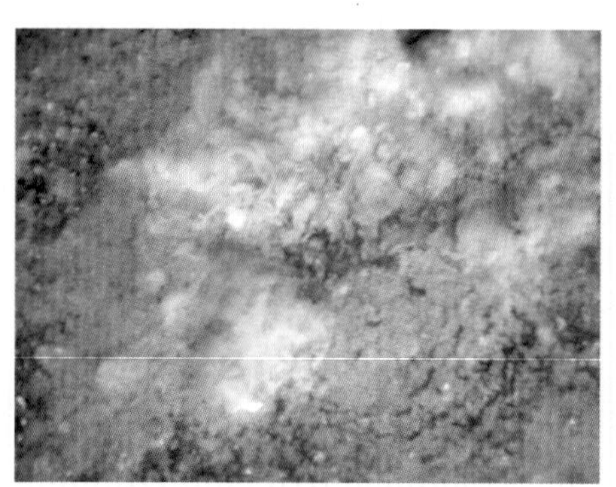
图2-14-5　排出呈油脂状、胶冻状的黄、白色纤维素黏液

图2-14-6　排黏液和渗出物碎片的粪便

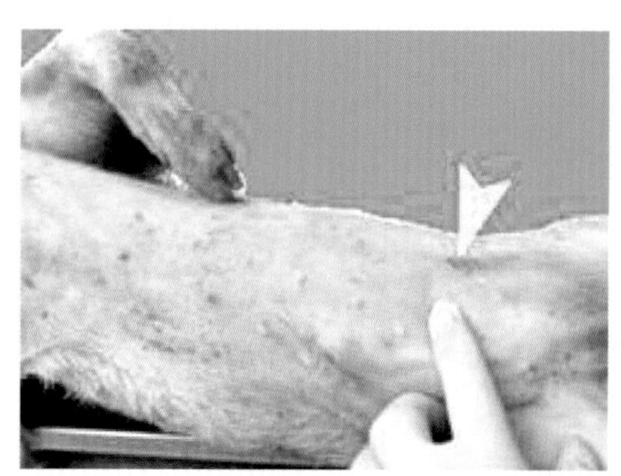
图2-14-7　主要侵害大肠，外观看大肠对应部位附近的皮肤呈灰紫色

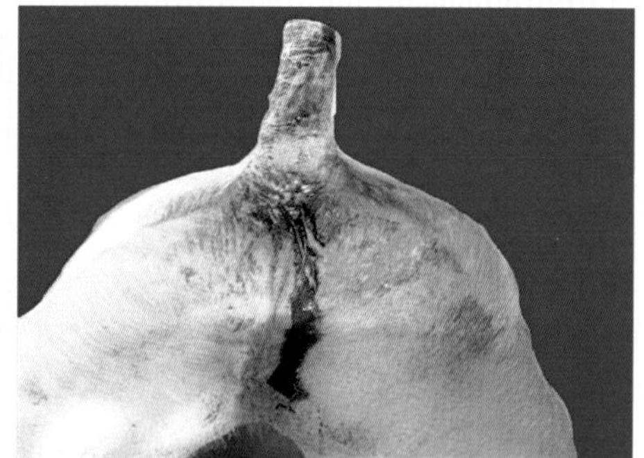
图2-14-8　有的病例，肛门处可见红褐色血便

三、剖检变化

病变主要集中在大肠（结肠、盲肠和直肠），常在回肠与盲肠结合部有一条明显的分界线。急性期的典型变化是大肠壁和肠系膜充血和水肿。肠道的其他病变有肠系膜淋巴结肿大。有时可见少量清亮的腹腔积液，但脱水明显的病死猪，其腹腔可能干枯。结肠黏膜下腺体比正常的突起更为明显。在浆膜上出现白色的、稍凸起的病灶。黏膜明显肿胀，已无典型的皱褶。黏膜常常被黏液和带有血斑的纤维蛋白覆盖。结肠内容物质软或水样并含有渗出物，盲肠内含多量红褐色液体（图2-14-9至图2-14-17）。

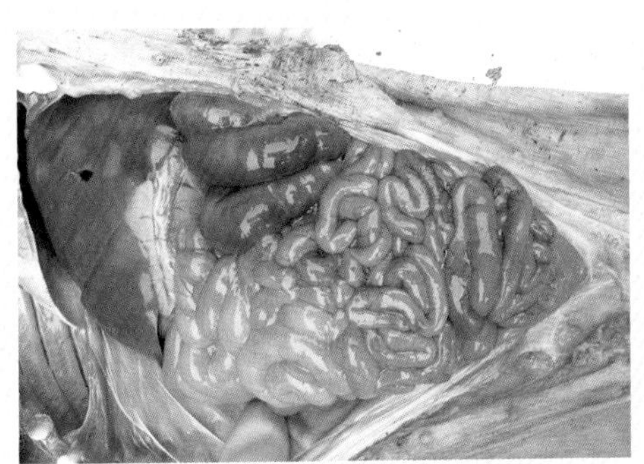

图2-14-9 病变集中在大肠，外观大肠呈褐红色，而小肠无病变

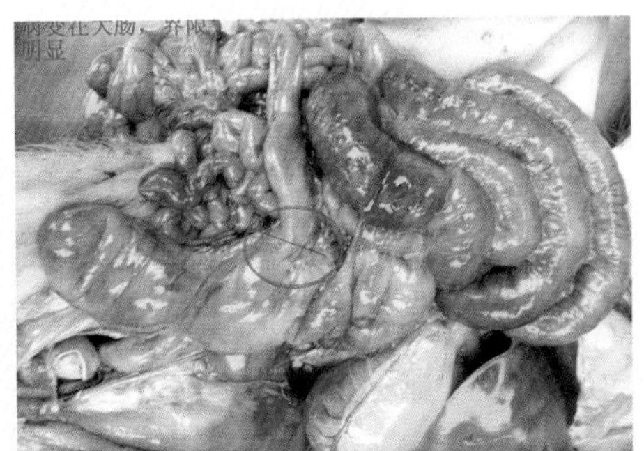

图2-14-10 特征性病变在大肠（结肠、盲肠和直肠），常在回肠与盲肠结合部有一条明显的分界线

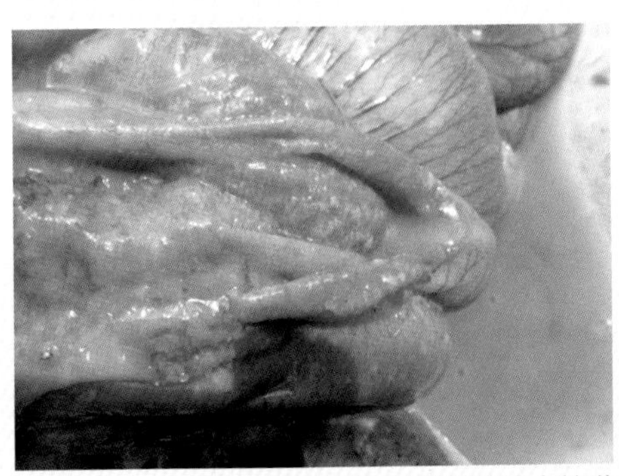

图2-14-11 结肠黏膜肿胀，典型皱褶消失并附有纤维素

图2-14-12 大肠内容物水样且含有渗出物

图2-14-13 结肠黏膜明显肿胀，已无典型的皱褶

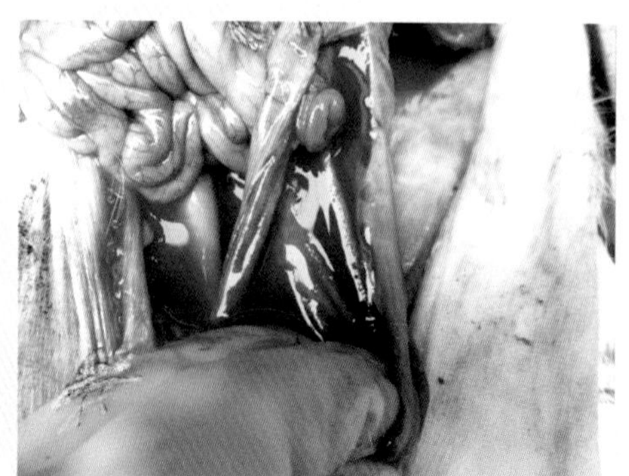
图2-14-14 盲肠内含多量红褐色液体

图2-14-15 大肠黏膜水肿、充血、出血、肠里含有血凝块、纤维素和坏死混合物（此病例大肠见鞭虫）

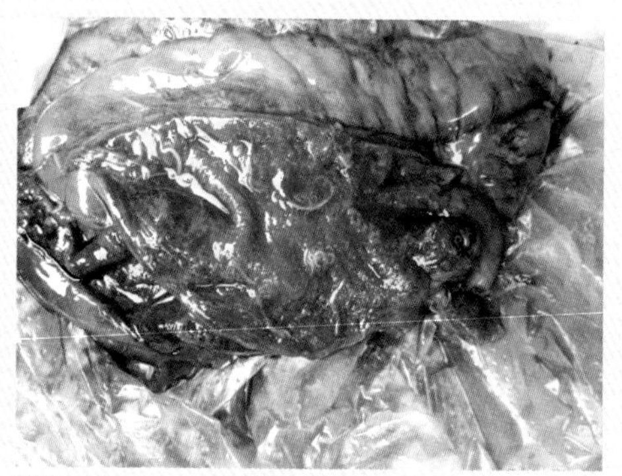
图2-14-16 大肠黏纤维素和坏死混合物，驱虫保健不到位（此病例大肠见鞭虫）

图2-14-17 显微镜下的蛇形螺旋体

四、防治

严格隔离检疫引进猪，猪场严格消毒，加强清洁卫生是防止本病的重要措施。一旦发病将药物添加于饲料或饮水中，可收到良好的效果。对治疗或预防猪痢疾有效的抗生素有硫酸黏杆菌素、痢菌净、泰乐菌素、新霉素和林可霉素。

1. 1 000千克饲料中加入20～50克或1 000千克饮水中加入200～250克硫酸黏杆菌素。

2. 1 000千克饲料加入100克，连用5天。

3. 每千克体重5～10毫克皮下或肌内注射上述药物，效果较好。

第十五节　猪李氏杆菌病

猪李氏杆菌病主要是由产单核细胞李氏杆菌引起的人、家畜和禽类的一种共患传染病。猪上，多以发生脑膜炎、败血症和单核细胞增多症且妊娠母猪发生流产为特征的传染病。本病在我国较多省份发生，但多呈散发，近年来发病率有所上升。

一、临床实践

神经症状明显，用磺胺类药物治疗效果相当好。

二、临床症状

病初主要是意识障碍，表现盲目行走，不停地做转圈运动。遇有障碍物暂停，除去障碍物后继续转圈。有的病猪遇有障碍物攀爬，虽然攀爬墙壁可造成蹄部摩擦出血，但病猪对疼痛并无感觉。后期出现阵发性痉挛，口吐白沫，两前肢或是四肢麻痹。仔猪多发生败血症，体温升高，精神沉郁，食欲废绝，全身衰竭，咳嗽，呼吸困难，皮肤发绀，腹泻。怀孕母猪常流产。

三、剖检变化

死于神经症状的猪的脑膜和脑实质充血。脑脊液浑浊、增多，脑干软化，有小脓灶。肝可见小的坏死灶（图2–15–1至图2–15–2）。死于败血症的仔猪有败血

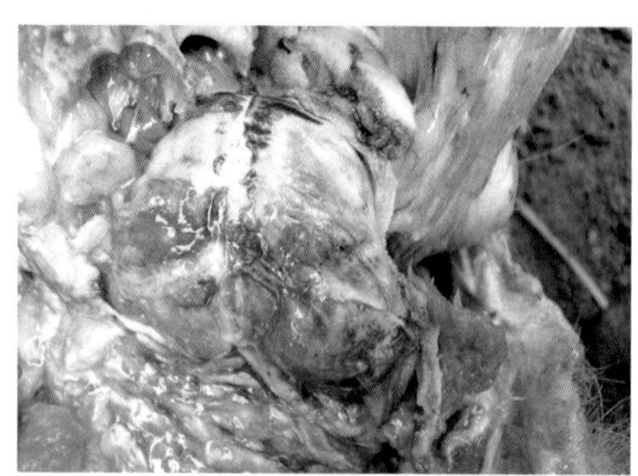
图2-15-1 死于神经症状的猪其脑膜充血

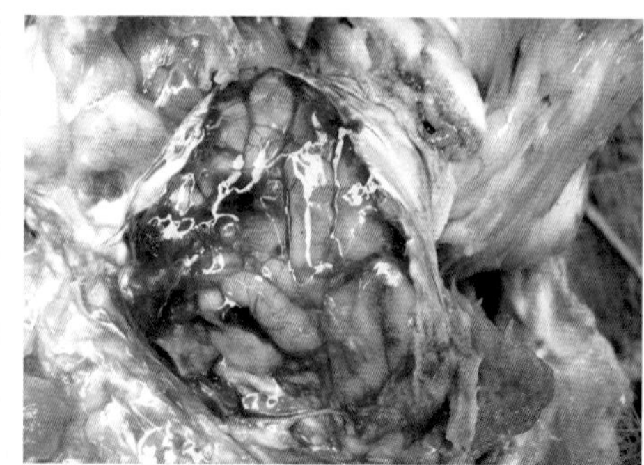
图2-15-2 脑脊液浑浊、增多，脑干软化，有小脓灶

症病变和肝脏坏死灶。

四、防治

1. 无有效疫苗，平时应做好驱除鼠类和齲齿类动物的工作；避免从疫区引进猪只，发病时做好隔离、消毒等工作。

2. 用磺胺类药物治疗有较好效果。

第十六节 猪梭菌性肠炎

梭菌性肠炎是由C型魏氏梭菌引起的肠毒血症。主要侵害1 ~ 3日龄初生仔猪，1周龄以上仔猪少见发病。猪群中各窝发病率差异很大，死亡率20%~70%。病原抵抗力很强，并广泛存在于病猪群母猪肠道及外界环境中，故常呈地方性流行。

一、临床实践

一般腹泻大多由革兰氏阴性菌（如大肠杆菌、沙门氏菌等）引起。猪一旦腹泻，首先应想到对治疗大肠杆菌、沙门氏菌等有效的治疗药物。然而，梭菌是阳性菌，因此用抗革兰氏阳性菌的药物更有效，如青霉素等。猪一旦发生梭菌性肠炎，便很快死亡。该病治愈率很低，一旦一头发病，必须全群防止。

二、临床症状

大猪梭菌病，发病突然，常无先兆，突然倒地，呼吸困难，抽搐。病猪鼻镜干燥，皮肤、四肢末梢和耳尖发绀，口、鼻流白色泡沫，死亡猪腹部膨胀，腹壁呈弥漫性充血，大多肛门外翻。仔猪发病，常表现最急性型且无先兆就突然死亡。急性型病猪病程一般可维持2天左右，排带血的红褐色水样稀粪，内含灰色坏死组织碎片，病猪迅速脱水、虚弱、消瘦，勉强运动，体温很快下降，最终衰竭死亡（图2-16-1至图2-16-7）。

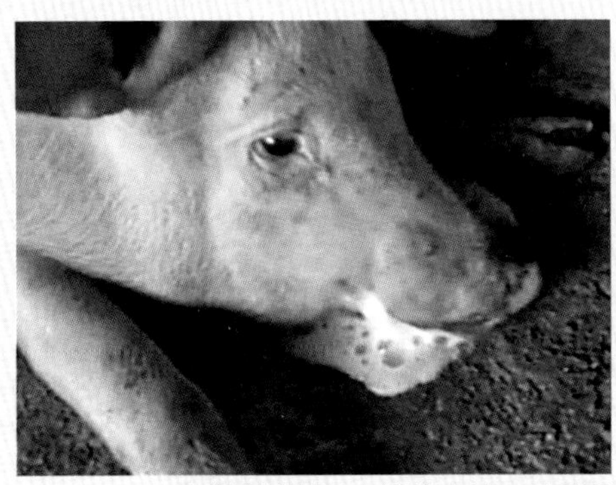

图2-16-1 急性型病猪口、鼻流白沫，呼吸困难症状（临床少见）

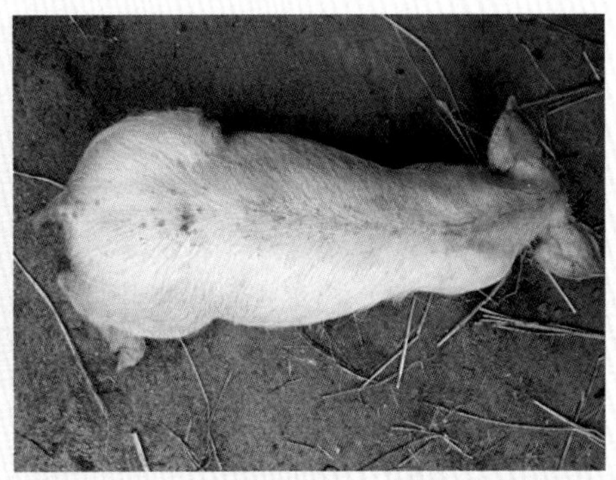

图2-16-2 发病猪精神沉郁，排酸臭的黄褐色或水样粪便，腹围增大

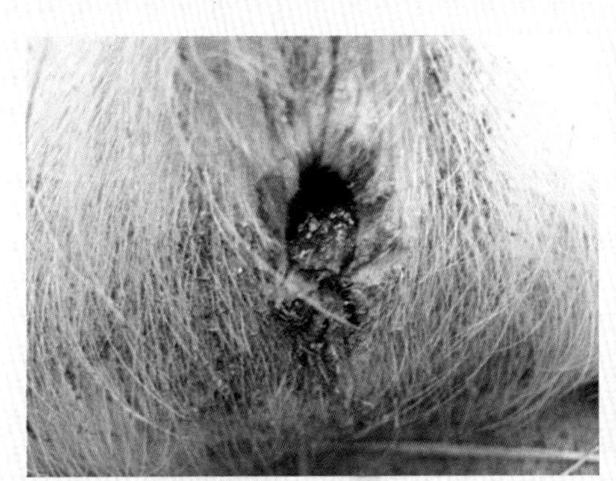

图2-16-3 少数患猪肛门外翻

图2-16-4 死亡猪腹部膨胀，腹壁呈弥漫性充血

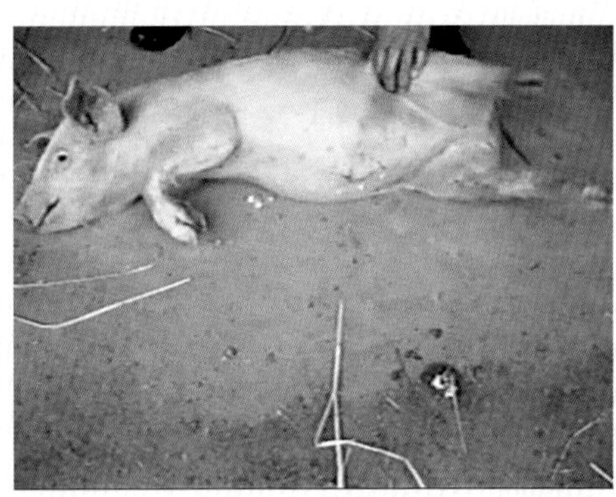
图2-16-5 皮肤、四肢末梢发绀，呼吸困难，腹壁呈弥漫性充血

图2-16-6 病猪鼻镜干燥，耳尖发绀，严重脱水，眼窝塌陷

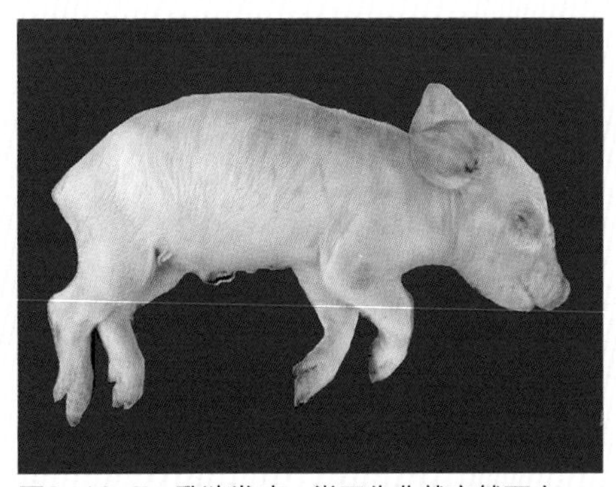
图2-16-7 乳猪发病，常无先兆就突然死亡

三、剖检变化

大猪主要病变集中在小肠，有时可延至回肠前部，肠黏膜及黏膜下层广泛出血，肠壁呈深红色，血管充盈呈红色树枝状；部分肠段臌气，与正常肠段界线明显；肠内容物呈暗红色液状，肠系膜淋巴结鲜红色，空肠绒毛坏死。胃臌气，内有食物，幽门周围及其附近胃壁充血，胃黏膜脱落；肾有小出血点。

仔猪空腔和腹腔有多量樱桃红色积液，主要病变在空肠。最急性型病例空肠呈暗红色，肠腔内充满暗红色液体，有时包括结肠在内的后部肠腔也有含血的液体。肠黏膜及黏膜下层广泛出血，肠系膜淋巴结深红色。急性型病例出血不十分明显，以肠坏死为主，肠壁变厚，弹性消失，色泽变黄。腹腔有多量小气泡，肠系膜淋巴结充血。肠腔内含有稍带血色的坏死组织碎片松散地附着于肠壁。亚急性型病例病变肠段黏膜坏死状，可形成坏死性假膜，易于剥离。慢性型病例肠管外观正常，但黏膜上有坏死性假膜牢固附着的坏死区。其他实质器官变性，并有出血点（图2-16-8至图2-16-17）。

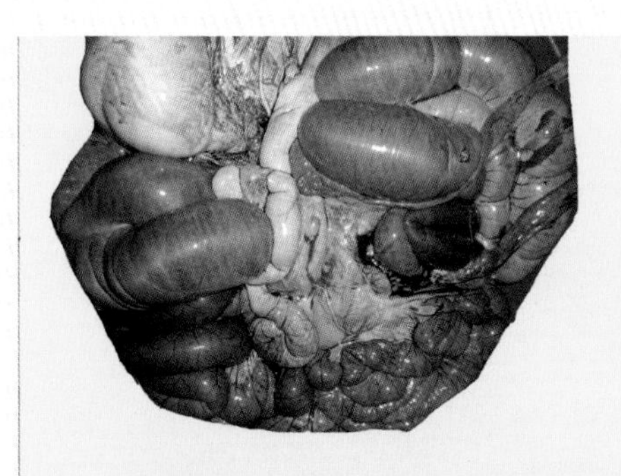

图2-16-8　主要病变集中在小肠，有时可延至回肠前部，肠黏膜及黏膜下层广泛出血，肠壁呈深红色、血管充盈呈红色树枝状，部分肠段臌气

图2-16-9　乳猪发病胸腔和腹腔有多量樱桃红色积液，主要病变在空肠，有时也可延至回肠，十二指肠一般无病变

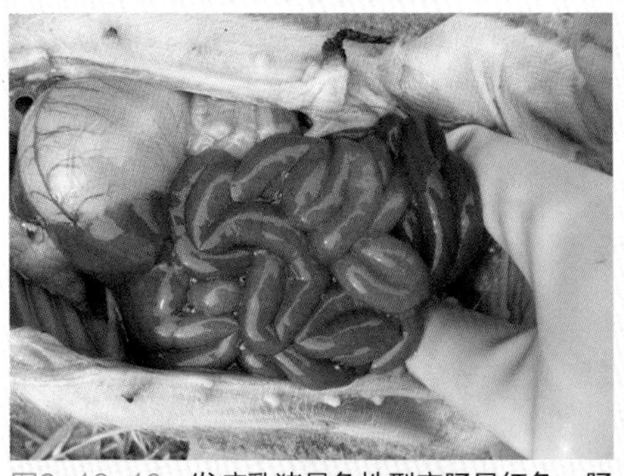

图2-16-10　发病乳猪最急性型空肠呈红色，肠腔内充满红色液体，肠黏膜及黏膜下层广泛出血

图2-16-11　发病乳猪腹腔有多量气泡，肠系膜淋巴结充血

图2-16-12　发病乳猪空肠呈暗红色，与正常肠段界线分明，肠腔内充满暗红色液体，有时包括结肠在内的后部肠腔也有含血的液体，肠黏膜及黏膜下层广泛出血

图2-16-13　发病乳猪肾表面出血

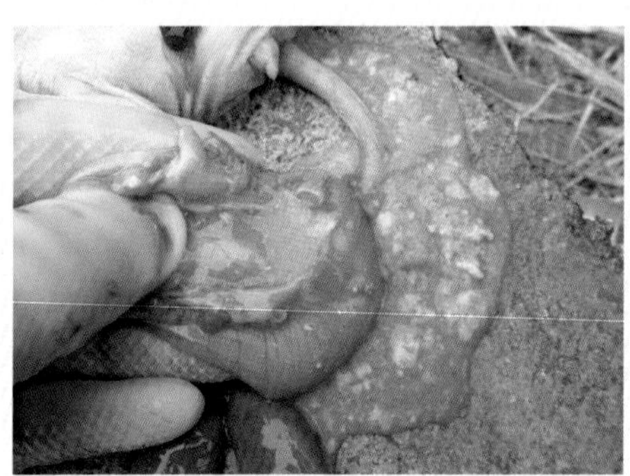

图2-16-14　发病乳猪胃胀气，内含有凝乳快的稀薄液体，幽门周围及其附近胃壁充血，胃黏膜脱落

图2-16-15　发病乳猪小肠内含有血液

图2-16-16　发病乳猪小肠黏膜出血

图2-16-17　发病乳猪肠系膜淋巴结出血

四、防治

1. 预防可给怀孕母猪注射C型魏氏梭菌氢氧化铝和仔猪红痢干粉菌苗。配合环境消毒，特别是产房消毒可减少本病的发生。发病后来不及治疗，常发病猪场可用抗生素给新生仔猪投服以预防发病。

2. 一旦发病很快死亡，一般没有时间治疗。发现有一头发病，可对其他仔猪投服青霉素、链霉素、林可霉素或甲硝唑一个疗程，作为紧急预防有较好效果。

第十七节　猪破伤风

猪破伤风是由破伤风梭菌在深部感染处形成的毒素而引起的急性传染病。其临床诊断特征是全身肌肉或某些肌群呈持续性的痉挛性收缩和对外界刺激的反射兴奋性增高。各年龄猪均易感，但多数病例是幼龄猪，一般为阉割伤口感染或脐部感染的一种并发症。

一、临床实践

猪破伤风病主要见于阉割后感染发病，一般主要见于阉割后1周左右的猪。多年来笔者观察到，同时阉割的猪群只有小公猪发病，阉割后的小母猪从未见发病。以上现象不知原因，笔者认为，可能是小母猪术口向下，阉割后猪站立，腹水从术口流出时冲洗了术口；另外，小母猪阉割多用小挑方法，术部在腹股沟处，不易着地污染；而小公猪阉割后，卧地或坐姿都易造成术口直接接触地面，污染术口而受到感染。

二、临床症状

全身肌肉强直性痉挛，肌肉僵硬。瞬膜突出，开口困难。牙关紧闭，流涎，应激性增高。外界的声音或触摸可使病猪痉挛加剧。患猪通常侧卧和耳朵竖立，头部微仰，四肢僵直后伸，最后因全身肌肉痉挛、角弓反张、呼吸困难而死亡（图2-17-1至图2-17-6）。

图2-17-1　耳朵较大猪发病，很难看到耳竖立，但同窝猪对比会有不同，尾部颤抖

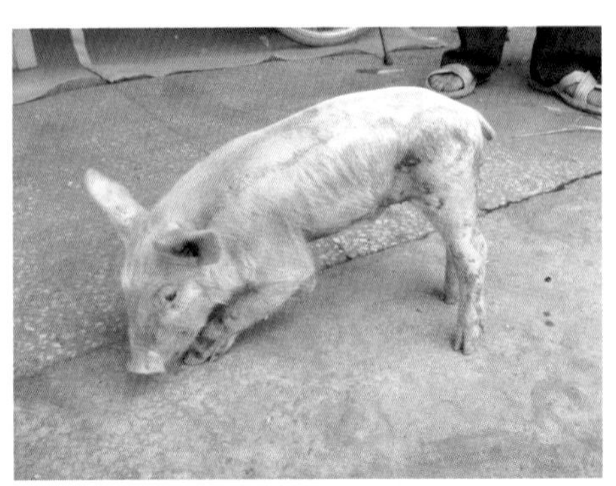

图2-17-2　全身肌肉强直性痉挛是破伤风的特征性症状

图2-17-3　背部肌肉强直，行走不协调，一旦拐弯就摔倒

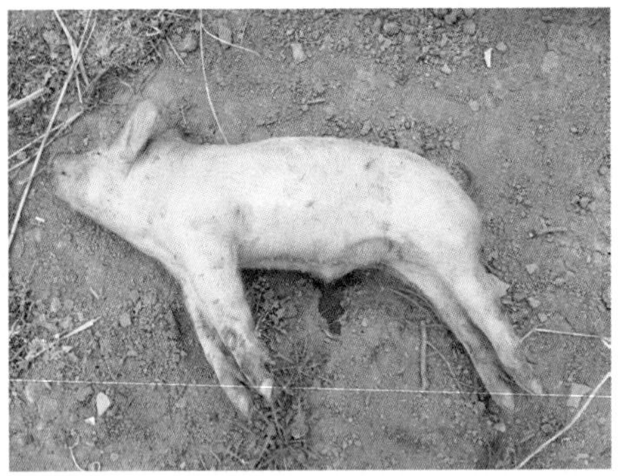

图2-17-4　肌肉痉挛，牙关紧闭，流涎，随后四肢痉挛、肌肉僵硬。患猪通常侧卧和耳朵竖立，头部微仰及四肢僵直后伸

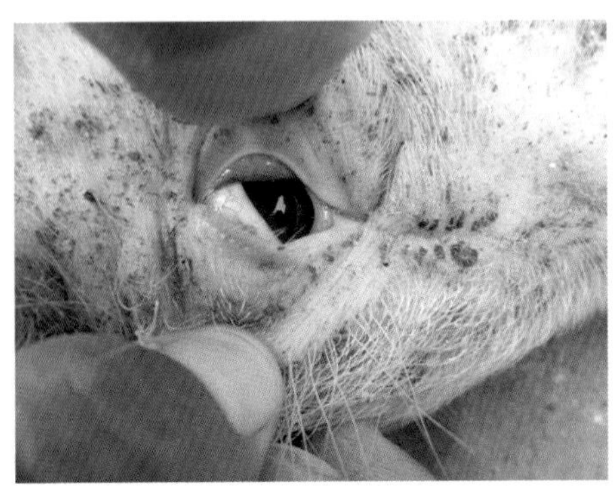

图2-17-5　瞬膜突出，开口困难

图2-17-6　最后因全身肌肉痉挛、角弓反张、呼吸困难而死亡

三、防治

1. 患猪的治疗效果欠佳。预防应注意分娩及阉割时的卫生及消毒，防止外伤感染。一旦有外伤应及时消毒处理，并接种破伤风类毒素。

2. 有价值的病畜可用破伤风抗毒素治疗，一次大剂量效果好，对症疗法可用补液、补碱、镇静、健胃等的药物、病畜需在光线昏暗、安静处护理治疗。对创伤处理时，应清洗创伤和扩创，并用3%双氧水或0.1%高锰酸钾冲洗消毒。用青、链霉素封闭创伤周围，避免继续产出毒素。

第十八节　猪耶尔辛氏菌小肠结肠炎

耶尔辛氏菌小肠结肠炎是由小肠结炎耶尔辛氏菌引起的一种人兽共患肠道传染病，患猪主要表现为腹泻。近年来，本病的发病率有所增加，分布地区颇为广泛，世界各大洲均有发生，尤以北欧为盛，在许多国家是引起腹泻的主要病因之一。我国已证实，耶尔辛氏菌在动物中贮存宿主很广泛。猪为主要的传染源，通常为隐性感染经过。本病在我国分布亦非常广泛，严重威胁着人和动物的健康。

一、临床实践

临床症状复杂多样，一般有与感染动物接触史、采食、饮用可疑被污染的饲料或饮水有关。临床出现发热、腹泻、腹痛、败血症，以及全身任何部位的炎症或脓肿，当伴有毒血症状猪时，应怀疑是否可能感染了耶尔辛氏菌。

二、临床症状

一年四季均有发病，以冬春季多见，呈散发性和暴发流行两种形式。病猪眼睑、面部（图2–18–1），以及腹部下垂部位肿胀，并发生腹泻，主要表现为长期间歇性地排灰白色或灰褐色糊状稀粪。粪便中混有黏液和脱落的肠黏膜，成形或不成形粪便表面常附有带血黏液，有时在成形的粪便表面包裹着一层灰白色、油光发亮的薄膜。患猪体温为39.5 ~ 40℃。病程长的猪只食欲减少，逐渐消瘦，被毛粗干，步态不稳，可能激发关节炎。大部分猪只为隐性感染，临诊上无明显症

图2-18-1 面部肿胀

状。虽然死亡率不高，但影响生长发育速度，降低经济效益。

三、剖检变化

症状明显的病猪，可见十二指肠、空肠和盲肠有不同程度的充血、出血现象。结肠和直肠孤立淋巴滤泡肿大，向浆膜层或黏膜层凸出，有小米粒或绿豆大小。小结肠和直肠黏膜有散在呈火山口状的溃疡灶，内含干酪样物，周围可见红晕。肠系膜淋巴结肿大，切面多汁外翻。其他器官未见明显变化（图2-18-2至图2-18-4）。

图2-18-2 结肠孤立淋巴滤泡肿大，向浆膜层凸出

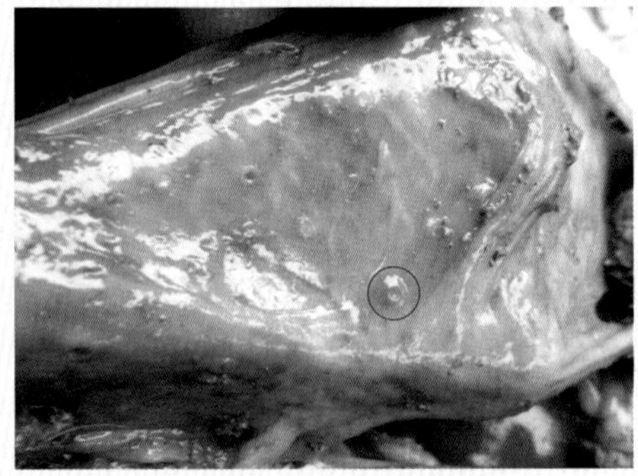

图2-18-3 呈火山口状，周围可见红晕

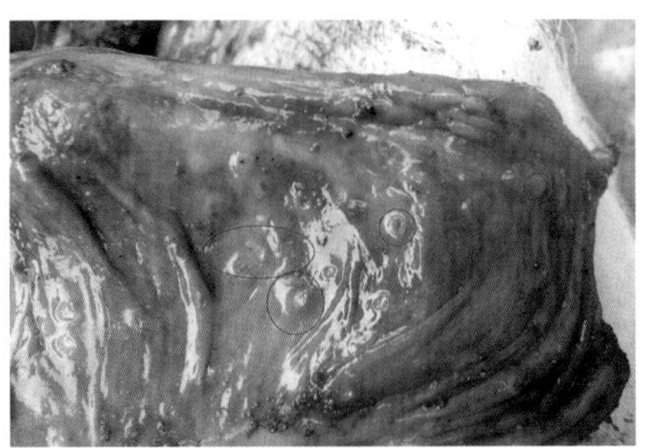

图2-18-4 结肠孤立淋巴滤泡肿大，向黏膜层凸出，内含干酪样物

四、防治

本病在人和动物之间可相互传染，属人畜共患病。人的发病往往是动物感染所致，因此控制本病，在公共卫生上意义重大。应加强预防措施，饲料和饮水要妥善保管，严防污染。定期检测，防止本病的发生和流行。土霉素、多西环素、庆大霉素、磺胺类等多种药物都有较好疗效。有条件的地方，用药时最好做药敏试验，筛选高敏药物，以确保药物治疗的可靠性。1 000千克饲料加入25～50克土霉素，效果较好。

第十九节 猪鼻支原体病

本病是由猪鼻支原体引起的以多发性浆膜炎、关节炎和耳炎为特征的传染病。多发性浆膜炎一般多发生在3～10周龄仔猪，有时更小的猪也可发病。猪鼻支原体普遍存在于病猪的鼻腔、气管和支气管分泌物中，传染途径主要是飞沫和直接接触。猪鼻支原体常由感染的母猪传给哺乳仔猪，大约10%的母猪鼻腔和鼻窦分泌物中有该菌存在，大约能从40%的断奶猪的鼻腔分泌物中分离本病原，该病菌也经常存在于屠宰的病肺中。一旦猪群中有一头猪感染鼻支原体，该病就会在猪群中迅速传播。研究发现，腹腔接种6周龄以下的猪，比8周龄以上的猪，病变严重得多。严重感染情况下成年猪也可发病。

一、临床实践

本病临床症状、剖检变化于副猪嗜血杆菌病的比较接近，除非经验特别丰富的临床兽医，否则一般很难从临床症状和剖检变化上加以区别。最有效的鉴别诊断是实验室诊断，然而就目前基层兽医站条件而言较难做到。目前，笔者鉴别诊断从以下几个方面着手：①发病率和死亡率，副猪嗜血杆菌的发病率和死亡率均高于鼻支原体病；②体温：副猪嗜血杆菌病患猪体温在41℃作用或更高，鼻支原体病患猪体温正常或偏高；③眼睑：副猪嗜血杆菌患猪眼睑多肿胀，鼻支原体病患猪一般无此症状；④体表淋巴结：副猪嗜血杆菌病患猪体表淋巴结明显肿大，鼻支原体病患猪体表淋巴结一般变化不大；⑤药物：头孢类药物对副猪嗜血杆菌病有效，而对鼻支原体无效；⑥纤维素渗出物色泽：嗜血杆菌引起的纤维素渗出物色泽稍白，而猪鼻支原体引起的纤维素渗出物色泽稍黄些（但不绝对），而且嗜血杆菌引起的纤维素渗出物可能相对干燥并分层。

二、临床症状

本病感染后第3或4天时，患猪出现被毛粗乱，第4天左右体温升高，但很少超过40.6℃。其病程有些不规律，第5天或6天后可能平息下来，但几天后又复发。病猪食欲减少。该病还有一个特殊动作是，首次骚扰时出现过度伸展动作，这是试图减轻多发性浆膜炎造成的刺激。关节肿大，触诊看感热、痛及波动感。患猪负重感明显缩短，出现行走困难、姿势异常和跛行。发病可能波及任何关节，但跗关节、膝关节、腕关节和肩关节最常发生，偶尔寰枕关节也受侵害。若发生在寰枕关节，则病猪将头转向一侧，另一些病猪则头向后仰，这个动作可能和一侧性中耳感染的姿态改变相仿。腹痛及喉部发病时病猪身体蜷曲，呼吸困难，运动极度紧张及斜卧等。急性症状的持续时间和严重程度取决于病变的严重性程度。一般发病10～14天后，急性症状开始减轻，此后的主要临床症状为跛行及关节肿胀。疾病的亚急性期间，关节病变最为严重。发病后2～3个月跛行和肿胀可能减轻，但有些猪6个月后仍然跛行（图2-19-1至图2-19-5）。

图2-19-1 关节肿大，触诊可感觉热、痛及波动感

图2-19-2 患猪出现行走困难，姿势异常和跛行

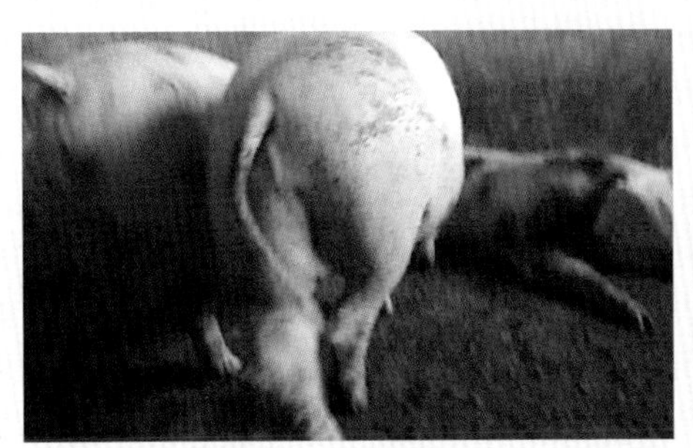

图2-19-3 患肢负重感明显缩短

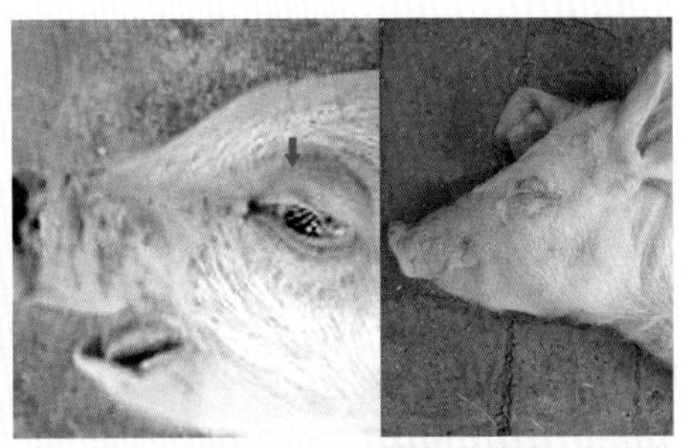

图2-19-4 眼睑对比：左图呈副猪嗜血杆菌患猪，右图呈鼻支原体患猪

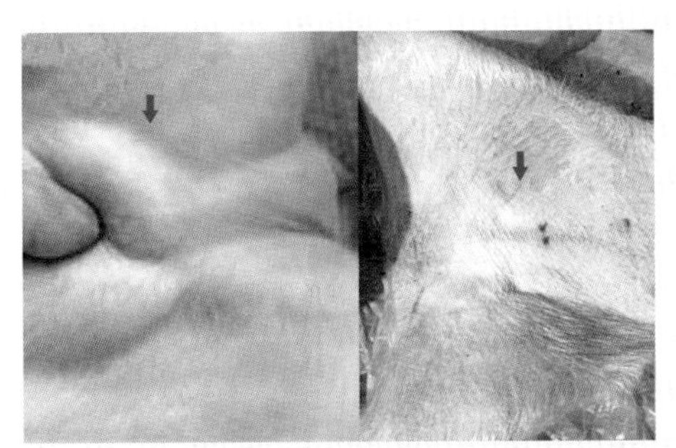

图2-19-5 腹股沟淋巴结对比：左图呈副猪嗜血杆菌患猪，右图呈鼻支原体患猪

三、剖检变化

急性期的病变为浆液纤维蛋白性及脓性纤维蛋白性心包炎、胸膜炎、腹膜炎。亚急性病变为浆膜云雾状化，纤维素性粘连并增厚，肿胀关节内有乳白色脓液，多数胸腔和心包少量积液，肺脏呈现间质性肺炎病变，少数猪胸腔大量积液，肺脏与胸廓粘连，有绒毛心。滑膜充血、肿胀，滑液中有血液和血清。虽然可见到软骨腐蚀现象及关节干酪样渗出物形成，但病变趋向于缓和（图2-19-6至图2-19-12）。

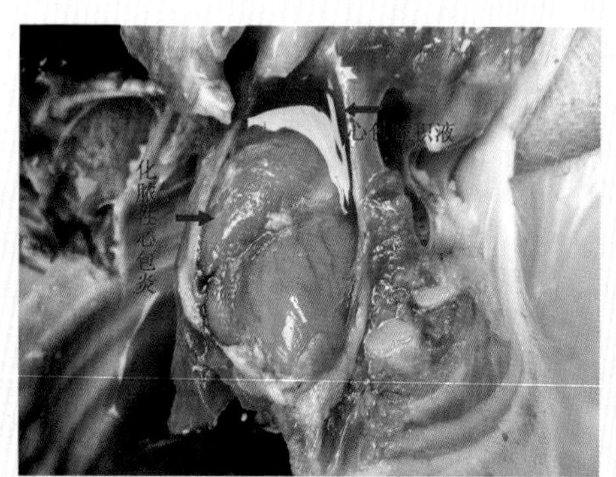

图2-19-6　心包积液，表面绒毛状纤维素膜

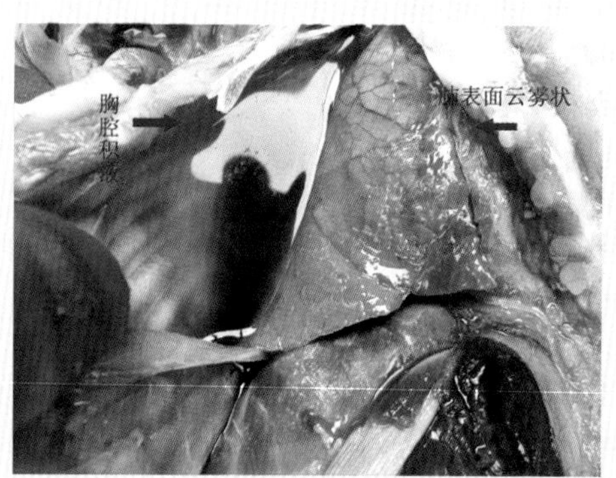

图2-19-7　肺脏呈现间质性肺炎病变，肺脏与胸廓粘连，少数猪胸腔大量积液

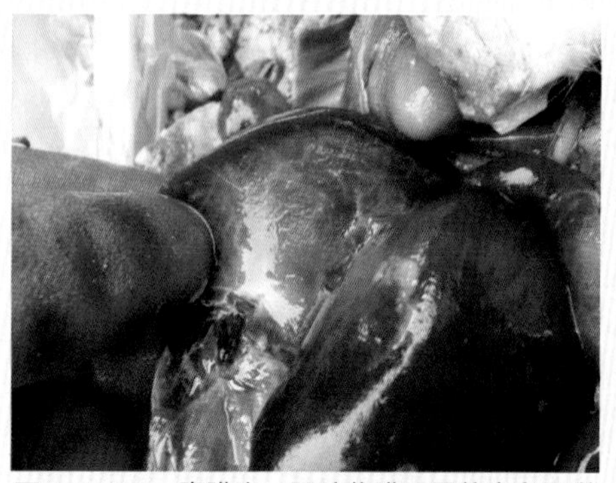

图2-19-8　腹膜炎，肝脏浆膜云雾状白色和黄色纤维素假膜

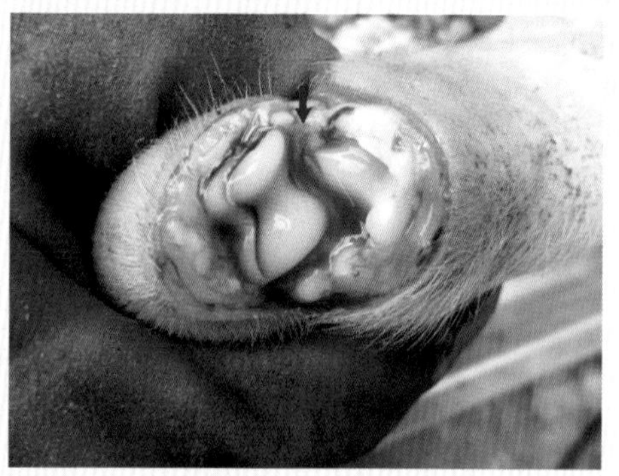

图2-19-9　滑膜充血、肿胀，滑液中有血液和血清

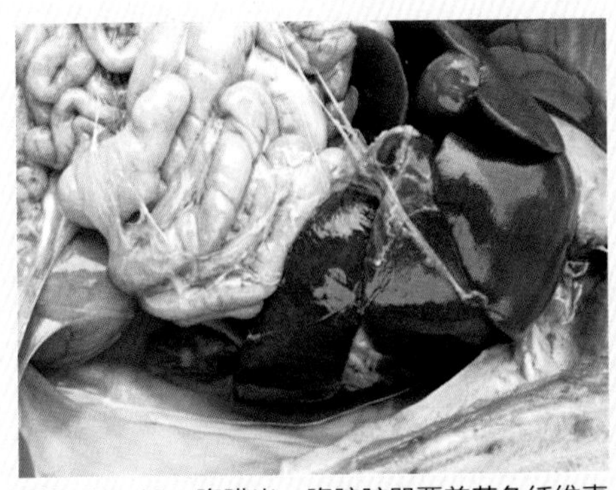
图2-19-10 腹膜炎，腹腔脏器覆盖黄色纤维素假膜

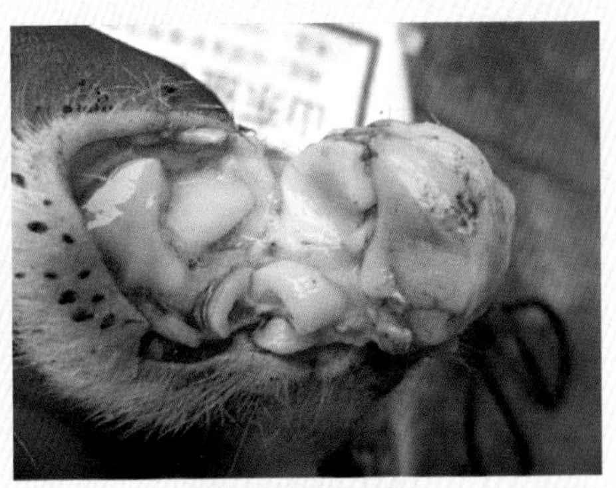
图2-19-11 关节腔脓性渗出物

图2-19-12 关节滑膜变厚、周围结缔组织增生

四、防治

搞好饲养管理是预防本病的关键，尽量减少呼吸道、肠道疾病或应激因素的影响。猪群中有一头发病，全群立即投泰乐菌素或林可霉素预防效果较好。但抗生素治疗已发病猪的效果并不令人满意。可能因炎症反应阻止了抗生素的渗透，从而影响了治疗效果。

治疗时用林可霉素混饲每1 000千克饲料拌入林可霉素44～77克效果较好。肌内注射每千克体重用10～20毫克；泰乐菌素混饲每1 000千克饲料用100克（肌内注射每千克体重用5～13毫克）。

第二十节 猪炭疽病

猪炭疽病是由炭疽杆菌引起的一种家畜、野生动物和人类共患的传染病。临床上表现为急性、热性、败血性症状。病理变化上的特点是呈败血症变化，天然孔出血，血液凝固不良，呈煤油样，脾脏显著肿大，皮下及浆膜下组织呈出血性胶样浸润。病畜是主要传染来源。炭疽病畜及死后的畜体、血液、脏器组织及其分泌物、排泄物等均含有大量炭疽杆菌，如果处理不当则可散布传染。本病传染的途径有三：首先主要通过消化道感染，因食入被炭疽杆菌污染的饲料或饮水受到感染。圈养时食入未经煮沸的被污染的泔水可受到感染，农村放牧猪拱土被污染的土壤感染。其次是通过皮肤感染，主要是由带有炭疽杆菌的吸血昆虫叮咬及创伤而感染。最后是通过呼吸感染，即吸入混有炭疽芽孢的灰尘，经过呼吸道黏膜侵入血液而发病。炭疽芽孢在土壤中生存时间较久，可使污染地区成为疫源地。大雨或江河洪水泛滥时可将土壤中病原菌冲刷出来，污染放牧地或饲料、水源等，且随水流范围扩大传染。该病有一定季节性，夏季发病较多，秋冬发病较少。夏季发生较多，与气温高、雨量多、洪水泛滥、吸血昆虫大量活动等因素有关。

一、临床实践

目前，临床少见，缺乏资料。

二、临床症状

1．隐性型　由于猪对炭疽的抵抗力较强，因此猪发生炭疽大多数呈慢性，无临诊症状，多在屠宰后肉品卫生检验时才被发现，这是猪炭疽常见的病型。

2．亚急性型　猪食入的炭疽杆菌或芽孢，侵入咽部及附近淋巴结及相邻组织后大量繁殖，引起炎症反应。主要表现咽炎，体温升高，精神沉郁，食欲不振，颈部、咽喉部明显肿胀，黏膜发绀，吞咽和呼吸困难，颈部活动不灵活，口、鼻黏膜呈蓝紫色，最后窒息而死。也有的病例可治愈。

3. 急性型　少见发生，体温可升高到41.5℃以上，精神沉郁，1～2天死亡，或突然死亡。在国内只少数几次报道，主要是急性败血陛食欲废绝，呼吸困难，可视黏膜发紫。

4．肠型　主要表现消化功能紊乱，病猪发生便秘及腹泻，甚至粪中带血。重者可死亡，轻者可恢复健康。上述症状见图2-20-1至图2-20-15。

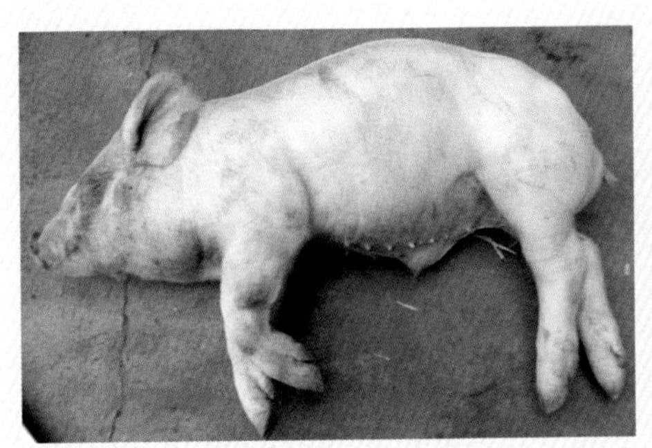

图2-20-1 尸僵不全

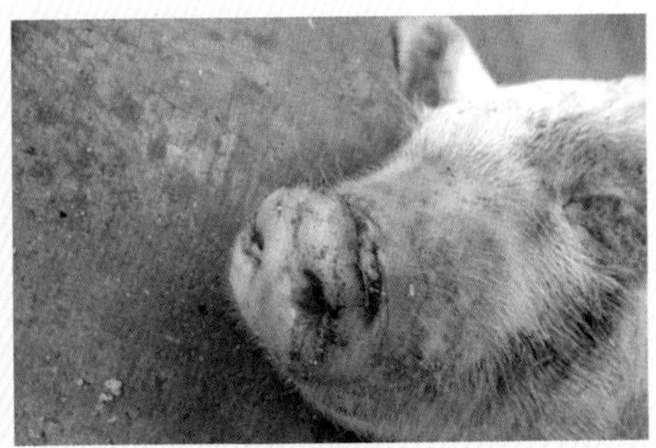

图2-20-2 天然孔流出带泡沫的血液，口、鼻黏膜呈蓝紫色

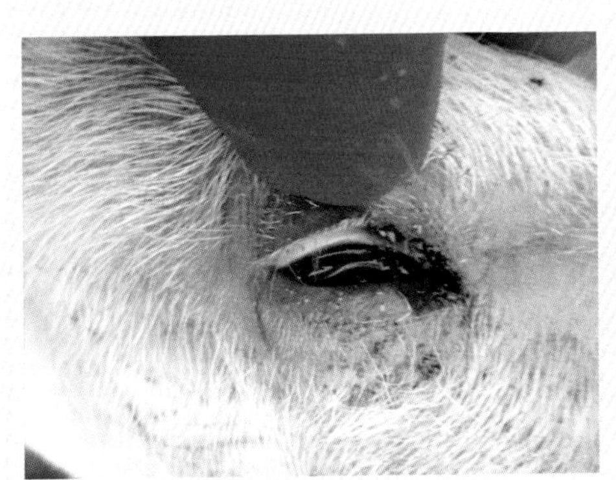

图2-20-3 黏膜呈暗紫色，有出血点

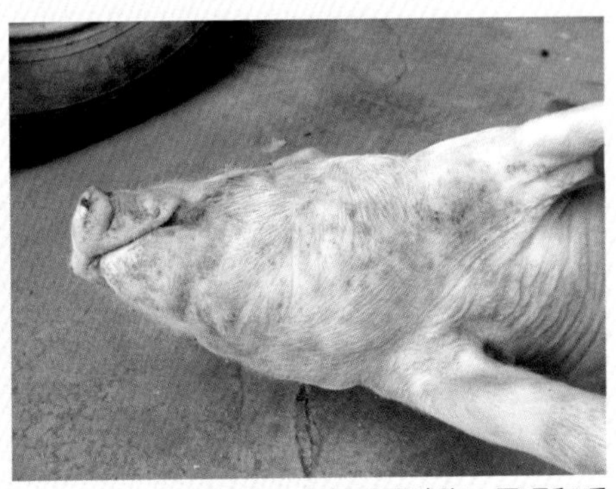

图2-20-4 颈部、咽喉部明显肿胀，吞咽和呼吸困难，颈部活动不灵活

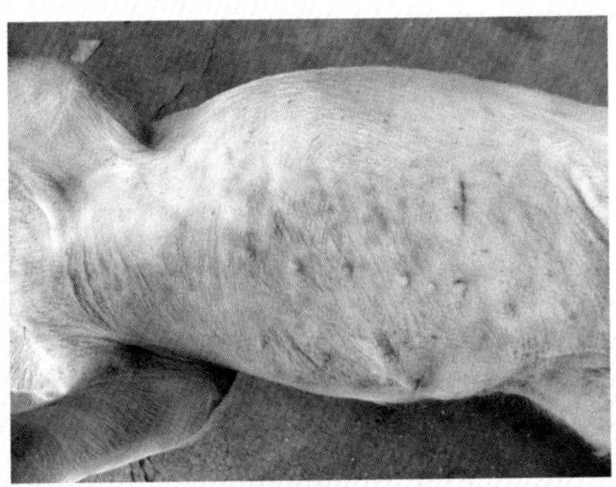

图2-20-5 皮下呈蓝紫色

三、剖检变化

病畜尸体内的炭疽杆菌，暴露在空气中形成的芽孢抵抗力很强，不易被彻底消灭。为此，在一般情况下，对病畜禁止剖检。特定情况下必须进行剖检时，应在专门的剖检室进行，或离开生产场地，准备足够的消毒药剂，工作人员应有安全的防护装备。

急性败血型：由于猪有抵抗力，因此此型发病少见，约占全部猪炭疽的3%，主要是侵害牛、羊、驴、马等。猪发生此型时，可见程度不同的变化。尸僵不全，天然孔流出带泡沫的血液。黏膜呈暗紫色，有出血点，皮下、肌肉及浆膜有红色或黄红色胶样浸润，并有数量不等的出血点。血液黏稠，颜色为黑紫色，不易凝固。脾脏肿大，包膜紧张，黑紫色。淋巴结肿大、出血。肺充血、水肿。心、肝、肾也有变性。胃肠有出血性炎症。

肠型：肠型炭疽多见于十二指肠及空肠。以淋巴组织为中心，在黏膜充血和出血基础上，形成局灶性病变。初为红色圆形隆起，与周围界限明显，表面覆有纤维素，随后发生坏死。坏死可达黏膜下层，形成固膜性灰褐色痂，周围组织及肠系膜出血。肠系膜淋巴结亦见相似病变。腹腔有红色液体，脾肿大、质软，肾充血或出血。有的可见肺部炎症。

咽型：咽型炭疽约占全部猪炭疽的90%。病猪咽喉及颈部皮下炎性水肿，剖检肿胀部位，可见广泛的组织液渗出，有黄红色胶冻样液体浸润；颈部及颌下淋巴结肿大、充血、出血，或见中央稍凹下的黑色坏死灶；喉头、会咽、软腭、舌根等部位可见肿胀和出血；扁桃体常见出血或坏死。

慢性咽型炭疽：猪多在宰后检验中发现慢性炭疽。据上海食品公司调查，该型炭疽头、颈部检出率占87.2%。其特征变化是咽部发炎，以扁桃腺为中心，扁桃腺肿大、出血和坏死。咽背及颌下淋巴结肿大、出血和坏死，切面干燥、无光泽，呈黑红或砖红色，有灰色或灰黄色坏死灶。周围组织有大量黄红色胶样浸润。

发生猪疽后，立即向主管部门上报，迅速查明疫情，作出诊断，采取坚决措施，尽快扑灭疫情。①划定疫区、疫点，进行隔离、封锁，并严格执行封锁时的各项措施；在最后一头病猪死亡或痊愈后半个月，报请上级批准解除封锁，并进行一次大清扫和消毒。②对污染的圈舍、饲养管理用具等进行严格消毒；污染的

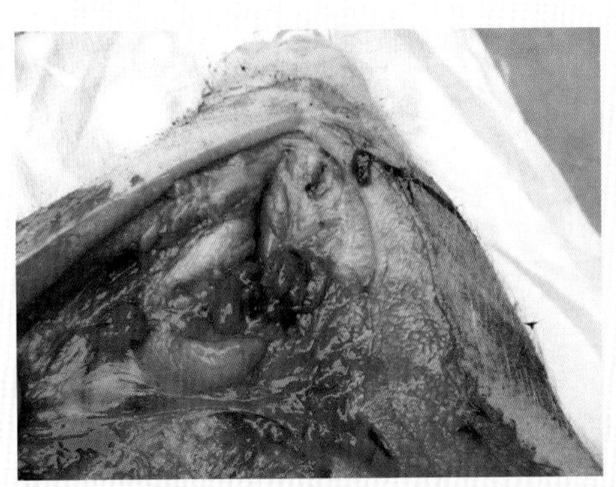

图2-20-6 颌下淋巴结出血，皮下、肌肉及浆膜有红色或黄红色胶样浸润

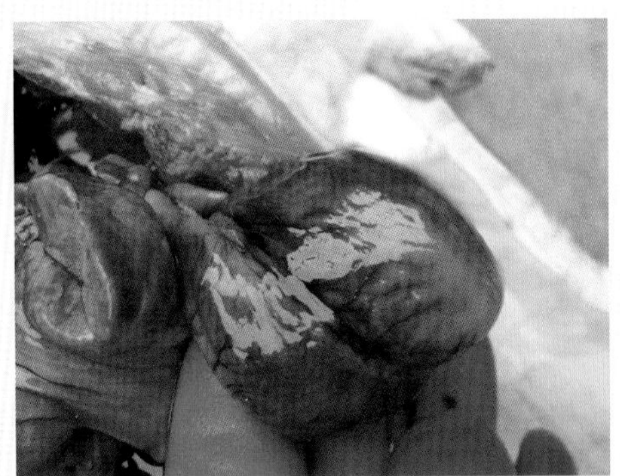

图2-20-7 心肌充血、出血

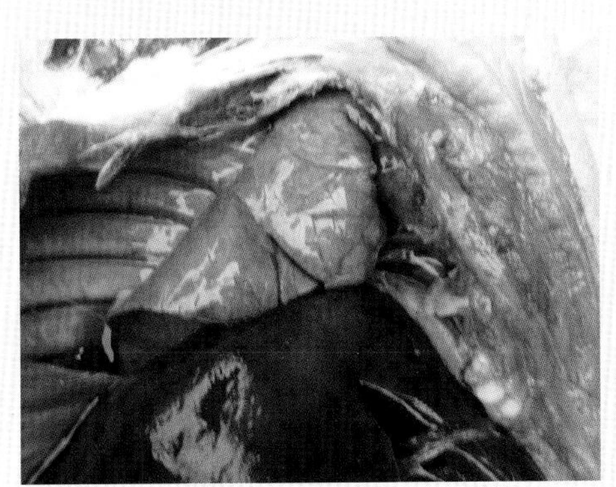

图2-20-8 肺充血、水肿

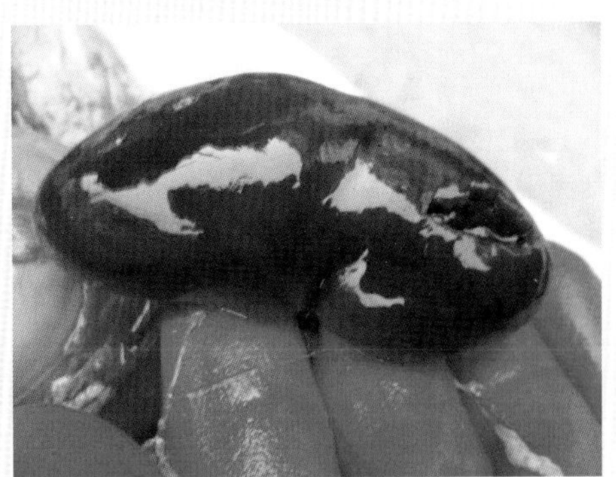

图2-20-9 肾脏弥漫性充血、出血

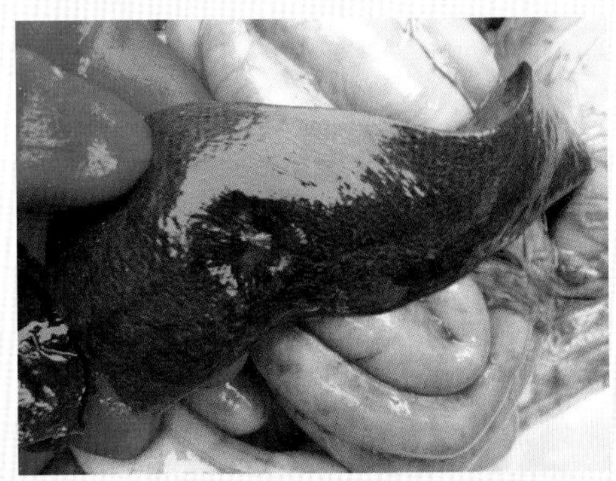

图2-20-10 脾脏肿大，包膜紧张，呈黑紫色

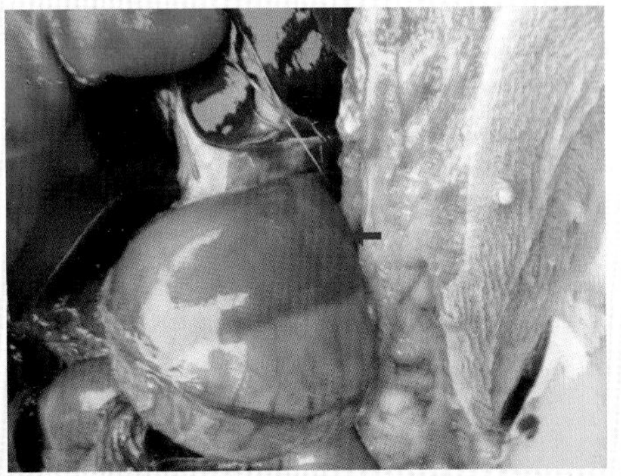

图2-20-11 胃有出血性炎症

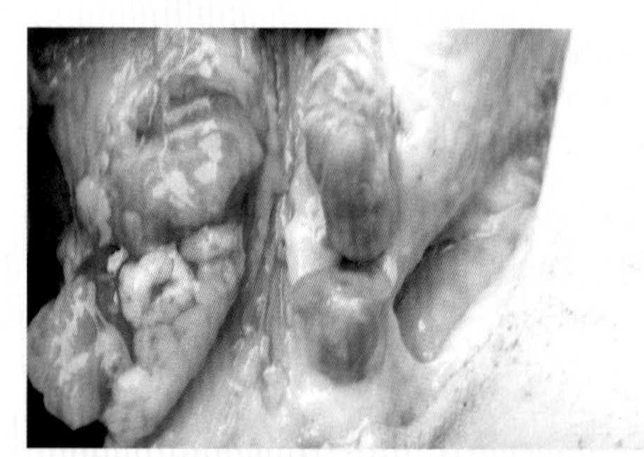
图2-20-12 腹股沟淋巴结肿大、出血

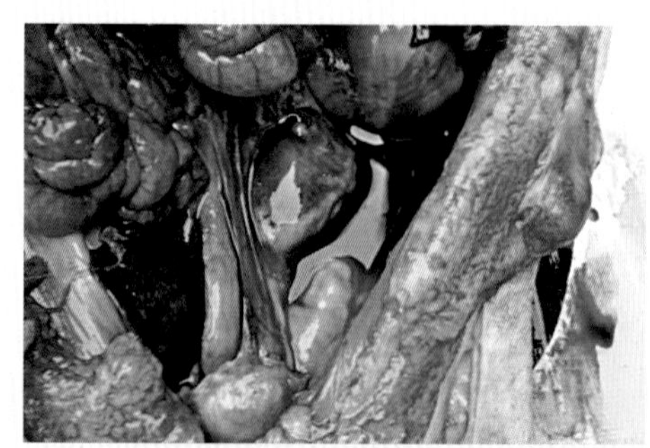
图2-20-13 血液黏稠，颜色为黑紫色，不易凝固

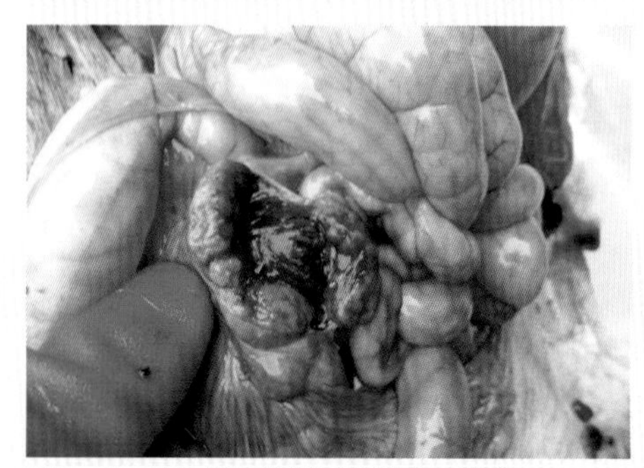
图2-20-14 肠系膜淋巴结肿大、出血

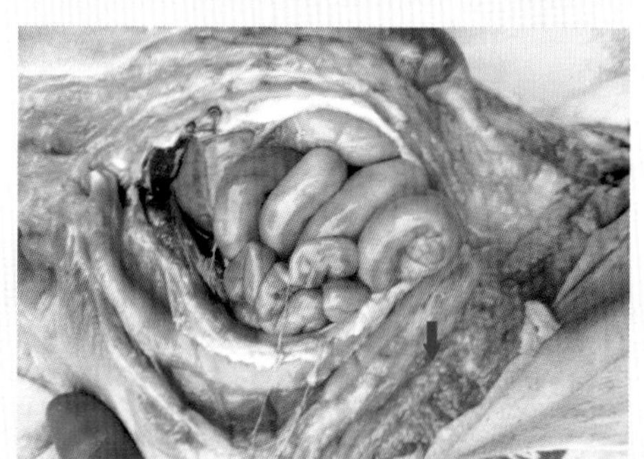
图2-20-15 皮下、肌肉及浆膜有红色或黄红色胶样浸润，并有数量不等的出血点

饲料、粪便、废弃物烧掉；尸体应焚烧或深埋（菌体因尸体腐败而死亡，但也可能遗留后患，保留病原）。③在屠宰检验中，发现猪炭疽时，立即停止生产流程，全厂或车间进行消毒，按规定对检出病猪的前后一定数量屠宰猪进行无害化处理。④加强工作人员的防护工作，一旦有发病者，及早送医院治疗。⑤严禁解剖病死家畜的尸体，必须销毁，其分泌物、排泄物、污染的场所、用具及尸体运输工具等应以漂白粉、苛性钠或升汞溶液消毒。

第二十一节　猪恶性水肿

猪恶性水肿是由以腐败梭菌为主的多种梭菌引起的多种家畜的急性传染病。

发病迅速，病情严重，具有很高的致死率。多为创伤局部发生急剧气性炎性水肿，并伴有发热和全身毒血症。该病的病原菌广泛存在于自然界，家畜肠道中和土壤中较多，成为传染源。病畜不能直接接触传染健康动物，但可污染外界环境。病畜的水肿部位发生破溃时，随水肿液或坏死组织排出大量病原体，污染环境。自然情况下，猪较少发生。不过，在去势、断尾、剪牙、打耳号、助产、预防注射或外科手术时，消毒不严便可引起发病。猪只还可通过吃进细菌芽孢，经消化道而受到感染。

一、临床实践

较少发病，临床应与葡萄球菌病相区别。

二、临床症状

临床上可见两种病型：一种为创伤感染，表现为局部弥漫性炎性水肿，初期坚实，有热感、疼痛；后期变为不热，触诊局部较柔软，用力可见水肿凹陷，用于捻动时，有明显的捻发音。病猪表现体温升高、精神不振、食欲废绝等全身症状，重者1～2天死亡。另一种为胃型，也称快疫型，主要是由胃黏膜感染，使胃黏膜肿胀、增厚，形成所谓的“橡皮胃”。有时病菌也可进入血流，转移至某部肌肉，局部出现气性炎性水肿和弓起跛行，全身症状明显。本病例常呈急性经过，多在1～2天死亡（图2-21-1至图2-21-3）。

图2-21-1 病变区域紫红色，初期疼痛发热，继而发凉

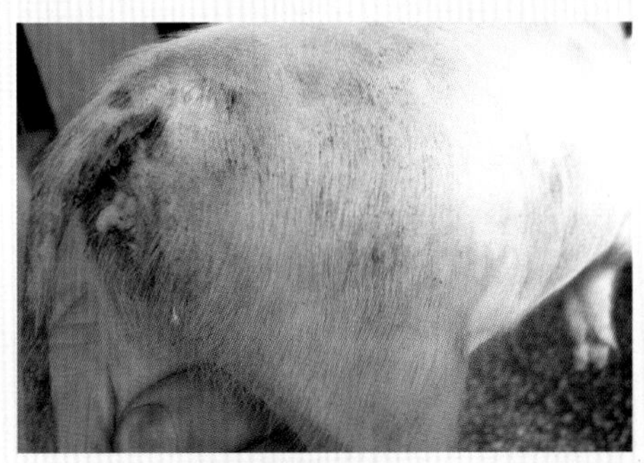

图2-21-2 有的患猪可见腹泻

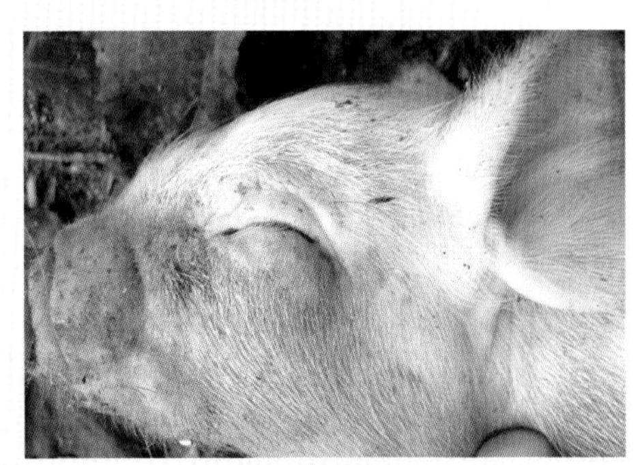
图2-21-3 **皮肤瘀血和水肿**

三、剖检变化

剖检可见发病部位弥漫性水肿，患部可见皮下和肌肉间结缔组织有污黄色或红褐色液体浸润，其味酸臭，并含有气泡；肌肉呈白色，似煮过，松软易于撕裂，有的呈暗褐色。实质器官变性，心脏、肝脏、肾脏浊肿；淋巴结肿大，特别是感染局部的淋巴结急性肿大，切面充血、出血。血凝不良，心包和腹腔有多量积液。如为胃部感染，则见胃壁增厚，质如橡皮样，故有“橡皮胃”之称。胃黏膜潮红、肿胀，黏膜下与肌层间充有淡红色并混有气泡的液体。肝组织多半也含有气泡（图2-21-4至图2-21-13）。

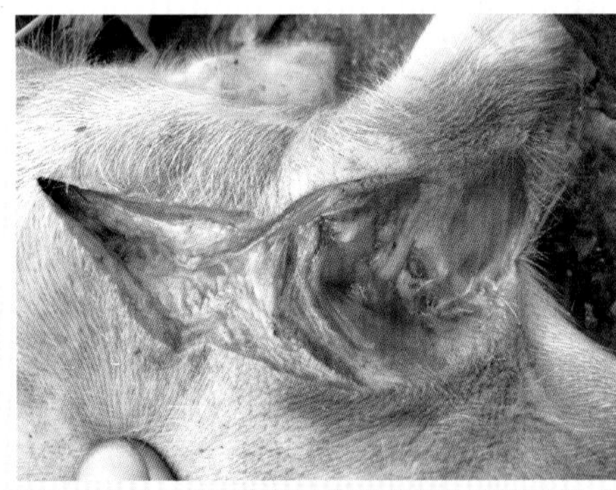
图2-21-4 **皮下和肌肉间结缔组织有污黄色或红褐色液体浸润，其味酸臭，并含有气泡**

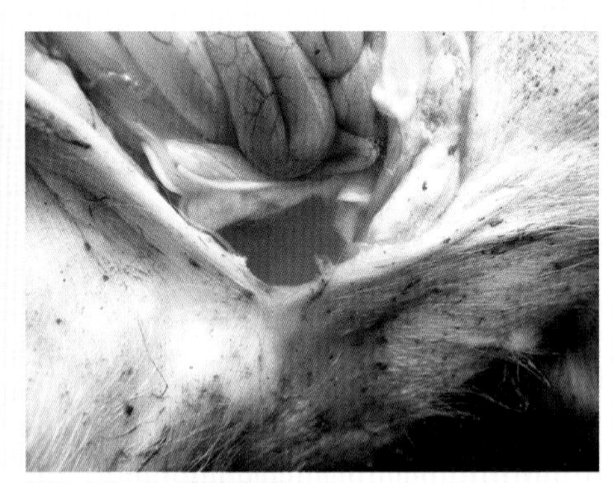
图2-21-5 **腹腔积液**

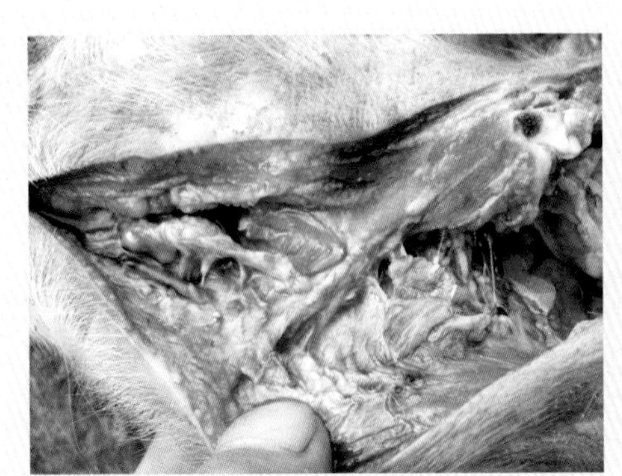
图2-21-6　肌肉似煮过，松软易于撕裂，有的呈暗褐色

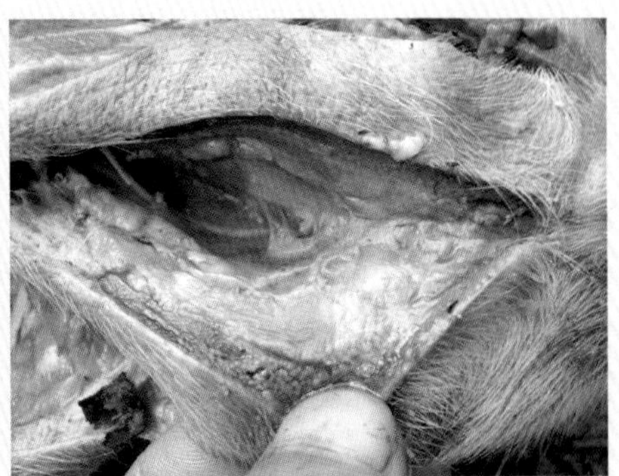
图2-21-7　皮下组织腐败并有异味

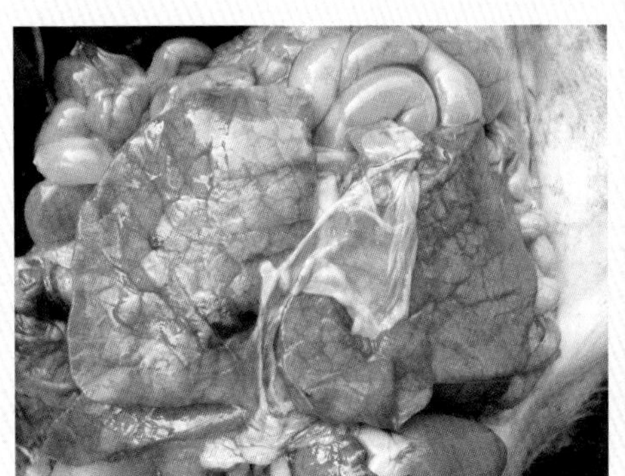
图2-21-8　肺隔叶面见出血斑

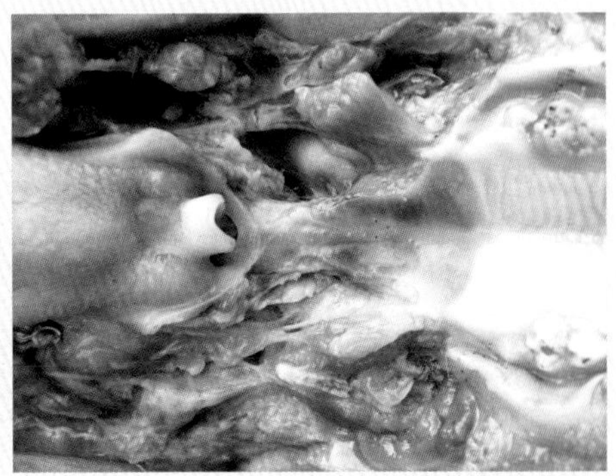
图2-21-9　扁桃体出血，并与会厌软骨周围出现坏死

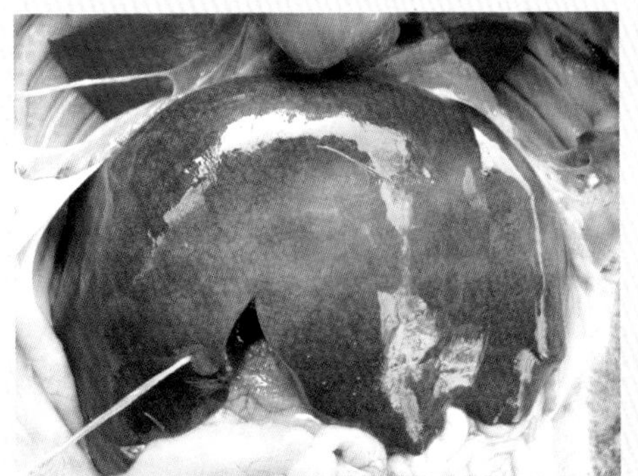
图2-21-10　肝脏浑浊肿胀，有灰褐色病灶

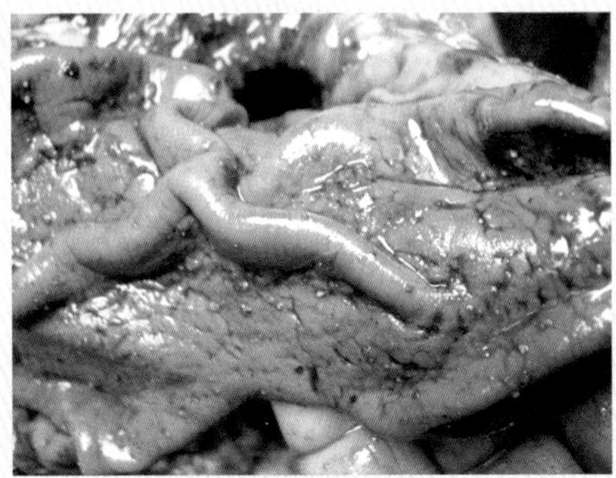
图2-21-11　胃壁增厚（橡皮胃）

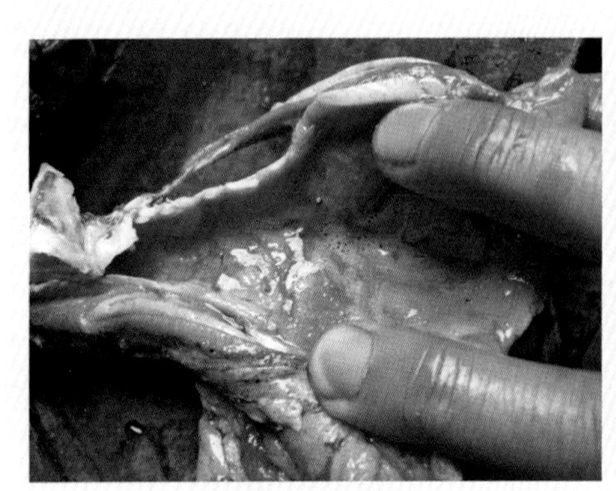

图2-21-12 气管内泡沫液体

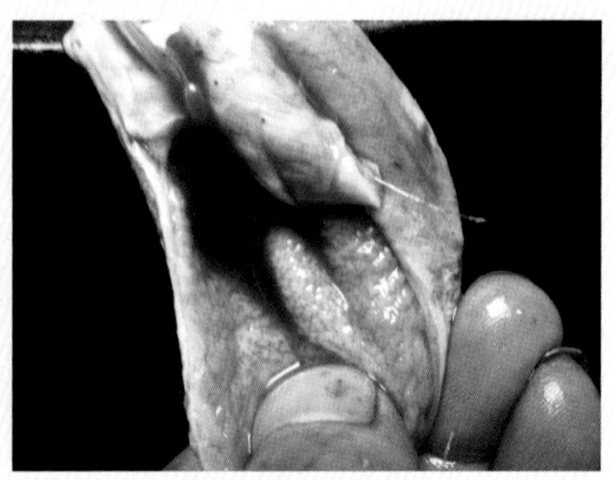

图2-21-13 膀胱内褐色浑浊尿液

四、防治

注意防止外伤，养猪生产中在进行去势、断脐带、剪牙、断尾、注射及外科手术等工作时，要严格消毒，并对外伤及时处理。对病猪创口排出的水肿液、坏死组织及废弃物应消毒和烧毁。病猪污染的猪舍、场地和用具，可用2%氢氧化钠溶液或1%漂白粉溶液等消毒；粪便、剩余的饲料及死亡尸体应焚烧或加入消毒药液后深埋。对病猪水肿部位，可切开、扩创，清除异物和坏死组织，用1%~2%高锰酸钾溶液或3%过氧化氢液反复冲洗，消毒。清洗干净后，创口内撒青霉素、磺胺粉、磺胺碘仿合剂等，以后每天可按常规的外科治疗方法进行。根据患病猪只的具体情况，进行综合的全身和对症疗法，用青霉素或磺胺类药物均可。严重病例，同时进行强心、补液、解毒等支持治疗。

第二十二节　猪大叶性肺炎

猪大叶性肺炎，又称格鲁希性生肺炎或纤维素性肺炎，猪常见病。大多由病原微生物引起，以肺泡内纤维蛋白渗出为主要特征（纤维素性炎症）。临床表现为发病急骤，恶寒，高热稽留，流铁锈色鼻液，大片肺浊音区及定型经过。病因有：①肺炎链球菌、链球菌、绿脓杆菌、巴氏杆菌等可引起猪的大叶性肺炎；

②当动物受寒、感冒，吸入有害气体，长途运输时，机体抵抗力下降，呼吸道黏膜的病原微生物即可致病；③猪瘟、猪肺疫等疾病也可继发大叶性肺炎。

一、临床实践

病变多发生于尖叶、心叶、隔叶等下部，以肋面居多，亦可只发生于隔叶中后肋面。常为两侧性，多不对称。外观特点：感染组织一般高出邻近正常组织。由于发炎的小叶病程不一致，加上水肿增宽的间质夹杂其中，故呈大理石样的外观，切面亦然。临床上还常见到单一的红色肝变期或灰色肝变期的病变，并不呈现大理石样的外观。

二、临床症状

精神沉郁，食欲废绝，结膜充血、黄染；呼吸困难，鼻翼扇动。频率增加，呈腹式呼吸；体温升高达41～42℃，呈稽留热型，脉搏增加。典型病例病程明显分为四个阶段，即充血期、红色肝变期、灰色肝变期和溶解期，在不同阶段症状不尽相同。充血期胸部听诊呼吸音增强或有干啰音、湿啰音、捻发音，叩诊呈过清音或鼓音；在肝变期流铁锈色鼻液，大便干燥或便秘，可听到支气管呼吸音，叩诊呈浊音；溶解期可听到各种啰音及肺泡呼吸音，叩诊呈过清音或鼓音，肥猪不易检查（图2-22-1至图2-22-2）。

图2-22-1 患猪突然高热稽留，寒战

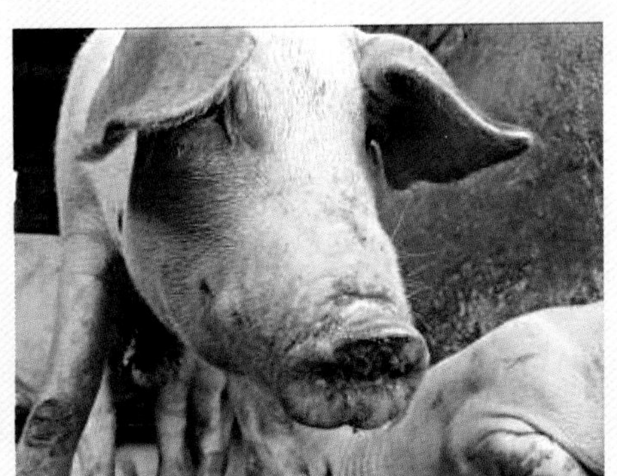

图2-22-2 流污秽鼻液

三、剖检变化

大体病变，分为四期：

1. 充血水肿期　肺脏略增大，有一定弹性，病变部位肺组织呈褐红色，切面光泽而湿润，按压流出大量血样泡沫。将切取的一小块投入水中，其呈半沉的状态（图2-22-3至图2-22-4）。

2. 红色肝变期　发炎肺区变硬。如肝脏质地，呈暗红色，高出肺缘更明显，切面干燥，呈颗粒状；小叶间质增宽水肿，切面呈串珠状凝固的淋巴液小滴；切块沉入水底；胸膜无光泽，有灰白色纤维素渗出物附着，胸膜呈暗红色至黑红色，胸膜下组织水肿（图2-22-5至图2-22-11）。

图2-22-3　肺脏略增大，有一定弹性，表面光泽

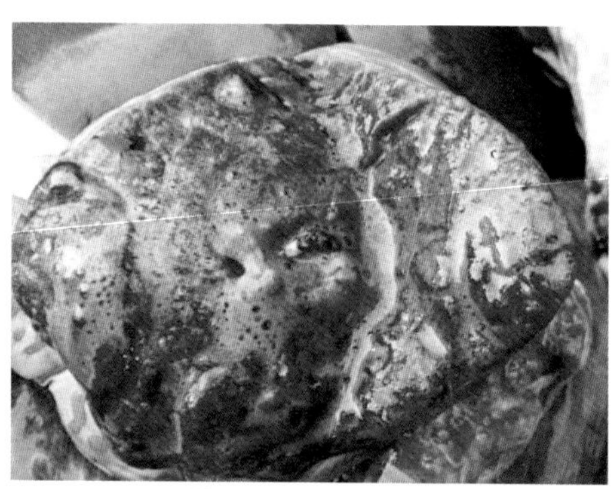

图2-22-4　肺切面流出大量血样泡沫

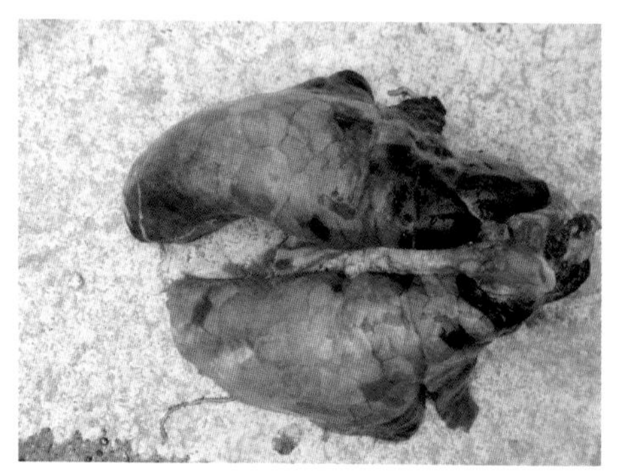

图2-22-5　发炎肺区变硬、质地如肝，暗红色，明显高出肺缘

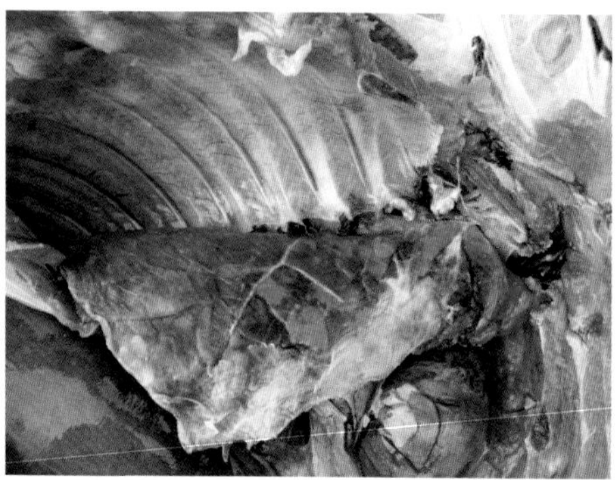

图2-22-6　不同病期的大理石和纤维素病变

图2-22-7 切面干燥，呈颗粒状

图2-22-8 小叶间质增宽水肿，切面呈串珠状凝固的淋巴液小滴

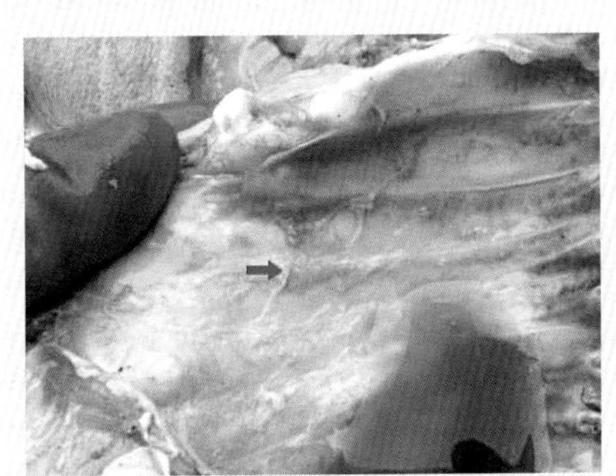

图2-22-9 胸膜无光泽，有灰白色纤维素渗出物附着

图2-22-10 切面大理石状外观

图2-22-11 切面干燥，颗粒状，质如肝

3. 灰色肝变期 病变部呈灰色（灰色肝变）或黄色肝变，肿胀，切面干燥，颗粒状突出更明显。为灰黄色花岗岩一样，质地坚实如肝，投入水中完全下沉（图2-22-12至图2-22-13）。

4. 溶解期 病灶多呈灰黄色，组织较前期缩小，质地变软，切面变得湿润，颗粒状外观消失，挤压可留出脓样液体。若有肉芽生长，病灶则呈肉样质地，呈褐色，体积缩小，低于肺缘，切面平，无渗出液流出（图2-22-14）。

四、防治

该病的治疗方法基本同支气管肺炎，主要是抗菌消炎、制止渗出、促进渗出物吸收。该病发展迅速，病情加剧，在选用抗菌消炎药时，要特别慎重，应先做药敏试验再选择抗菌药，并且不要轻易换药。新胂凡纳明有较好的疗效，1.5～2.5克用5%温葡萄糖生理盐水溶解缓慢静脉注射。不得漏出血管外，用前可先肌内注射10%安钠咖10～20毫升。也可采用10%磺胺嘧啶钠溶液30毫升、40%的乌洛托 20～40毫升、5%糖盐水100～300毫升，一次静脉注射，每日1次。对症治疗，静脉注射10%的氯化钙或葡萄糖酸钙溶液以促进炎性产物吸收，使用安钠咖强心、呋塞米利尿。咳嗽剧烈时应止咳。

预防时，应加强饲养管理，增强猪的抗病能力，避免受寒冷刺激。一旦发现各种传染性原引起的发病，要积极治疗，以防并发猪大叶性肺炎和相互感染。

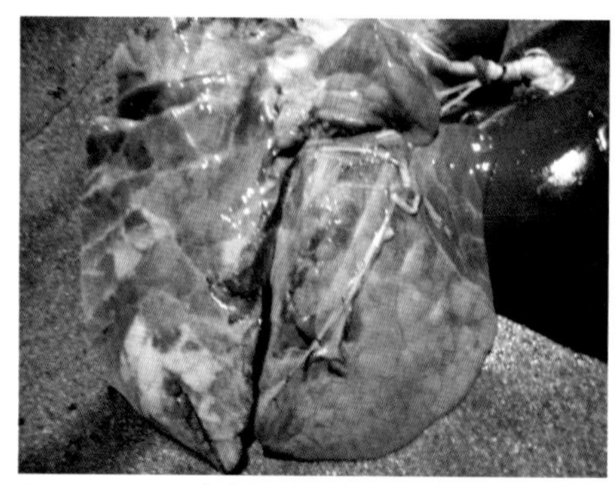
图2-22-12 病变部呈灰色或黄色肝变

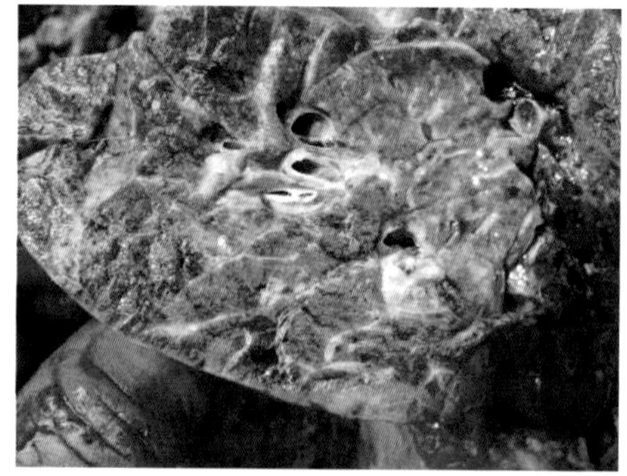
图2-22-13 切面干燥，为灰黄色花岗岩一样，质地坚实如肝，颗粒状突出更明显

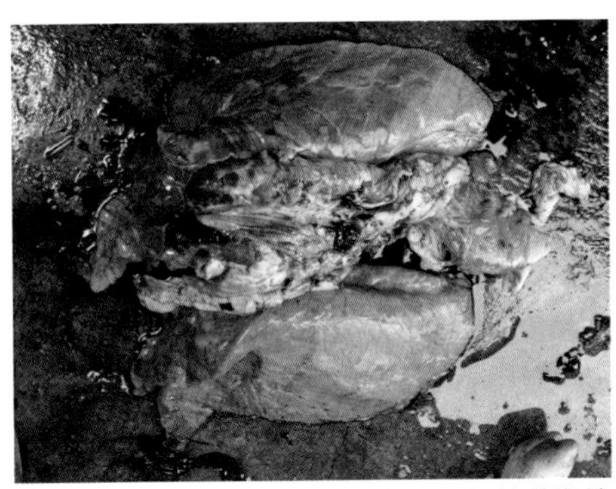

图2-22-14 病灶多呈灰黄色，组织较前期缩小，质地变软

第二十三节 猪小叶性肺炎

猪小叶性肺炎是发生于个别肺小叶或几个肺小叶及其相连接的细支气管的炎症，又称为支气管肺炎或卡他性肺炎。一般多由支气管炎的蔓延引起。临床上的主要特征是：出现弛张热型，呼吸次数增多，叩诊有散在的局灶性浊音区和听诊有捻发音，肺泡内充满由上皮细胞，血浆与白细胞等组成的浆液性细胞性炎症渗出物等。本病以仔猪和老龄猪更常见，多发于冬春季节。发病原因主要是受寒冷刺激，猪舍卫生不良，饲养管理不当，应激情况下机体抵抗力降低，以及内源性、外源性细菌大量繁殖所致；也可继发或并发于其他疾病，如仔猪流行性感冒、口蹄疫、猪瘟、猪肺疫、猪丹毒、猪副伤寒、子宫炎、乳房炎、肺丝虫等；另外异物及有害气体刺激也可导致该病的发生。

一、临床实践

体温呈弛张热型，病猪精神沉郁，食欲减退或废绝，体温升高1.5～2℃，但部分病畜可能由于体质过于衰弱，反应性降低，体温无明显变化。病猪肺炎面积越大，呼吸困难程度越高，多呈混合性呼吸困难。

二、临床症状

病猪表现精神沉郁，食欲减退或废绝，结膜潮红或蓝紫，体温升高至 40℃以上，呈弛张热型或有时为间歇热；随着体温的变化脉搏也有所改变，初期稍强，以后变弱；呼吸困难，并且随病程的发展逐渐加剧；本病固定症状为咳嗽，病初表现干咳带痛，后变弱，继而变为湿长咳嗽，但疼痛减轻或消失。初流浆液性鼻液后转灰白色黏液性或黄白色脓性鼻液（图2-23-1至图2-23-2）。

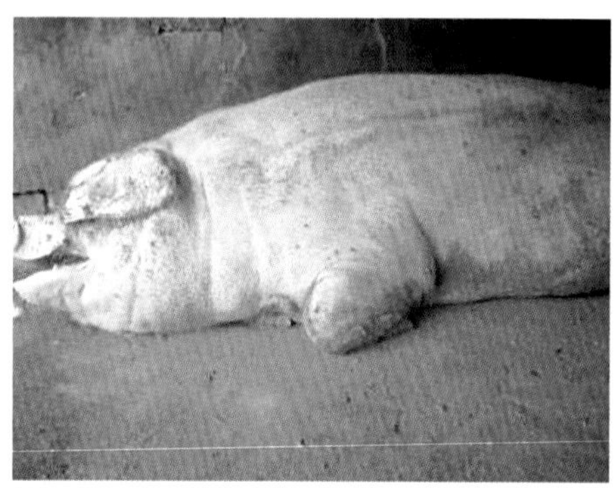

图2-23-1 患猪咳嗽，气喘；病初表现干咳带痛，随后变弱

图2-23-2 患猪鼻液由浆液性转为灰白色或黄白色脓性

三、剖检变化

病变发生的部位是一个或一群肺小叶，发生于尖叶、心叶、中间叶、膈叶的前腹侧。若为气道传播可见扇形状分布的病灶；若有淋巴管蔓延发炎，可见小叶邻近出现间质性炎症区；若为血源性散播，则在更广泛区域乃至全肺可见小叶性病变。早期可能无明显肉眼病变。随后病情发展，发炎的小叶肿大，隆起，质地较实，呈紫红色。病灶小叶周围有高出的灰白色代偿气肿区或塌陷的肉样实变，病灶的形状不规则，散布在肺的各处，呈岛屿状。依其炎症渗出物不同，其颜色还可为灰红色、灰黄色。切面粗糙、湿润，炎性小叶突出于切面，如肉样，无凝胶颗粒。从细支气管内可挤出黏液或黏液脓性分泌物（化脓性炎症）。当小叶炎

症处于不同时期时，由于多种病变混杂存在，因此可构成多色彩的斑驳外观。发炎小叶若为灰白色，则多为慢性炎症或有继发感染。肺叶出现裂隙，是小叶性肺炎的特有外观。有些支气管肺炎由于发生的原因和条件不同，因而具有不同的异物，如吸入性肺炎、真菌性肺炎等。剪取的病组织投入水中可下沉（图2-23-3至图2-23-10）。

四、防治

1. 预防　加强耐寒锻炼，防止感冒，保护猪只免受寒冷、贼风、雨淋和潮湿等的侵袭。平时应注意饲养管理，给猪饲喂营养丰富、易于消化的饲料。注意圈舍卫生并保持通风透光，空气新鲜清洁，以增强猪的抵抗力。此外，应加强对可能继发本病的一些传染病和寄生虫病的预防和控制工作。

2. 治疗　本病的治疗原则是抑菌消炎、祛痰止咳、制止渗出、对症治疗、改善营养、加强护理等。病因复杂，主要是查出病因，积极治疗原发病。

①抑菌消炎　治疗前最好采集鼻液做细菌药敏试验，根据结果选择敏感药物。一般用20% 磺胺嘧啶钠10～20毫升，肌内注射，每日2次，连用数天；或青霉素80万～160万国际单位和链霉素100 万国际单位肌内注射，每日2次，连用数天。

②祛痰止咳　当病猪频繁出现咳嗽且鼻液黏稠时，可口服溶解性祛痰剂。常用氯化铵及碳酸氢钠各 1～2克，溶于适量生理盐水，1次灌服，每日3次。若频发痛咳而分泌物不多时，可用镇痛止咳剂，常用的有复方樟脑酊 5～10毫升，口服，每日2～3 次；或用咳必清等止咳剂。

③制止渗出　静脉注射10% 葡萄糖酸钙10～20毫升，每日1次，对制止渗出和促进渗出液吸收有较好的效果。溴苄环己铵能使痰液黏度下降，易于咳出，从而减轻咳嗽，缓解症状。

④支持疗法　体质衰弱时，可静脉输液25%的葡萄糖注射液 200～300毫升；心脏衰弱时，可皮下注射 10% 安钠咖 2～10毫升，每日3 次。

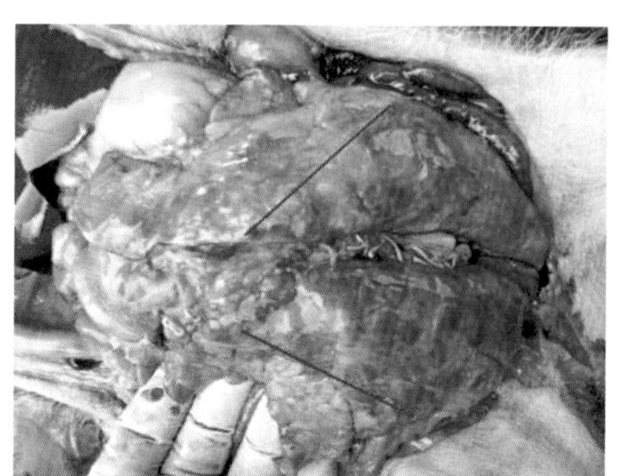

图2-23-3　气道传播呈扇形炎症区

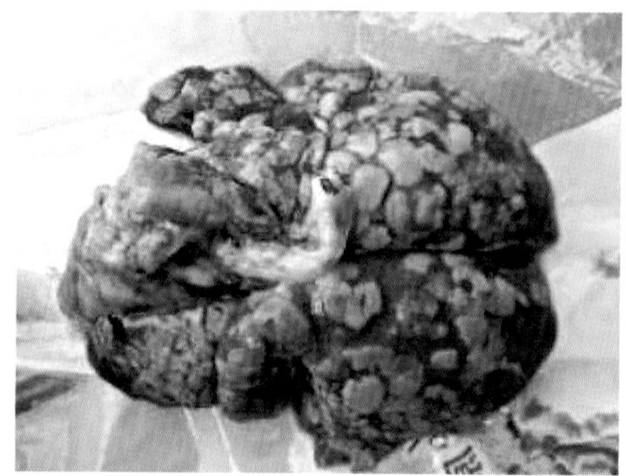

图2-23-4　血源性散播区域广泛，全肺见小叶性病变

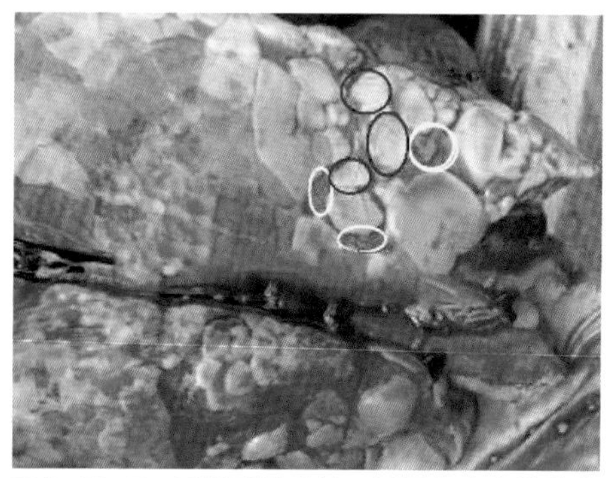

图2-23-5　不规则的病灶，周围有高出的代偿气肿区（黄色区域代表病灶，蓝色区域代表代偿气肿区）

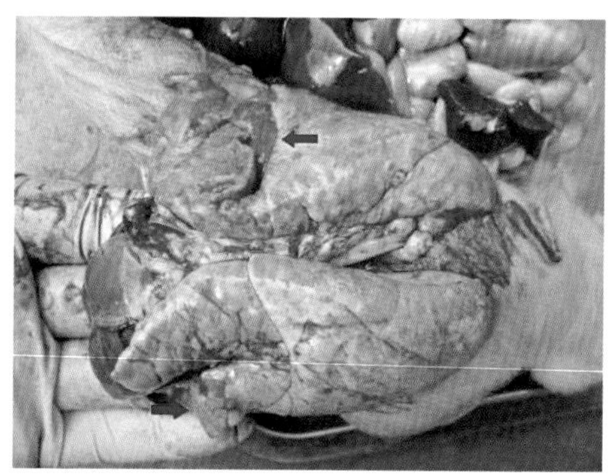

图2-23-6　主要侵害心叶、尖叶和隔叶前下方，肺表面见裂隙

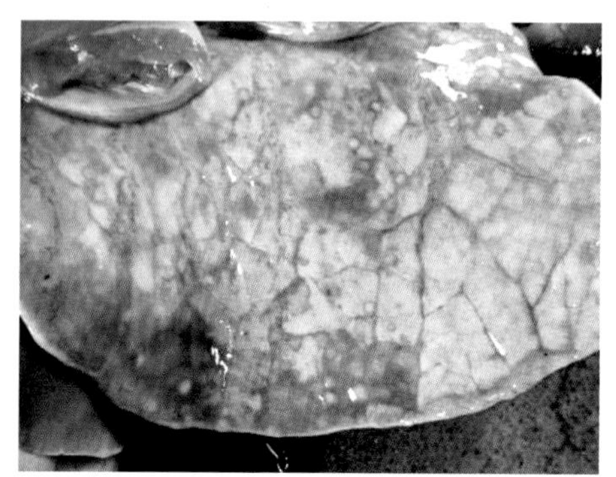

图2-23-7　肺呈灰红色，多彩状化脓性炎症

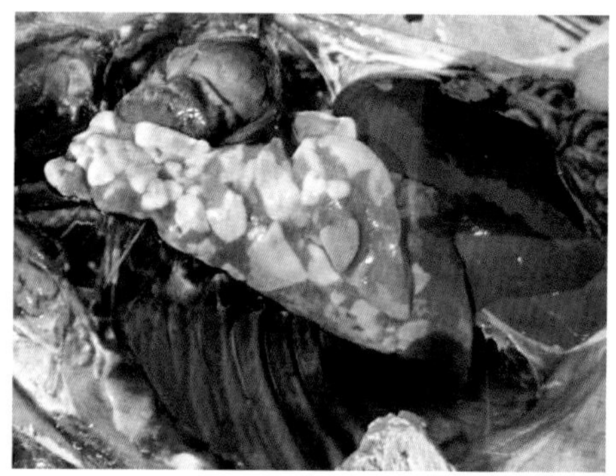

图2-23-8　代偿性气肿

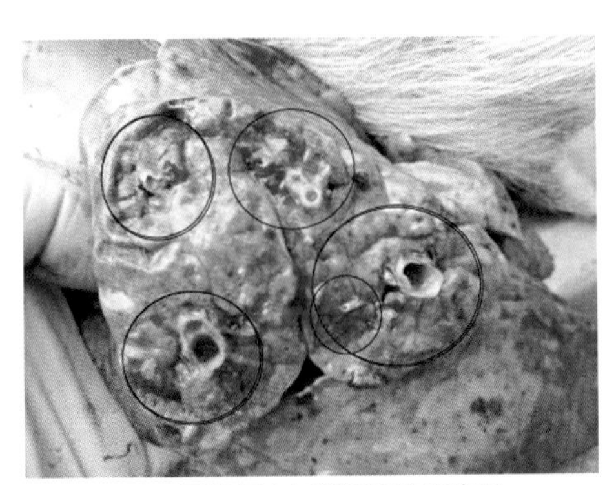
图2-23-9 围绕细支气管周围的炎症区

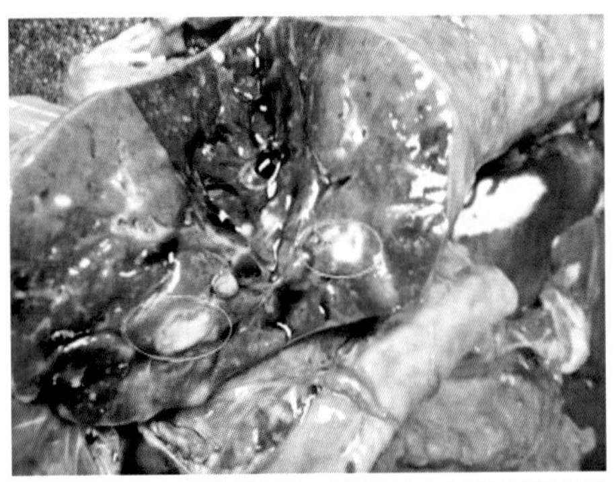
图2-23-10 质地较硬，挤压时支气管中流出黏液脓性渗出物

03

第三章

寄生虫疾病

第一节 猪蛔虫病

猪蛔虫是常见的内寄生虫，是猪消化道内最大的寄生虫，常给养猪业带来严重的经济损失。成虫长达15～40厘米，寄生于小肠肠腔或胆管中，猪只可经过被污染的料、饮水、泥土而受到感染。亦可黏附母猪的乳房，仔猪哺乳时受到感染。虫卵被猪吞食后先在小肠孵化，然后进入肝脏，再经血流移行至肺脏，最后重新进入小肠发育成为成虫。感染后35～60天，成虫开始排卵，自粪中排出的虫卵在3～4星期后会有感染力。

一、临床实践

目前蛔虫病已经被纳入正常预防轨道，只有极个别散养户养的猪发病。不过，有一个病例是猪出现神经症状，该户按链球菌脑炎治疗，因为蛔虫引起猪的神经症状很少见。近几年也发现30日龄左右猪感染蛔虫现象，大多是在仔猪呕吐物中发现。幼虫期致病时，病猪出现发热、咳嗽、哮喘等症状。成虫期致病时，病猪常有食欲不振、消瘦、恶心、呕吐及间歇性脐周疼痛（从弓背感觉）等表现，另外也可见皮肤瘙痒、荨麻疹、血管神经性水肿及结膜炎等症状。发酵作用并不能完全杀灭虫卵，但对虫卵发育有抑制作用。因此，发酵床养猪仍需注重驱虫。实际养猪工作中，笔者还发现40日龄的仔猪呕吐物中含有成虫，大家应注意。

二、临床症状

病猪食欲差、精神不振、异嗜、消瘦、贫血、被毛粗乱及拉稀等。幼虫移行至肺时，患猪表现咳嗽，呼吸增快及体温升高。幼虫移行肺部时，患猪表现为咳嗽，发热，畏寒，乏力。严重病例可出现哮喘样发作，咽部有异物感，吼喘，犬坐呼吸，以及荨麻疹。进入胆管的成虫可引起胆道阻塞，使病猪出现黄疸。成虫寄生在小肠时可机械性地刺激肠黏膜，引起腹痛。病猪伏卧在地，不愿走动，有多食、厌食或异食癖等。成虫分泌的毒素，作用于中枢神经和血管，可引起一系列神经症状。另外，成虫夺取猪大量的营养，使仔猪发育不良，生长受阻，被毛粗乱，贫血，可形成“僵猪”，严重者能导致仔猪死亡（图3–1–1至图3–1–6）。

图3-1-1 经产母猪感染后，临床一般不表现症状，只是便中带虫

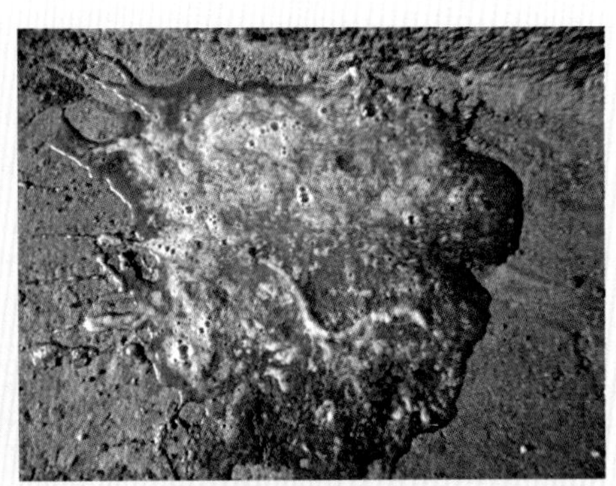

图3-1-2 断奶仔猪呕吐物含虫体

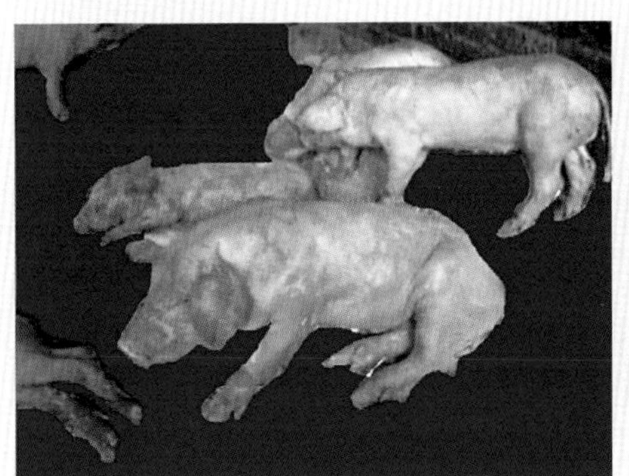

图3-1-3 病猪被毛粗乱及异嗜、消瘦、贫血

图3-1-4 成虫能分泌毒素，作用于中枢神经和血管，引起一系列神经症状

图3-1-5 病猪虽然瘦弱，但腹围增大

图3-1-6 幼虫移行时还引起嗜酸性粒细胞增多，出现荨麻疹

三、剖检变化

病变一般限于肝脏、肺及小肠，幼虫移行至肝脏时，引起肝组织出血、变性和坏死，形成云雾状的蛔虫斑，即“乳斑肝”。肺有萎陷、出血、水肿、气肿区域，肺部在感染移行期可见出血或炎症。小肠内有多数蛔虫，黏膜红肿发炎。蛔虫大量寄生时可引起肠阻塞甚至破裂。有时蛔虫钻入胆道引起阻塞性黄疸（图3-1-7至图3-1-15）。

四、防治

1. 蛔虫卵能长久生存在不良及恶劣环境中。在土壤中可生存4~6年，在粪坑中最少能生存半年到1年，在污水中能存活5~8个月，在荫蔽的蔬菜上可存活数月之久，并可在土壤、蔬菜上越冬。控制蛔虫的感染相当困难。长期受到蛔虫侵扰的猪舍，应保持良好的环境卫生，彻底清洗猪栏，防止饲料、饮水被粪便污染。一般情况下每2个月给猪驱虫一次，成年猪每年定期驱虫2次。

2. 治疗或是预防驱虫感染，可采用阿维菌素、左旋咪唑及敌百虫等。

图3-1-7 幼虫移行至肝脏时，引起肝组织出血、变性和坏死

图3-1-8 肺出现萎陷、出血、水肿、气肿区域

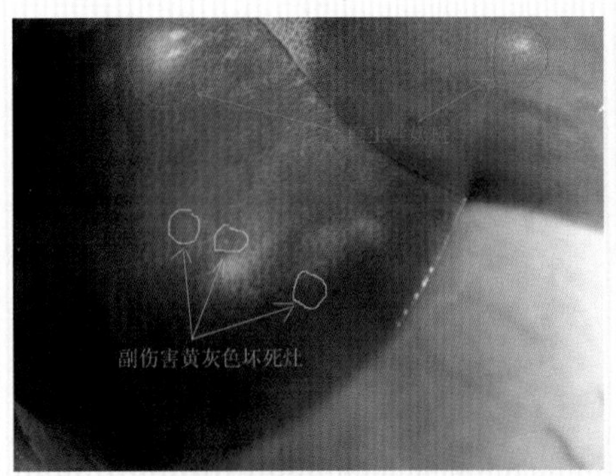

图3-1-9 激发副伤寒的病例，肝脏既有蛔虫性奶斑，也有副伤寒黄灰色坏死灶

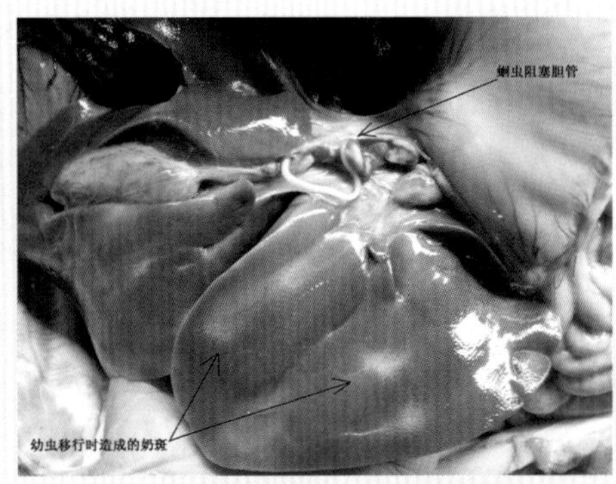

图3-1-10 误入胆管的成虫引起胆道阻塞，使病猪出现黄疸病症

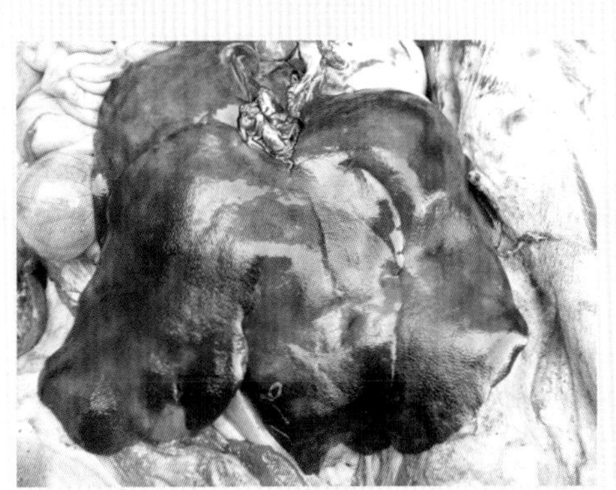

图3-1-11 幼虫移行至肝脏时，引起肝组织出血、变性和坏死

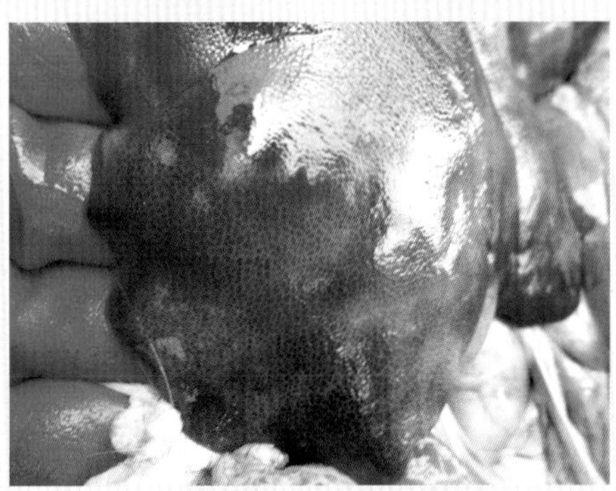

图3-1-12 幼虫移行至肝脏时，形成云雾状的蛔虫斑

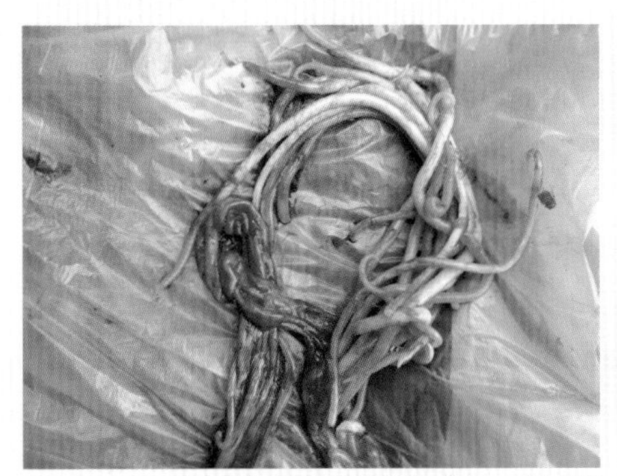

图3-1-13 蛔虫数量多时常凝集成团，堵塞肠道，导致肠破裂

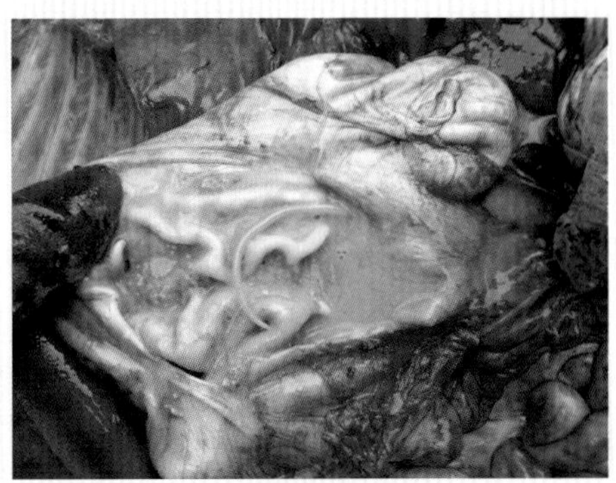

图3-1-14 胃中也可见虫体

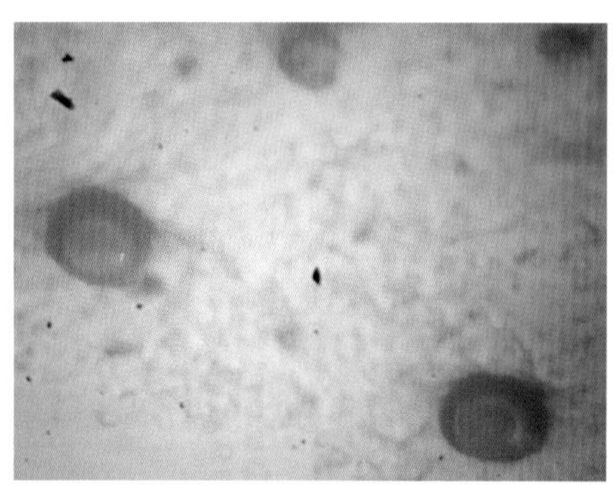
图3-1-15 低倍显微镜下的蛔虫虫卵（粪便饱和盐水浮集法）

第二节 猪疥癣

猪疥癣是由疥螨科的疥癣虫潜伏于皮肤内引起的慢性外寄主虫病。其重要的临床症状是瘙痒，可使皮肤发生红点、脓疱、结痂、龟裂等。

一、临床实践

该病为猪皮肤病中较普遍的一种，目前猪场很少不受疥螨虫侵扰且容易诊断和治疗。但因发病季节是在冬季，散养户或规模户有在该季节圈舍垫草习惯，因此个别户会怀疑猪出现了过敏或湿疹等皮肤病。本病易与渗出性皮炎混淆，最明显的鉴别是疥癣表现剧痒。

二、临床症状

秋末冬初至冬末春初最易发病。初期皮肤出现小的红斑丘疹。四肢内侧较为严重，可导致皮肤发炎发痒，常见落屑、患部摩擦而出血、脱毛。皮肤呈污灰白色，干枯，增厚，粗糙有皱纹或龟裂，失去弹性，有痂皮。剧痒，常在墙壁、护栏等处摩擦止痒。如不及时治疗，病猪生长停滞，休息不充分，精神萎靡，日渐消瘦，皮肤破坏严重时，可引起内毒素中毒死亡。角化过渡性螨病病变主要见于成年猪（图3-2-1至图3-2-6）。

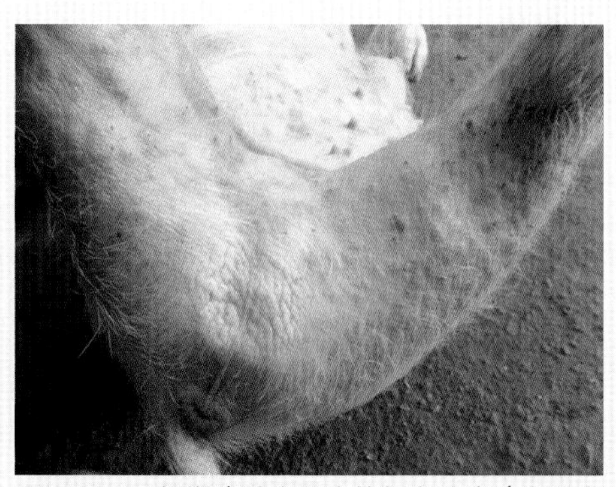

图3-2-1 初期皮肤出现小的红斑丘疹（大腿内侧较为严重）

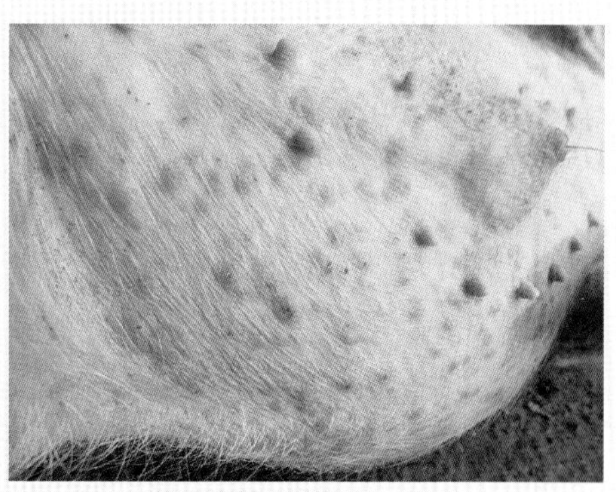

图3-2-2 腹下皮肤出现红斑、丘疹

图3-2-3 病猪经常摩擦，使墙壁（红圈处）摩擦处发白（箭头处是摩擦脱落的皮屑）

图3-2-4 奇痒，发病猪常用蹄部挠痒

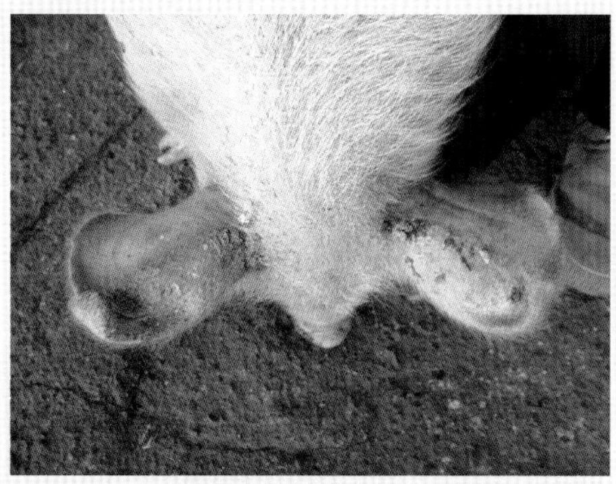

图3-2-5 初期症状为头部病变，受感染的部分是耳朵、眼周及鼻部

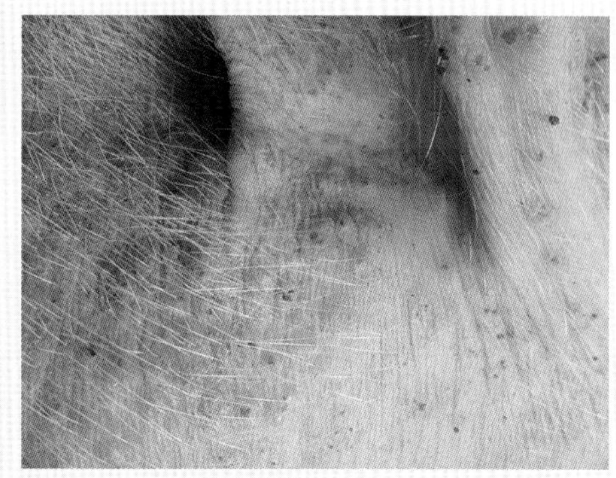

图3-2-6 腋窝较严重

三、防治

1. 预防

①从产房抓起，对产房消毒同时，也要用杀虫药物对产房进行处理；

②待产母猪先用药治疗后再移入分娩舍；

③对断奶仔猪必须进行预防性用药；

④新引进猪只必须经过用药治疗后再进场；

⑤种猪群（种公猪、种母猪）一年两次防治。

2. 治疗　阿维菌素、伊维菌素拌料间隔7天一次，连用3次。同时用敌百虫对圈舍（墙壁、地面用具等）喷雾，前2天每天1次；以后隔天1次，连用4次。

第三节　猪鞭虫病

猪鞭虫亦称为毛首线虫，常寄生于2～6月龄仔猪的大肠黏膜。大量寄生时，常引起患猪带血下痢。本病与猪痢疾并发会使病情加重。本虫分布广泛，长期以来一直是影响养猪业的发展。

一、临床实践

该病在农村散养户或规模户饲养的猪中较普遍，在没有感染其他病的情况下，造成死亡的情况很少见。因此，虽然感染率高，但由于没有得到重视，可造成不该有的损失。

二、临床症状

猪容易受到猪鞭虫的感染，轻者不表现临床症状；感染严重时，表现食欲减退，腹泻，粪便带有黏液和血液并常黏附与肛门周围或整个后躯。病猪消瘦、贫血和脱水，最后衰竭死亡（图3–3–1）。

图3-3-1　严重感染病例，病猪消瘦、贫血、皮肤皱缩、严重脱水

三、剖检变化

鞭虫感染时肠细胞受到破坏，黏膜层溃疡，毛细管出血，大肠黏膜坏死、水肿和出血，产生大量盲肠黏液，出现结肠溃疡，并形成肉芽肿样结节。剖检时可见大肠黏膜出血并有大量虫体（图3-3-2至图3-3-11）。

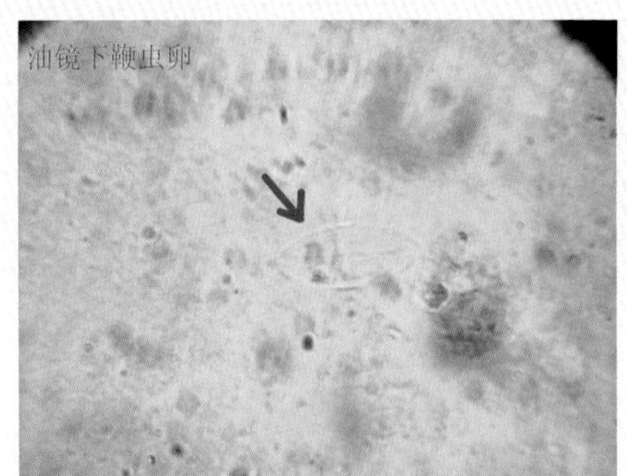

图3-3-2　油镜下不染色观察到的鞭虫卵

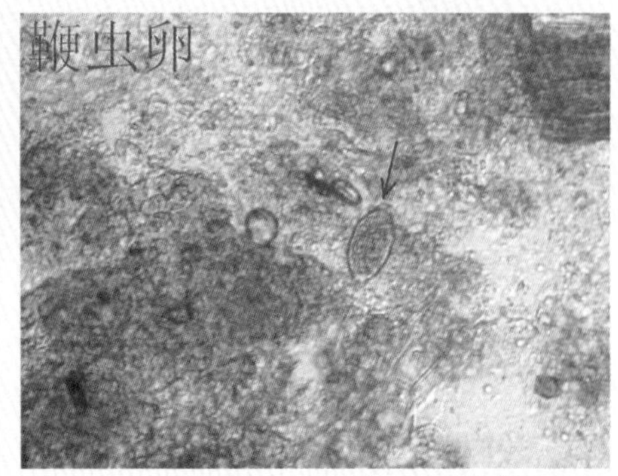

图3-3-3　低倍镜下，不染色观察到的鞭虫卵

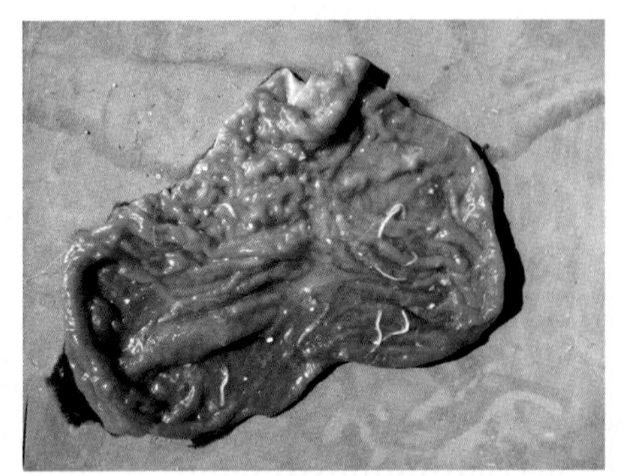

图3-3-4　剖检时盲肠黏膜出血及虫体

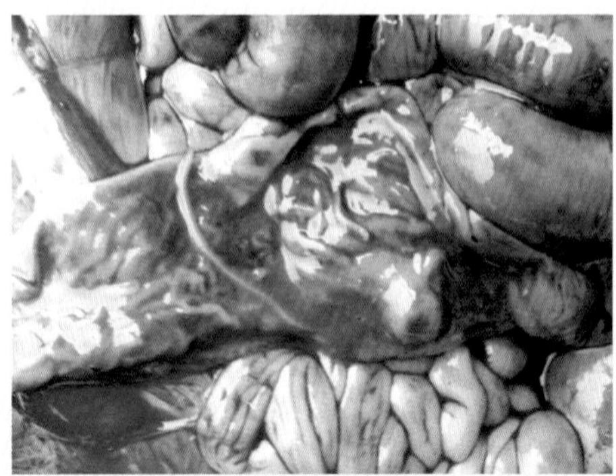

图3-3-5　鞭虫感染可引黏膜层溃疡，大肠黏膜坏死、水肿和出血，产生大量黏液

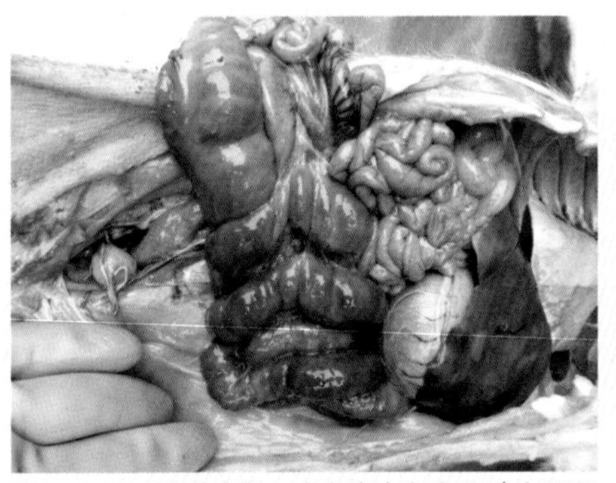

图3-3-6　严重病例，病变集中在大肠（大肠严重出血，呈褐红色）

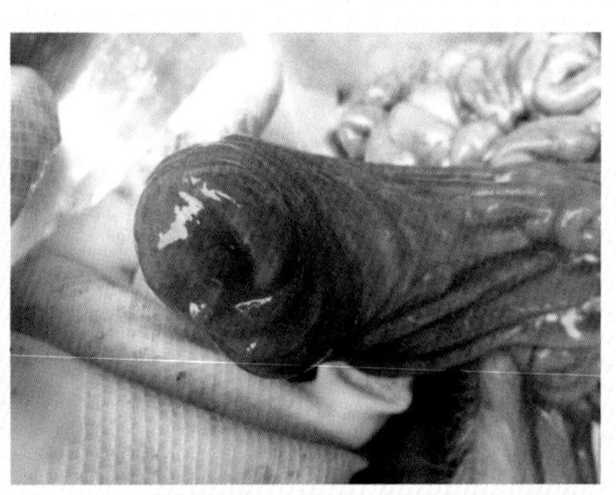

图3-3-7　严重病例，盲肠黏膜严重出血褐红色

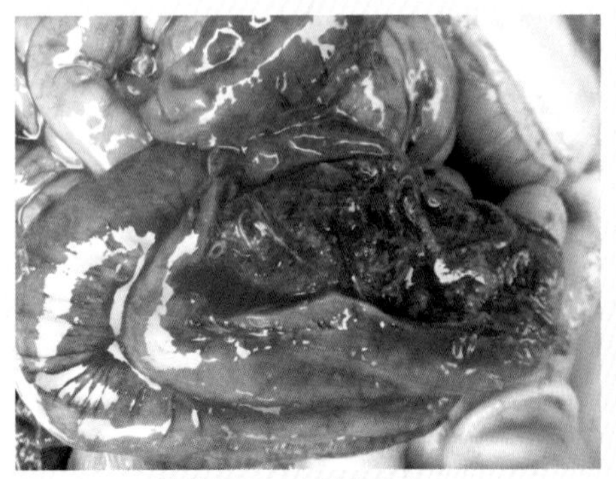

图3-3-8　黏膜坏死、水肿和出血

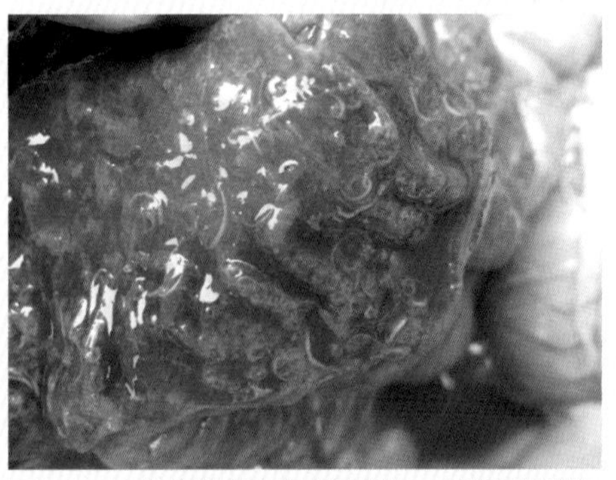

图3-3-9　结肠溃疡内有大量虫体、血液和絮状物

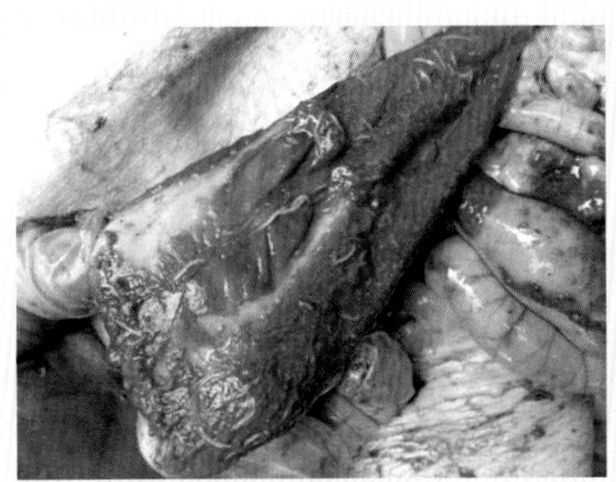
图3-3-10 大量虫体寄生在盲肠

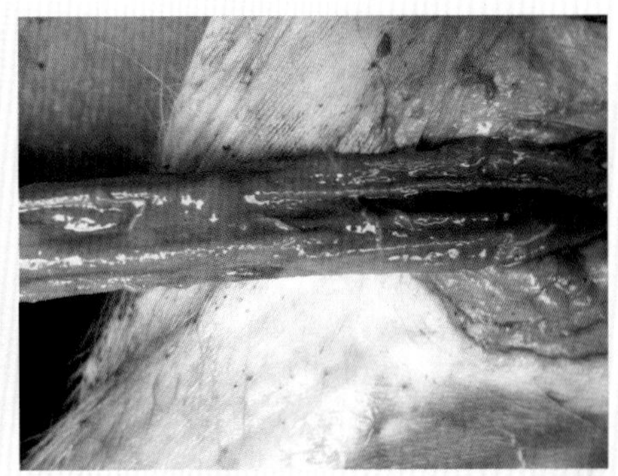
图3-3-11 直肠壁水肿，内有大量虫体和黏液

四、防治

可参照蛔虫病的防治方法。

第四节 猪结节虫病

猪结节虫病又称猪食道口线虫病，该病的寄生虫属食道口线虫，寄生于盲肠和大肠，往往与大肠线虫同时寄生。12周龄以上的猪只最易感染，主要病变为盲肠形成结节。

常见于猪的食道口线虫主要有三种，即长尾食道口线虫，有齿食道口线虫、短尾食道口线虫。雄虫体长6.5～9毫米，雌虫长8～11.3毫米。猪吞食含有这种幼虫的饲料或饮水而被感染。幼虫进入大肠后生长寄生，从侵入猪体到发育为成虫，并开始排卵需5～7周。

一、临床实践

该病临床上不被重视。

二、临床症状

只有严重感染时，大肠才产生大量结节，发生结节性肠炎。患猪轻微下痢或腹泻、腹痛，严重时粪便中带有脱落的黏膜。患猪被毛粗乱，消瘦和贫血，发育障碍。继发细菌感染时，则发生化脓性结节性大肠炎。最后引起仔猪死亡（图3-4-1至图3-4-5）。

图3-4-1　病猪消瘦、脱水、眼窝塌陷

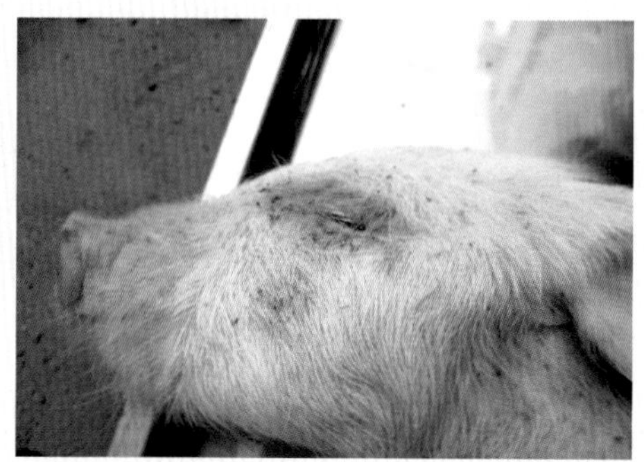
图3-4-2　患猪被毛粗乱，消瘦和贫血，发育受阻

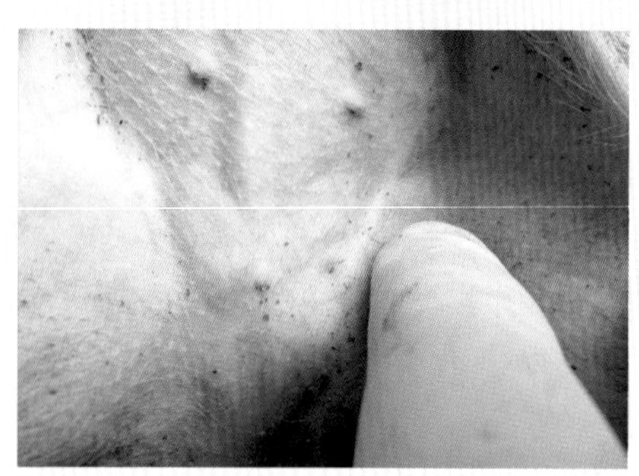
图3-4-3　腹股沟淋巴结稍肿大

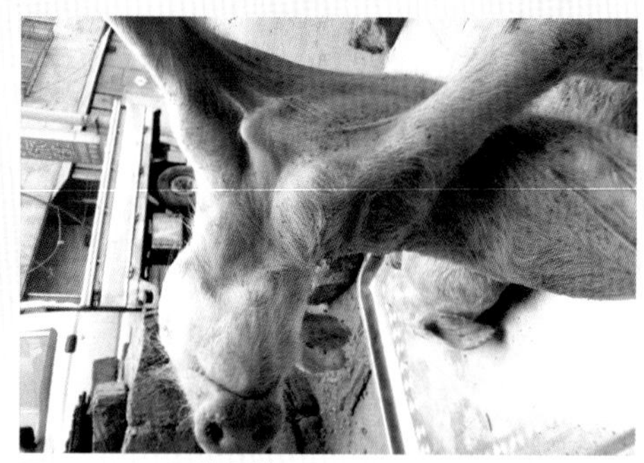
图3-4-4　尸体柔软

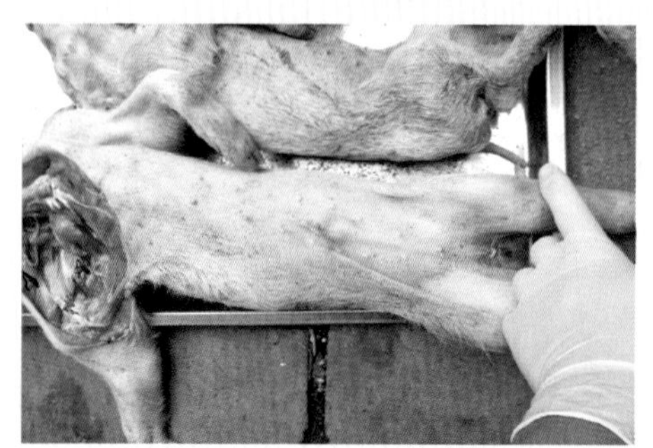
图3-4-5　皮肤苍白、消瘦

三、剖检变化

幼虫对大肠（盲肠、结肠、直肠）所致的危害性最大，可肠壁（浆膜、黏膜均见）上形成粟粒状的结节。初次感染时，很少发生结节；感染3～4次后，结节即大量发生，这是黏膜产生免疫力的表现。结节破裂后形成溃疡，造成顽固性的肠炎。如结节在浆膜面破裂穿孔，可引起腹膜炎。患猪表现腹部疼痛，不食，拉稀，日见消瘦和贫血。也有幼虫进入肝脏，形成包囊。幼虫死亡，可见坏死组织。

形成结节的机制是幼虫周围发生局部性炎症，继之由成纤维细胞在病变周围形成包囊。结节高出于肠黏膜表面，造成肠黏膜溃疡，局部淋巴结肿大，而具坏死性炎性反应性质。大量感染时，大肠壁普遍增厚，并覆有褐色假膜。结肠中部水肿，结节感染细菌时，可能继发弥漫性大肠炎（图3-4-6至图3-4-9）。

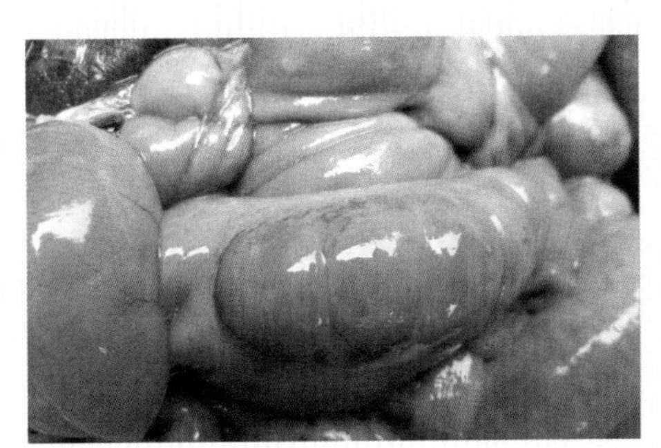
图3-4-6　结肠中段水肿

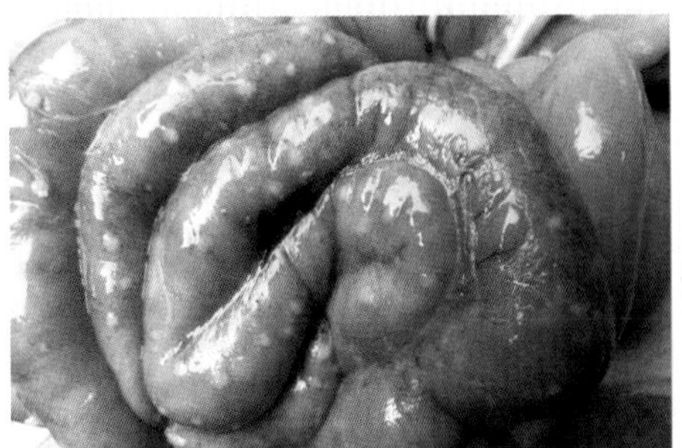
图3-4-7　主要病变为结肠和盲肠形成结节，在结肠浆膜上出现白色的、稍凸起的病灶（粟粒状的结节）

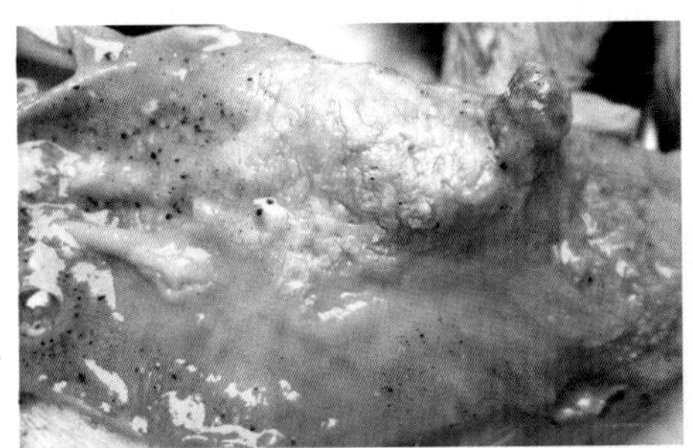
图3-4-8　患病仔猪有异食癖，肠道内残留有异食的渣子；大量感染时，盲肠壁普遍增厚，外观清楚看到凸出于黏膜表面的白色病灶和坏死假膜

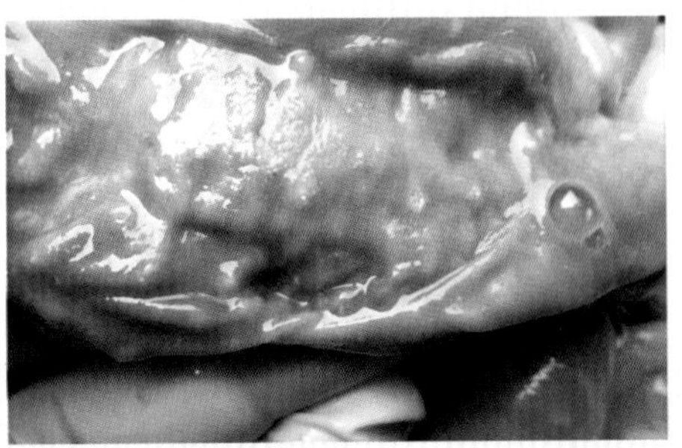
图3-4-9　结肠黏膜水肿增厚，造成肠黏膜上形成粟粒状的结节

四、防治

1．预防　对怀孕母猪驱虫，以减少对环境的污染，是防止仔猪感染的有效措施。应搞好猪舍和运动场的清洁卫生，保持干燥，及时清理粪便，保持饲料和饮水的清洁。

2．治疗　多数药物对成虫有疗效，但对组织内幼虫有效的药物较少。仔猪产后1个月内驱虫，母猪分娩前1周用药，可有效地防止仔猪感染。

（1）左旋咪唑，每千克体重10毫克，口服。

（2）丙硫咪唑，每千克体重15～20毫克，口服。

（3）依维菌素，每千克体重0.3毫克，皮下注射。

（4）敌百虫，每千克体重拌料0.1克，有良好的驱虫效果。

第五节　猪蜱虫病

蜱也叫壁虱，俗称草爬子、狗鳖、草别子、牛虱、草蜱虫、狗豆子、牛鳖子等。常蛰伏在浅山丘陵的草丛、植物上，或寄宿于牲畜等动物皮毛间。不吸血时，小的蜱虫干瘪，仅有豆般大小，也有极细如米粒的；吸饱血液后，则有饱满的黄豆大小，有的可有指甲盖大。蜱叮咬的无形体病属于传染病，人对此病普遍易感。与危重患者有密切接触、直接接触病人血液等体液的医务人员或其陪护者，如不注意防护，也可能感染。该虫也是传播猪附红细胞体病的主要病原。

一、临床实践

在山坡、田野草丛等地建猪舍最易感染，以春季最为严重。蜱虫主要寄生在猪腋窝、四肢内侧等温暖和皮质柔软处。虽然春季常见蜱虫在猪体表寄生，但对猪危害程度如何一直没有细致研究。以下是蜱虫对人危害情况和防治情况，可作为参考。

二、临床表现

1. 直接危害

①病因　由硬蜱或软蜱的口器刺入皮肤后引起。

②皮疹特点　水肿性丘疹或小结节，红肿、水疱或瘀斑，中央有虫咬的痕迹。有时可发现蜱。

③症状　瘙痒或疼痛。

④蜱麻痹　系蜱唾液中的神经毒素所致，易发生在小儿，表现为急性上行性麻痹，可因呼吸衰竭致死。

⑤蜱咬热　在蜱吸血后数日出现发热、畏寒、头痛、腹痛、恶心、呕吐等症状。

2. 间接危害　蜱携带多种病原微生物，可传播森林脑炎、新疆出血热、蜱媒回归热、莱姆病、Q热、斑疹伤寒、细菌性疾病、无形体病和红肉过敏症等疾病。蜱虫寄生在猪体表的临床表现见图3-5-1至图3-5-2。

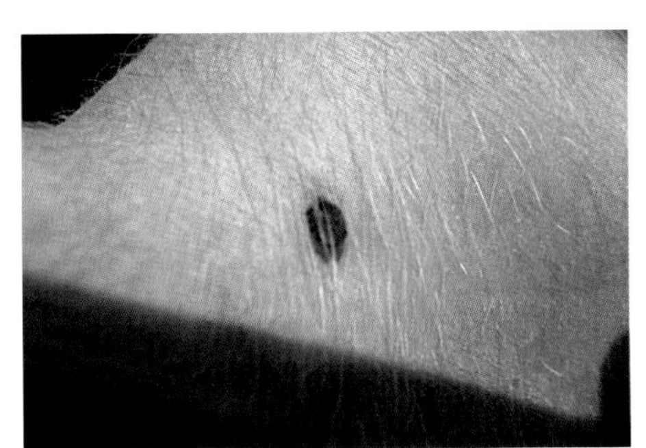

图3-5-1　蜱虫寄生在猪体表

图3-5-2　从猪皮肤中摘除的蜱虫

三、防治

1. 预防　个人进入有蜱地区（草丛遛狗、钓鱼和野游等）要穿防护服，扎紧裤脚、袖口。外露部位要涂擦驱避剂（避蚊胺、避蚊酮、前胡挥发油），或将衣服用驱避剂浸泡。离开时应相互检查，切勿将蜱虫带回家中。如不慎被蜱虫咬伤，千万不要用镊子等工具将其除去，也不能用手指将其捏碎。应该用乙醚、煤油、松节油、旱烟油涂在蜱虫头部，或在蜱虫旁点蚊香，将蜱虫“麻醉”，让其自行松口；或用液体石蜡、甘油厚涂蜱虫头部，使其窒息松口。

2．治疗

①对伤口进行消毒处理，如口器断入皮肤内应行手术取出。蜱将头钻入皮肤内时因头有倒钩会越拉越紧，自行取出容易将头留在皮肤内继续感染，因此应及时去医院取出。

②伤口周围用0.5%普鲁卡因局封。

③出现全身中毒症状时可给予抗组胺药和皮质激素。发现蜱咬热及蜱麻痹时除用支持疗法外，应进行对症处理，及时抢救。

④被蜱虫咬时不能立刻将其打死，应该将它吹走，否则毒素更大。

⑤灭蜱　消灭畜体上的蜱虫，主要是用化学药物。发现蜱虫时应该将其拔掉，然后集中灭杀。拔时，要保持蜱虫体与皮肤垂直，然后往上拔，以避免蜱假头断在皮肤内，引起炎症。不过，这种方法只能在畜少、人力充足的前提下进行。

常用化学药物有拟除虫菊酯类杀虫剂、有机磷类杀虫剂、脒基类杀虫剂等。可以根据季节和应用对象，选用喷涂、药浴等方式。近年来，已经开始采用遗传防治、生物防治来消灭蜱虫。前者是采取辐射或者化学不育剂使雄性蜱虫失去生殖能力，使蜱虫种群能力不断衰减；后者是利用蜱虫的天敌来灭蜱。现在已经发现膜翅目跳小蜂科的一些寄生蜂，可以在一些若蜱体内产卵，卵发育成成虫后从若蜱体内逸出，寄生后不久若蜱就死了。还有猎蝽科的昆虫，也可导致蜱死亡。

第六节　猪弓形虫病

猪弓形虫病，又称为弓浆虫病或弓形虫病，是由弓形虫寄生引起的、人畜共患的一种寄生虫病。弓形虫可通过口、眼、鼻、呼吸道、肠道、皮肤等途径侵入猪体。本病以高热、呼吸及神经系统症状和孕畜流产、死胎、胎儿畸形为主要特征。临床可见急性、亚急性和慢性三种病型，严重的可引起死亡。此病易被误诊为猪瘟、猪链球菌病、猪流行性感冒。在农村散养和规模化养猪场时有发生，严重危害养猪业的健康发展，猪暴发弓形虫病时，可使整个猪场发病，死亡率高达60%以上。

一、临床实践

该病为临床上的常见病，在养殖户或小型猪场的误诊率约90%或更高。多年来，笔者发现养殖人员在治疗该病时用头孢噻夫、硫酸卡大霉素、泰乐菌素、替米考星等。多数养殖户或场技术员经常对我说“好针都打过了，就是治不好”。我说“用磺胺类药物了吗？”，回答则是“好针都没作用，磺胺类药物更白搭，早就听人说过，磺胺类药物有毒。”另外，此处还要说明的是，个别养猪从业人员，误以为弓背是弓形虫病猪的表现。这是错误的，弓形虫是指虫体呈弓形。

二、临床症状

病猪体温升高约42℃，稽留不退，热型似猪瘟症状，粪便干燥，食欲减退或废绝。耳、唇、腹部及四肢下部皮肤前期充血发红，特别是耳外侧皮肤充血，薄皮猪可见耳外侧皮肤充血发亮。后期发绀或有瘀血斑。呼吸困难，咳嗽，严重时呈犬坐姿势，特征性的呼吸型是浅表性呼吸困难。虽然呼吸困难，但该病张口喘息的情况少见。鼻镜虽然干燥但有鼻漏，前期浆液性（清水鼻涕），进而呈黏液性（黏稠鼻涕）。仔猪多数下痢，拉黄色稀便，体温稽留，全身症状明显。不管是仔猪还是成年猪，都有后肢无力、行走摇晃、喜卧的症状。驱赶时可能看不出后肢无力，但大多数猪站立仅几秒左右，臀部就突然倾斜，但很难摔倒。成年猪常呈现亚临床感染，怀孕母猪可发生流产或死产（图3-6-1至图3-6-5）。

图3-6-1 病猪体温升高40～42℃，呈稽留热；食欲减退或废绝；呼吸困难，咳嗽，严重时呈犬坐姿势

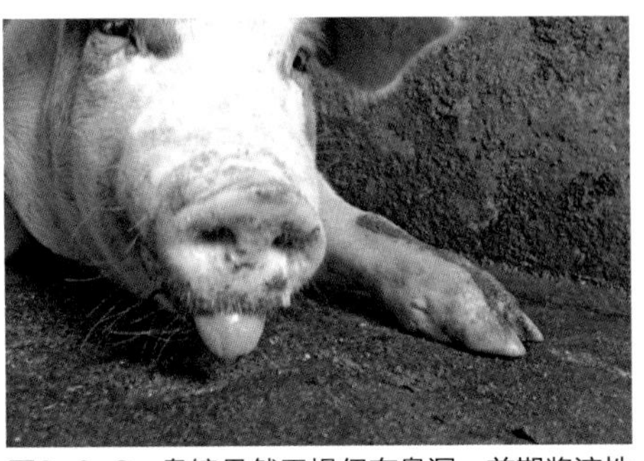

图3-6-2 鼻镜虽然干燥但有鼻漏，前期浆液性（清水鼻涕），进而呈黏液性（黏稠鼻涕）

图3-6-3　不管是仔猪或成猪，都有后肢无力、行走摇晃、喜卧的症状

图3-6-4　薄皮猪耳外侧皮肤充血、发亮

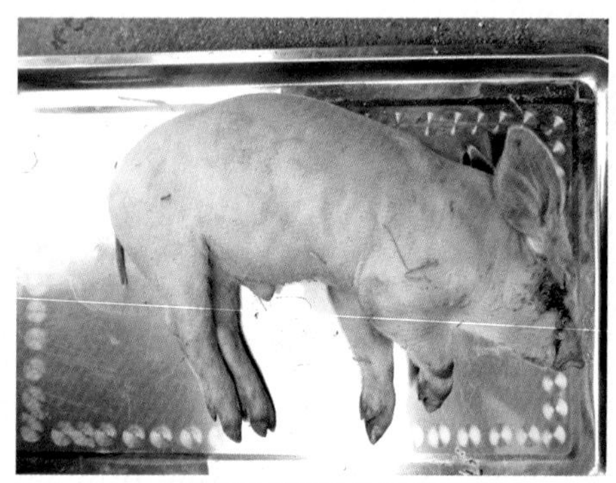

图3-6-5　后期耳外侧皮肤发绀或有瘀血斑

三、剖检变化

胸腹腔积液，肺水肿，有出血斑点和白色坏死灶，小叶间质增宽，内充满半透明胶冻样渗出物。气管和支气管内有大量黏液性泡沫，有的并发肺炎。全身淋巴结肿大，切面可见点状坏死灶。肝略肿胀，呈灰红色，有散在坏死斑点。脾略肿胀，呈棕红色，有凸起的黄白色坏死小灶。肾皮质有出血点和灰白色坏死灶。膀胱有少数出血点。肠系膜淋巴结呈囊状肿胀。有的病例小肠可见干酪样灰白色坏死灶（图3-6-6至图3-6-13）。

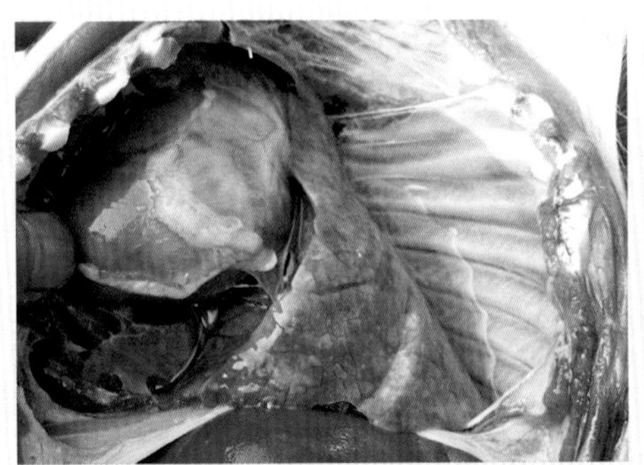
图3-6-6 胸腹腔积液，肺水肿，有出血斑点和白色坏死灶；小叶间质增宽，内充满半透明胶冻样渗出物

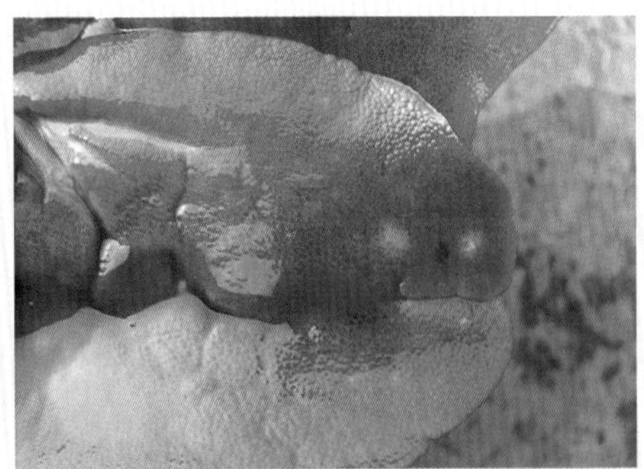
图3-6-7 肝略肿胀，呈灰红色，有散在坏死斑点

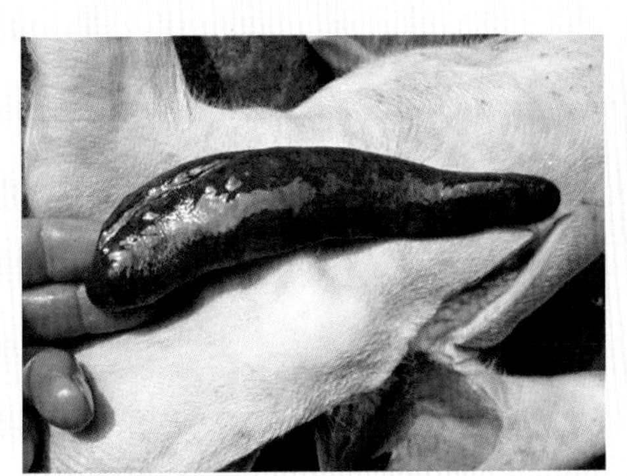
图3-6-8 脾略肿胀，呈棕红色，有凸起的黄白色坏死小灶

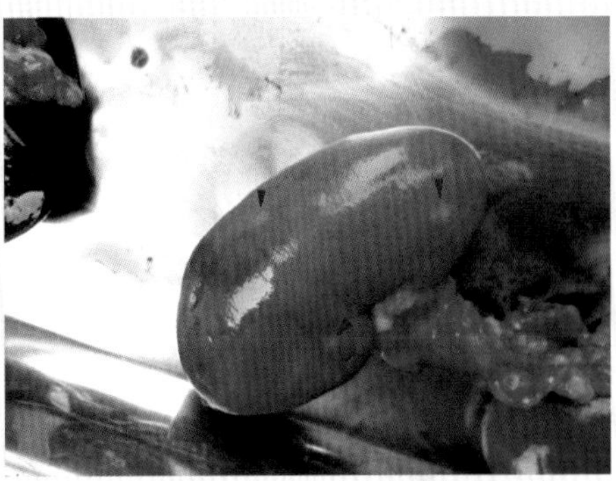
图3-6-9 肾皮质有出血点和灰白色坏死灶，膀胱有少数出血点

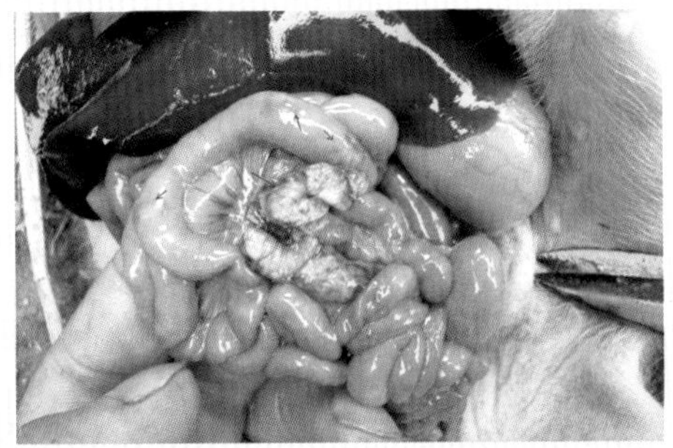
图3-6-10 有的病例小肠可见干酪样灰白色坏死灶

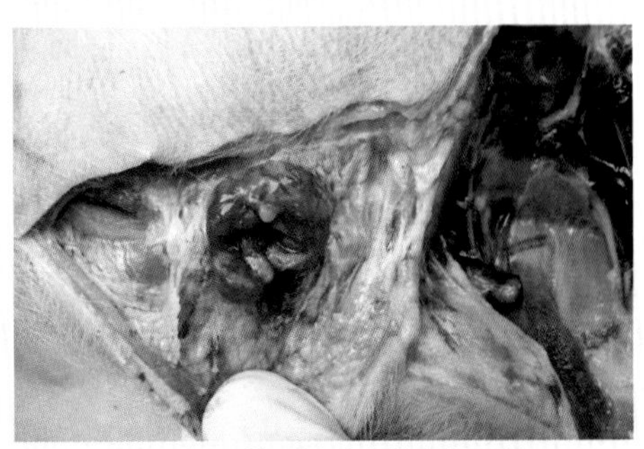
图3-6-11 颌下淋巴结肿大并有坏死灶

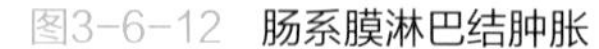

图3-6-12 肠系膜淋巴结肿胀

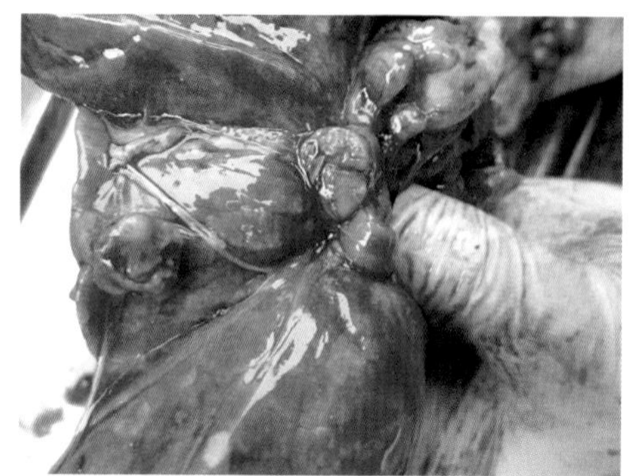

图3-6-13 肺门淋巴结肿大并有坏死灶

四、防治

1. 预防 猫是本病唯一的终末宿主，猪舍及其周围应禁止猫出入，猪场饲养管理人员应避免与猫接触。目前尚未研制出有效的疫苗，其他一般性的防疫措施都适用于本病。在猪场和疫点连用7天药物，可防止弓形虫感染。

2. 治疗

（1）重症的病猪，磺胺嘧啶按每千克体重0.07克及10%葡萄糖100～500毫升，混合后静脉注射。病初一次可愈，一般2～3次。

（2）轻症的猪，磺胺嘧啶按每千克体重0.07克，一次肌内注射，首次加倍，每日2次，连用3～5天即可康复。

第七节 猪球虫病

猪球虫病是由猪等孢球虫和某些艾美耳属球虫，寄生于哺乳期及新近断奶的仔猪小肠上皮细胞引起的以腹泻为主要临床症状的原虫病。在自然情况下，球虫病通常感染7～14日龄仔猪，成年猪只是带虫者。

一、临床实践

该病无特征性症状，易于黄痢等病混淆。未经实验室诊断，临床确诊较困难。对于有些病例，养殖户在治疗时，发现一种抗生素疗效不好时便连续更换几种抗生素，总以为是细菌产生了耐药性。建议：当发现10日龄左右猪排黄痢且用一直两种抗生素无效时，立即用磺胺类药物，这就是所谓的“药物诊断”。

二、临床症状

主要侵害乳猪，8~15日龄腹泻，最早为6日龄，最迟为3周龄。有“10日泄”之称，发病乳猪精神尚可。该病传播慢，逐渐增加。初期粪便松软或呈糊状，似“挤黄油”状。随着病情加重，粪便呈液体状。颜色多样，呈黄色、灰白色、褐色或绿色，一般无血便。常黏附于会阴部，有强烈的酸奶味。有的患猪病程持续1周左右便可自行恢复。恢复较慢的病猪，身体虚弱，消瘦，生长迟缓（图3–7–1至图3–7–5)。

三、剖检变化

病灶在空肠和回肠，局灶性溃疡，纤维素性坏死。大肠无病变。严重感染的仔猪其中后段空肠呈卡它性或局灶假膜性炎症，黏膜表面有斑点状出血和纤维素性坏死斑块，肠系膜淋巴结水肿性增大（图3–7–6至图3–7–8）。

四、防治

产房采用高床分娩栏，可大大减少球虫病的感染率，保持仔猪舍清洁干燥。磺胺类药物可用于治疗或预防本病。

图3–7–1　粪便颜色多样，呈黄色、灰白色、褐色或绿色，一般无血便

图3–7–2　排棕色便

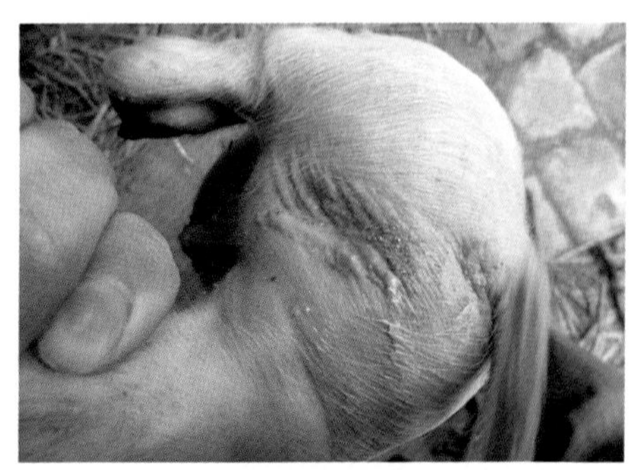

图3-7-3　粪便常黏附于会阴部，污染后躯，有强烈的酸奶味

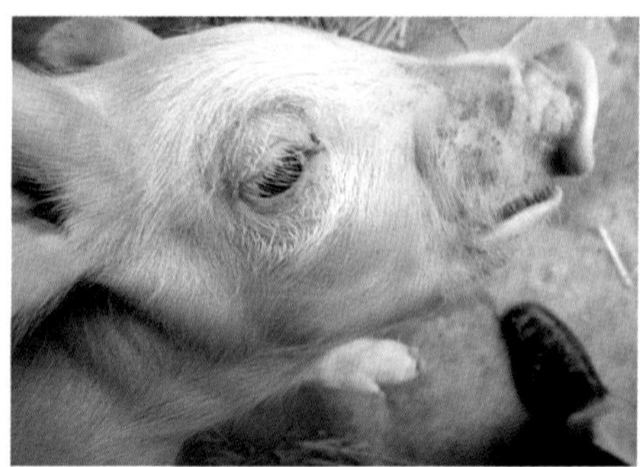

图3-7-4　有时可能有轻微黄疸现象

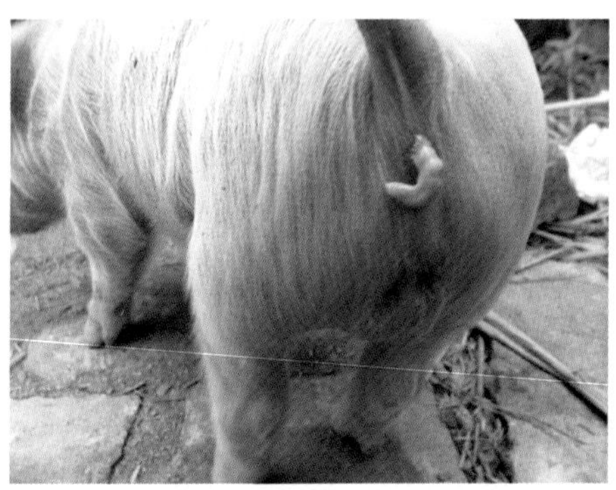

图3-7-5　泻便主要为糊状，似“挤黄油”

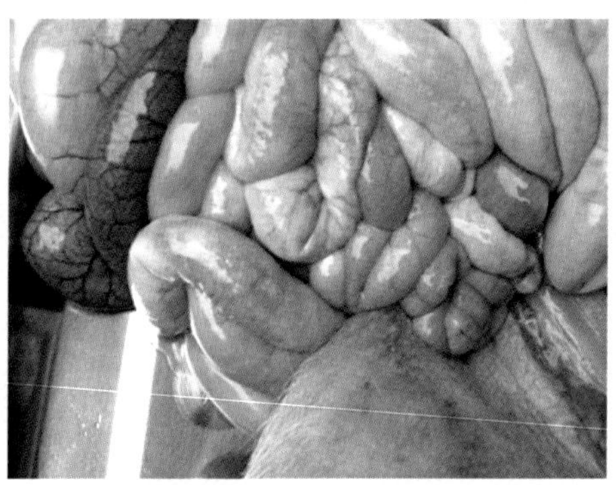

图3-7-6　病便在空肠和回肠

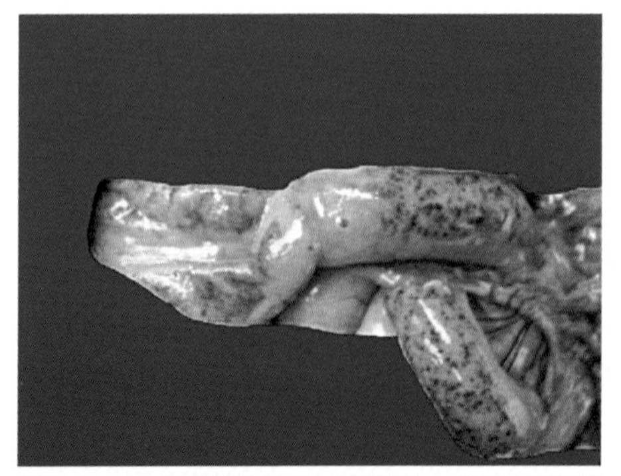

图3-7-7　黏膜表面有斑点状出血，进而出现糠麸状坏死，肠系膜淋巴结水肿性增大

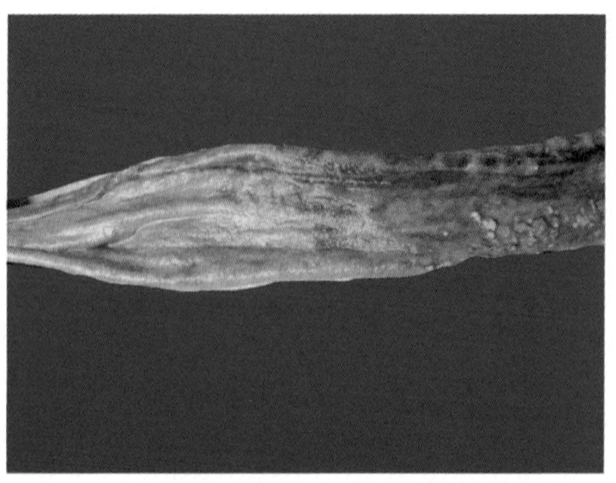

图3-7-8　黄色纤维素坏死性假膜松弛地附着在充血的黏膜上

04

第四章

营养代谢病

第一节 仔猪低血糖病

仔猪低血糖症是出生几天内的仔猪由于吮乳不足、血糖降低所致的一种代谢病。如果血糖含量比健康仔猪低35倍左右，部分或整窝仔猪就会发生死亡。主要是母猪怀孕后期饲养管理不当、营养不良或产后乳房炎等造成无乳或泌乳不足所致。

一、临床实践

本病易与伪狂犬病混淆，原因是患猪都有神经症状、腹泻、肾表面出血点。但是伪狂犬病患猪体温升高，而低血糖病患猪体温低下；低血糖病患猪口腔有少量黏液且特别黏稠，而伪狂犬病患猪流涎。黏度较差；低血糖病后期，病猪看似死亡，但触之仍出现角弓反张，腿划动，张口想叫，声音微弱或只有张口动作而并无声音发出。该病在秋末至早春多见。

二、临床症状

该病主要在母猪无乳、食欲差、乳房炎、泌乳不足的情况下发生，多侵害2~7日龄猪，发病率较高，呈散发。有时整窝发病，如不及时治疗，死亡率会很高。病程一般不超过2天，发病仔猪瞳孔散大，下眼睑部被毛显得稠密。病猪被毛逆立、竖起，表现虚弱，体温低，有水样腹泻；口腔有少量黏液（一般不出现大量流涎现象），特别黏稠；出现中枢神经症状，如共济失调、肌肉震颤、抽搐、前腿划动、角弓反张、瞳孔散大等，最后昏迷而死（图4-1-1至图4-1-3）。

三、剖检变化

胃空虚，乳糜管内无脂肪；肝脏呈橘黄色，边缘锐利，质地像豆腐，易碎；胆囊充盈，囊壁菲薄；肾脏呈淡土黄色，有散在的红色出血点；腹腔肠壁之间较多量泡沫；病仔猪血糖由正常的4.3~8.3摩尔/升降至2.0摩尔/升甚至以下（图4-1-4至图4-1-10）。

图4-1-1　瞳孔散大，下眼睑部被毛，显得稠密

图4-1-2　发病仔猪被毛竖起，体质虚弱，体温低，有水样腹泻

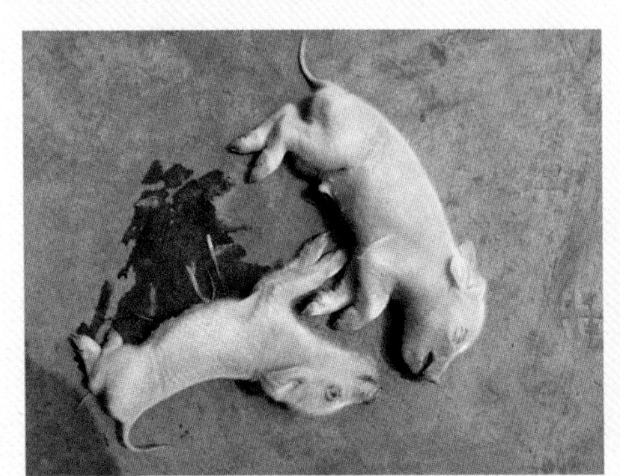

图4-1-3　肌肉震颤，抽搐，前腿划动，角弓反张

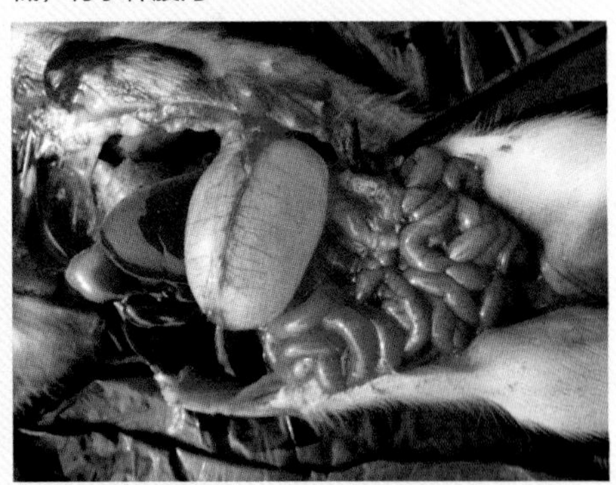

图4-1-4　胃空虚，乳糜管内无脂肪

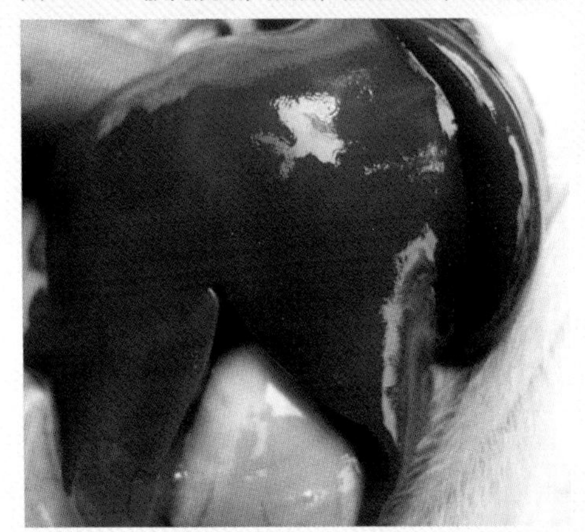

图4-1-5　肝脏呈橘黄色，边缘锐利，质地像豆腐，易碎

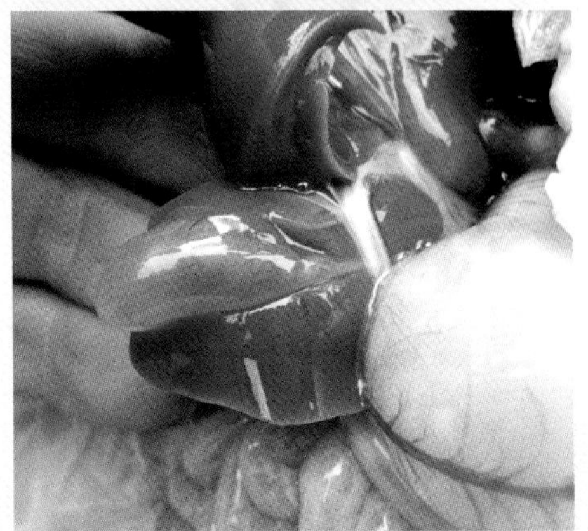

图4-1-6　胆囊肿大，囊壁菲薄

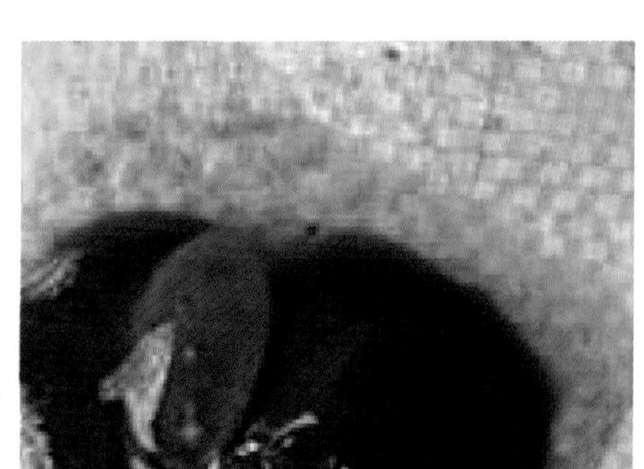
图4-1-7 胆囊壁菲薄、胆汁稀薄

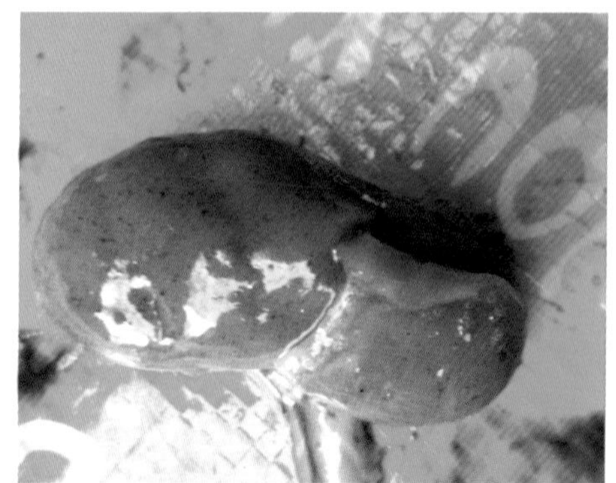
图4-1-8 肾呈淡土色，有散在的红色出血点（注意与猪瘟区别）

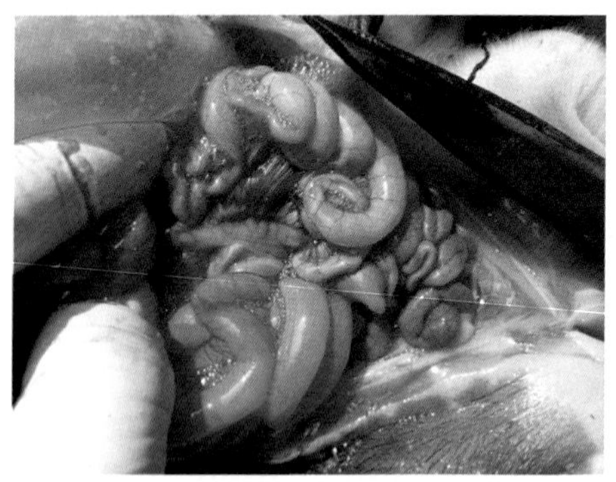
图4-1-9 肠系膜淋巴结多为白色，腹腔肠壁之间较多量泡沫

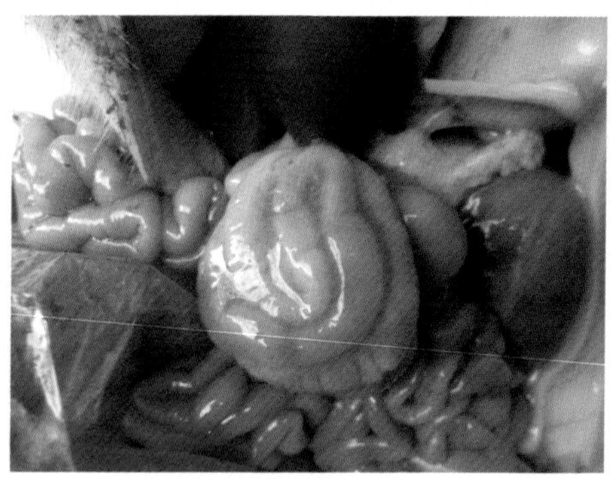
图4-1-10 结肠系膜水肿

四、防治

1. 腹腔注射10%葡萄糖液5～10毫升，每隔5小时注射一次。

2. 口服50%葡萄糖注射液，一次3毫升，隔4小时口服一次。另外，及时解除缺奶的病因，使仔猪尽快吃足母乳。

第二节 猪佝偻病

佝偻病是由于维生素D缺乏和钙磷代谢障碍而引起仔猪骨组织发育不良的一种非炎性疾病，又称软骨病。病理特征是成骨细胞钙化不全、软骨肥厚及骨髓增大。临床特征是消化紊乱，异嗜癖，跛行及骨骼变形。

一、临床实践

近几年，随着科学养猪知识及全价饲料的普及，本病发生较少。患猪耳部皮下大多蓄积血液或淋巴液，但目前尚不清楚该症状是否为本病的常见症状，也可能是病猪起立困难被同圈猪踩踏耳部造成淋巴管或血管破裂所致。

二、临床症状

患猪出现消化紊乱，异嗜癖，跛行；喜欢啃咬饲槽、墙壁、泥土等异物；喜卧，跛行，常发出嘶叫或呻吟声；有时出现低钙性搐搦、突然倒地；骨骼变形，关节部位肿胀、肥厚，触诊疼痛敏感；胸廓两侧扁平，狭小（图4-2-1至图4-2-3）。

图4-2-1 病猪喜卧、跛行，常发出嘶叫或呻吟声

图4-2-2 骨骼变形，关节部位肿胀、肥厚，触诊疼痛敏感

图4-2-3 胸廓两侧扁平、狭小

三、剖检变化

成骨细胞钙化不全、软骨肥厚及骨髓增大。

四、防治

肌内注射维生素D注射液1～2毫升，每日1次，连用5～7天。浓缩鱼肝油0.5～1毫升拌于饲料中喂服，每天1次，连用10天。D2钙注射液1～2毫升肌内注射，有较好的效果。另外，钙磷制剂的补充一般均与维生素D同时应用。骨粉、鱼粉、甘油磷酸钙等亦是较好的补充物。

第三节 白肌病

硒或维生素E缺乏症是由硒或维生素E缺乏或两者都缺乏所引起的，或与它们的缺乏有关的所有疾病的统称，也叫白肌病。硒或维生素E缺乏症不仅会影响猪的生长、发育及繁殖性能，而且会增加发病率及死亡率。在我国长期流行的"仔猪水肿病"，其中有相当一部分就是硒或维生素E缺乏症。

一、临床实践

该病一旦确诊，治疗和预防效果都相当好。可惜的是，部分养猪从业人员，看到猪耳发绀和呼吸迫促，就把病想得太复杂，总是往烈性传染病上考虑。因此，越治疗越感觉复杂。临床诊疗中，有较多养猪从业人员把该病按蓝耳病、胸膜肺炎等传染病性呼吸道病诊治。

二、临床症状

发病日龄多集中出生20日龄左右的仔猪。患病仔猪一般营养良好，在同窝仔猪中身体健壮而突然发病，体温无变化。目光斜视。后肢强硬，弓背，行走摇晃，步幅短而呈痛苦状，肌肉发抖，后躯麻痹。食欲减退，精神不振，呆滞。呼吸迫促，每分可达93次。部分病猪耳发绀，常突然死亡。有的可能出现呕吐、腹泻症状。有的病例皮肤出现不规则的紫红色斑点（图4-3-1至图4-3-2）。

图4-3-1 在同窝仔猪中身体健壮而突然发病，耳发绀

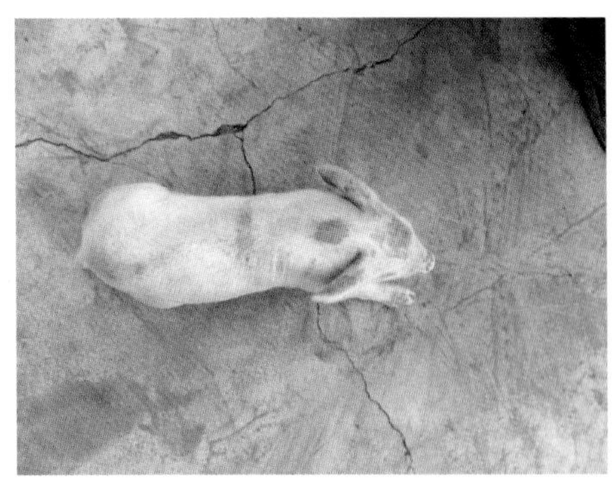

图4-3-2 后肢强硬，弓背，行走摇晃，肌肉发抖，后躯麻痹；部分仔猪出现转圈运动或头向侧转

三、剖检变化

剖检变化主要分以下三种：

营养性肌营养不良：骨骼肌特别是后躯臀部肌肉和股部肌肉色淡，呈灰白色条纹；膈肌呈放射状条纹，切面粗糙不平；有坏死灶心包积水，心肌色淡，尤以左心肌变性最为明显。

营养性肝病：皮下组织和内脏黄染。急性病例肝脏肿大，质脆易碎，呈豆腐渣样。慢性病例可见肝脏体积缩小，表面有凹凸不平的皱褶，质地变硬。

桑葚心：心肌斑点状出血，循环衰竭，心脏呈紫红色的草莓或桑葚状。肺、胃肠壁水肿，体腔内积有大量易凝固的黄色透明渗出液。

以上病理症状见图4-3-3至图4-3-7。

四、防治

对发病仔猪，每头肌内注射亚硒酸钠维生素E注射液1～3毫升（每毫升含硒1毫克，维生素E 50～100毫克），隔日1次，共用2次。也可用0.1%亚硒酸钠溶液皮下或肌内注射，每次2～4毫升，隔20日再注射1次，配合应用维生素E 50～100毫克肌内注射效果更佳。

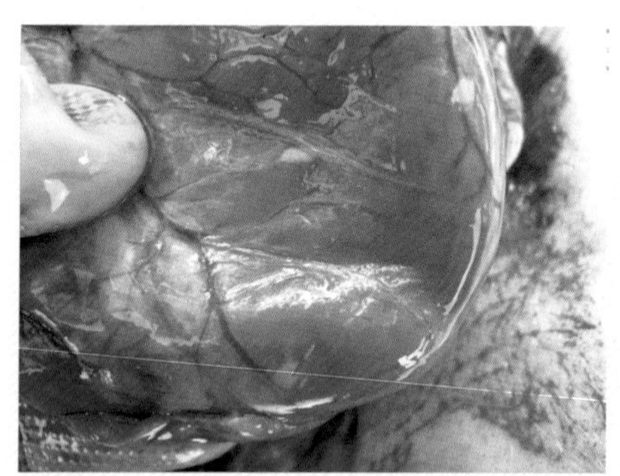

图4-3-3 心包积水，心肌色淡，以左心肌变性明显，心肌表面有黄白色坏死条纹

图4-3-4 心肌表面黄白色坏死条纹对应处切开，可以看到黄白色顺肌纤维走向的坏死条纹

图4-3-5 急性型病例：肝脏肿大，质脆易碎，切面呈豆腐渣样

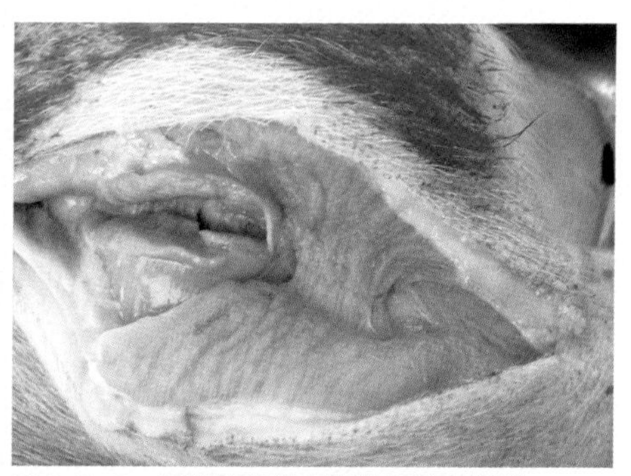

图4-3-6 后躯臀部肌肉和股部肌肉色淡

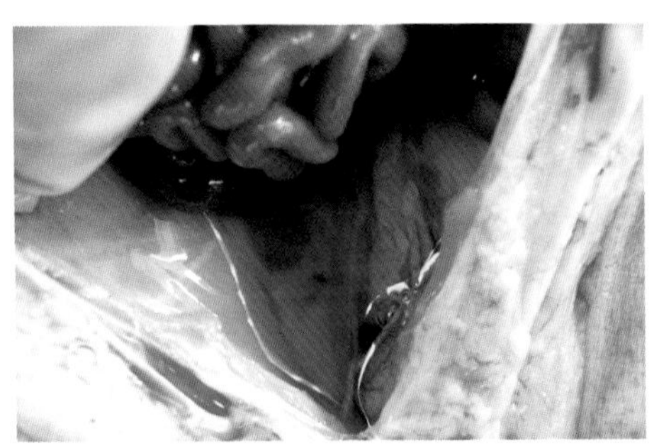
图4-3-7 胃、肠壁水肿，体腔内积有大量易凝固的黄色透明渗出液

第四节 维生素A缺乏症

维生素A缺乏症是由于维生素A缺乏引起的疾病。临床表现为生长发育不良、视觉障碍、器官黏膜损伤。原发性维生素A缺乏的主要原因是饲料中维生素A不足等；继发性维生素A缺乏的主要原因是慢性消化不良等。

一、临床实践

有人认为，维生素A缺乏症，临床上好像不多见。其实不然，只是没有注意到或者没有正确诊断罢了。所谓的皮肤毛囊角化，大多养殖人员都不了解是怎么回事，其实就像人们面部粉刺，只是猪体被毛较人体的稠密，被掩盖罢了。不过，也有养猪朋友看出猪身上有“鸡皮疙瘩”，大都以为猪可能是有点冷而将其忽视。也有人怀疑说“天挺热的，不能是冷吧?”但有无人解释出所以然来。

二、临床症状

病猪表现为皮肤毛囊角化及鳞状皮肤增多，被毛粗糙，咳嗽，生长发育缓慢。头偏向一侧，旋转，步态摇晃，脊背凸起，但食欲大多正常。严重病例的表现是：后肢瘫痪、痉挛、极度不安。泪腺上皮角质化，眼泪分泌停滞，致使眼睛干燥，易引起干眼症，视力减弱和发生夜盲症。妊娠母猪的表现是：流产，死胎，弱仔，新生仔猪有瞎眼、眼畸形（眼过小）、全身性水肿、体质衰弱等症状。感觉敏感，易骨折。腹部和腿部有瘀点性出血，不时发抖（图4-4-1至图4-4-7）。

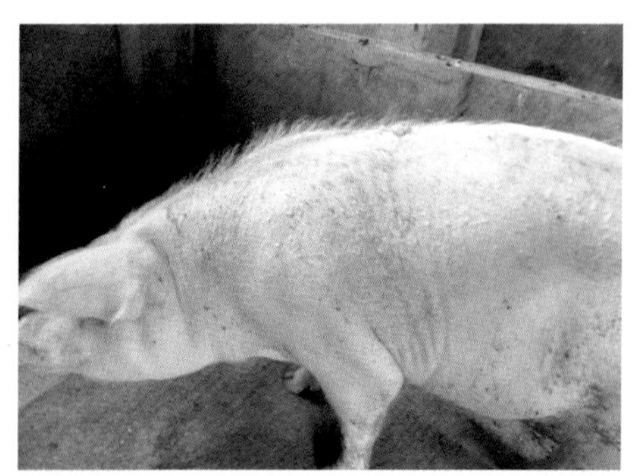
图4-4-1 皮肤毛囊角质化及皮肤粗糙，皮屑增多，脱毛

图4-4-2 严重病例的表现是运动失调，步态摇摆，后肢瘫痪

图4-4-3 严重病例的表现是脊柱前凸，痉挛

图4-4-4 生长发育缓慢，头偏向一侧；在后期发生夜盲症，视力减弱，干眼

图4-4-5 后肢瘫痪，痉挛，极度不安

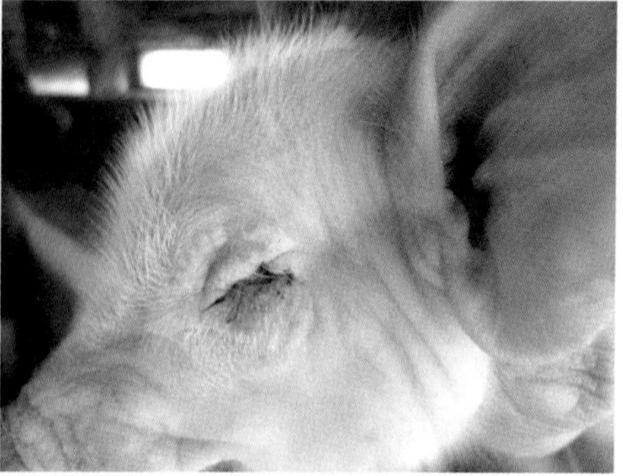
图4-4-6 泪腺上皮角质化，眼泪分泌停滞，使眼睛干燥，引起干眼症

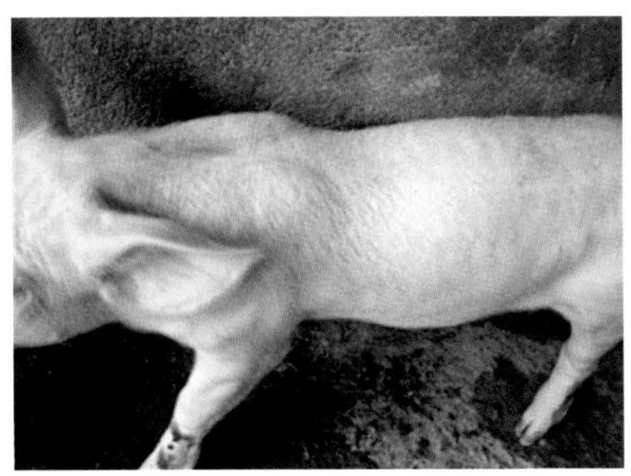

图4-4-7 肌肉震颤（图中病猪皮肤波浪状，就是震颤的表现）

三、剖检变化

呼吸器官及消化器官黏膜常有不同程度的炎症。骨质生长缓慢，脊柱液压增加。坐骨神经和股骨神经退化。生殖道上皮层萎缩。血浆维生素A水平降低。肝中的维生素A水平降低。

四、防治

肌内注射维生素A注射液50万国际单位，隔日1次，连续5次。肌内注射维生素AD合剂3～5毫升，隔日1次，连续5次。同时，饲料加喂富含维生素A、胡萝卜素及玉米黄素等的饲料。但要注意，过量使用维生素A会引起猪的骨骼病变或肝坏死。

第五节 铁缺乏症

铁缺乏症是由于机体中缺铁而引起的病症，表现为血红蛋白含量降低、红细胞数量减少、皮肤黏膜苍白、生长受阻。2～4周龄仔猪最易患病，故又称为仔猪缺铁性贫血。

一、临床实践

该病临床较常见。散养户中，仍有约10%不注射铁剂，因此仔猪大多在20天就发病。尽管死亡率并不高，发现后补充铁剂1周左右可基本康复，但是损失很大，病猪30日龄时的体重与正常猪可相差1.5～2千克。原因是一部分散养户，之前喂养母猪的圈舍简陋，土质地面。而且大多养殖户从事耕作，从田间回来时都有顺便带回一些青草、野菜扔进圈舍的习惯，母猪能获得一些营养元素。现今，养猪户都采用水泥地面养猪，而是大多散养户在附近工厂做工，不到收种季节，一般不去田间。由于猪不能吃到全价料，而且又无法从其他渠道获取营养，因此容易造成营养缺乏。

二、临床症状

仔猪一般3～4周龄时发病，出生1周后的新生仔猪也可发病。初期可视黏膜、皮肤轻度发白，但外观膘情不差（可能与皮下水肿有关）。抵抗力下降。病情严重时，头颈部明显水肿，皮肤苍白，耳有透明感，嗜睡，精神不振，心跳加快，呼吸困难。抓捕注射针剂时，呼吸更加困难并有痛苦感（活动后气短）。即使停止抓捕，也需较长的时间才能缓慢地恢复平静。严重的贫血，皮肤苍白、皱缩。大部分病例死亡较慢，精神沉郁，食欲减退，被毛粗乱无光泽，有的腹泻（图4–5–1至图4–5–3）。

图4–5–1 仔猪发病后，精神沉郁，食欲减退，被毛粗乱无光泽，嗜睡，对外界环境刺激表现淡漠

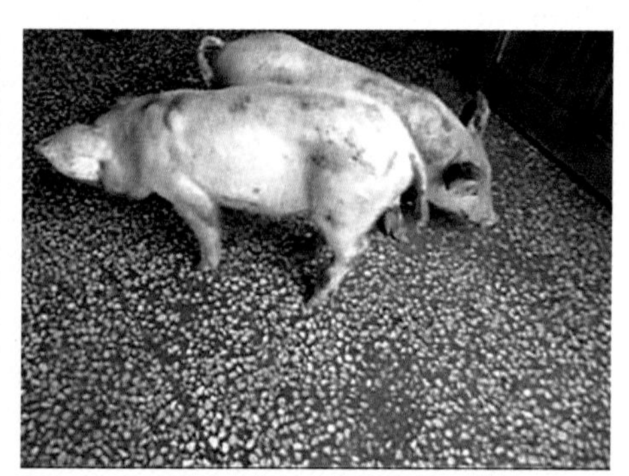

图4–5–2 严重时贫血，皮肤苍白、皱缩

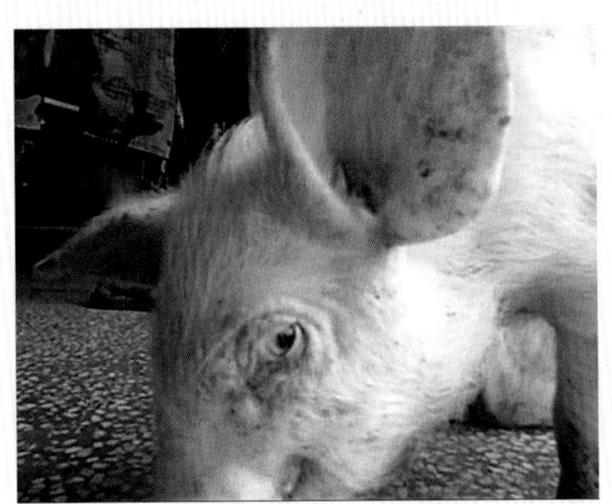

图4-5-3 对周围环境表现淡漠，眼结膜、皮肤苍白，耳有透明感

三、剖检变化

皮肤、黏膜苍白。血液稀薄，呈水样。全身轻度或中度水肿。肝脏肿大，呈淡黄色，肝实质少量瘀血，肌肉苍白，心肌松弛，心脏扩张，与肺的比例不协调，呈斑驳状和由于脂肪浸润而呈灰黄色（图4-5-4至图4-5-9）。

四、治疗

1. 深部肌内注射右旋糖酐铁注射液，每次2毫升（每毫升含铁50毫克），一般一次即可，必要时隔周再注射一次。

2. 深部肌内注射葡聚糖铁钴注射液，每次2毫升，重症者隔周重复注射一次。

3. 仔猪可用硫酸亚铁2.5克，硫酸铜1克，氯化钴0.2克，加水1 000毫升，混合后按每千克体重0.25毫升口服，每日1次，连用7 ~ 14日。

4. 焦磷酸铁，每日灌服30毫克，连用1~2周；还原铁每次灌服0.5~1克，每周1次。

上述治疗时可配合应用叶酸、维生素B_{12}等或后肢深部肌内注射血多素（含铁200毫克）1毫升。

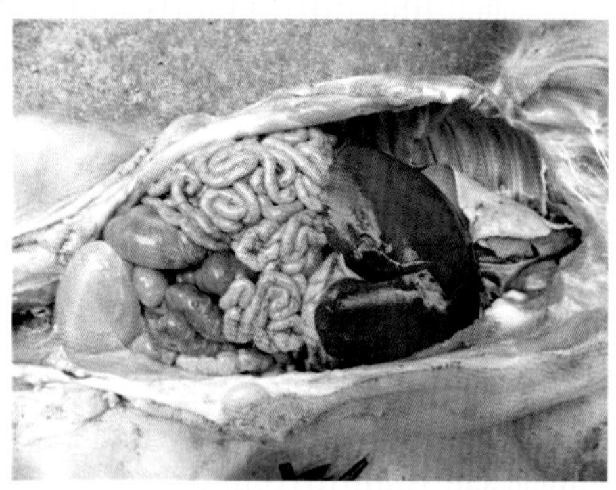
图4-5-4 肝脏肿大，呈斑驳状，由于脂肪浸润而呈灰黄色

图4-5-5 肠系膜血管血液淡红色，系膜淋巴结呈白色

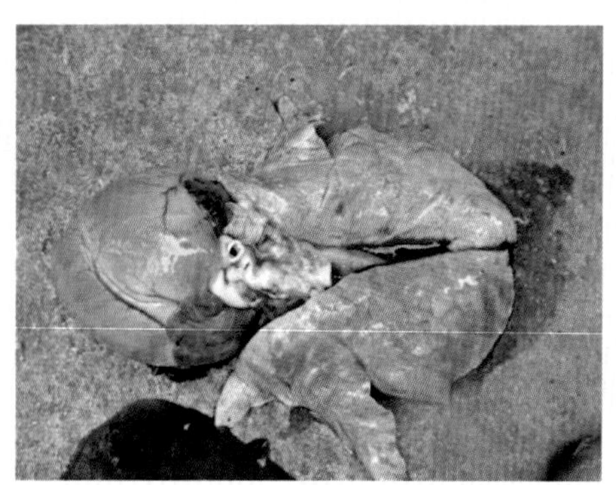
图4-5-6 心肌松弛，心脏扩张，与肺的比例不协调

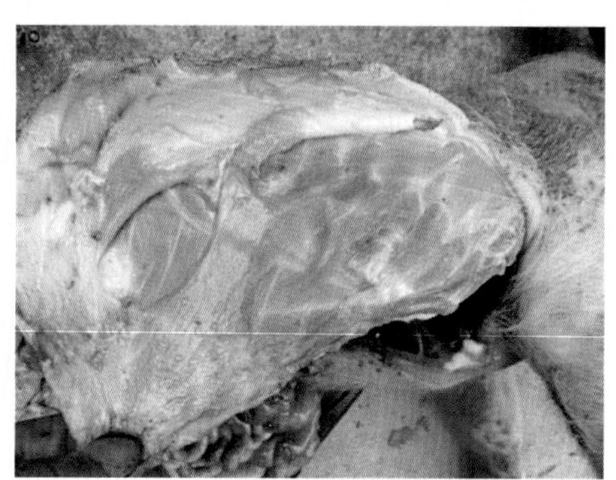
图4-5-7 肌肉苍白

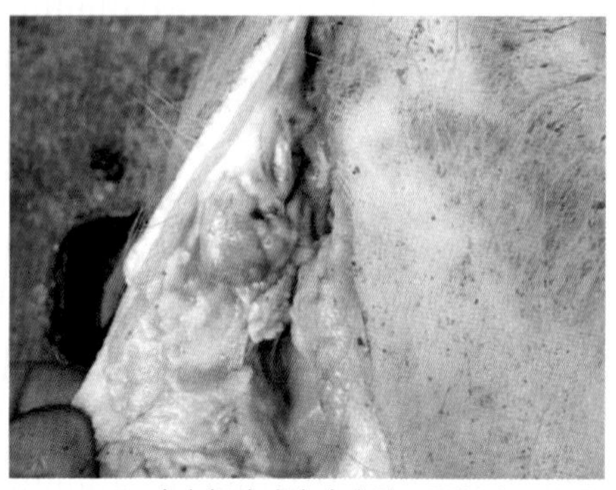
图4-5-8 全身轻度或中度水肿，颈部皮下明显

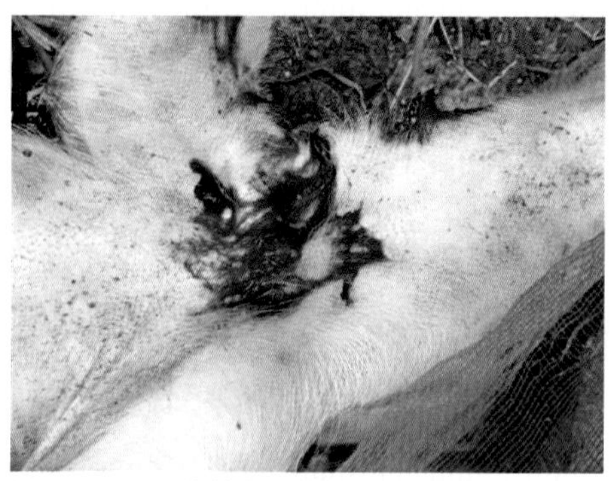
图4-5-9 尸体苍白、消瘦，血液稀薄

第六节 锌缺乏症（角化不全症）

猪的锌缺乏症也称角化不全症，是由于日粮中锌绝对或相对缺乏而引起的一种营养代谢病，以食欲不振、生长迟缓、脱毛、皮肤痂皮增生、皲裂为特征。本病在养猪业中危害甚大。

一、临床实践

该病无季节性。生活在水泥地砖圈舍的猪只易发病，放养猪或生活在泥土地面的猪一般不发病。种公猪、种母猪发病率高，仔猪发病率低。由此证明，该病随年龄增大发病率增高。诊断时，应注意与疥螨性皮肤病、渗出性皮炎、烟酸缺乏症、维生素A缺乏症及必需脂肪酸缺乏症等疾病相区别。

二、临床症状

患猪生长发育缓慢乃至停滞，生产性能减退，繁殖机能异常，骨骼发育障碍，皮肤角化不全；被毛异常，创伤愈合缓慢，免疫功能缺陷及胚胎畸形。病初便秘，以后呕吐腹泻，排出黄色水样粪便，但无异常臭味。患猪腹下、背部、股内侧和四肢关节等部位的皮肤先发生对称性红斑，继而发展为丘疹；很快表皮变厚，有数厘米深的烈隙，增厚的表皮上覆盖以容易剥离的鳞屑。临床上没有痒感，但常继发皮下脓肿。病猪生长缓慢，被毛粗糙无光泽，有的出现脱毛，个别变成无毛猪，脱毛区皮肤上常覆盖一层灰白色石棉状物。严重缺锌病例，母猪出现假发情，屡配不孕，产仔数减少，新生仔猪成活率降低，弱胎和死胎增加。公猪睾丸发育及第二性征的形成缓慢，精子缺乏。遭受外伤的猪只，伤口愈合缓慢，补锌后可迅速愈合（图4-6-1至图4-6-12）。

三、防治

饲料中加入0.02%的硫酸锌、碳酸锌、氧化锌对本病兼有治疗和预防作用。但一定注意其含量不得超过0.1%，否则会引起锌中毒。也可饲喂葡萄糖酸锌。治疗对皮肤角化不全和因锌缺乏引起的皮肤损伤，数日后即可见效。经过数周治疗，损伤可完全恢复。

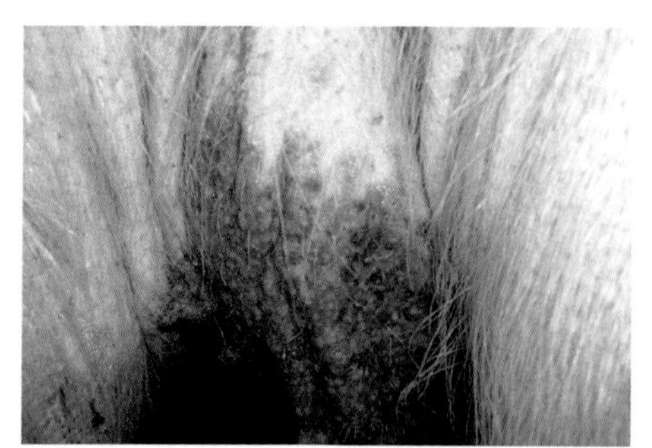

图4-6-1 猪只股内侧、两后肢中间（裆部）先发生对称性红斑，继而发展为丘疹

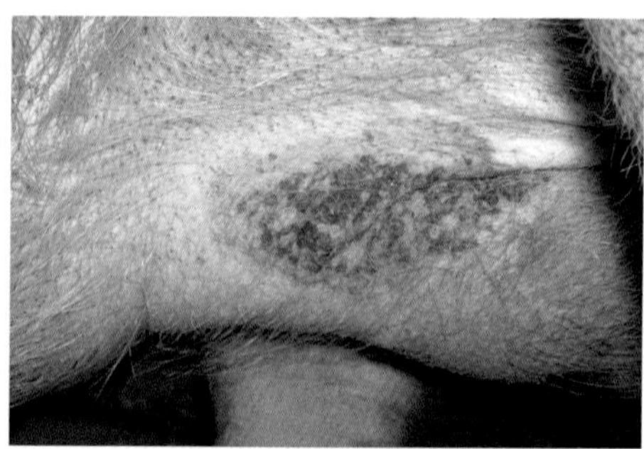

图4-6-2 猪只股内侧、两前肢中间先发生红斑，继而发展为丘疹

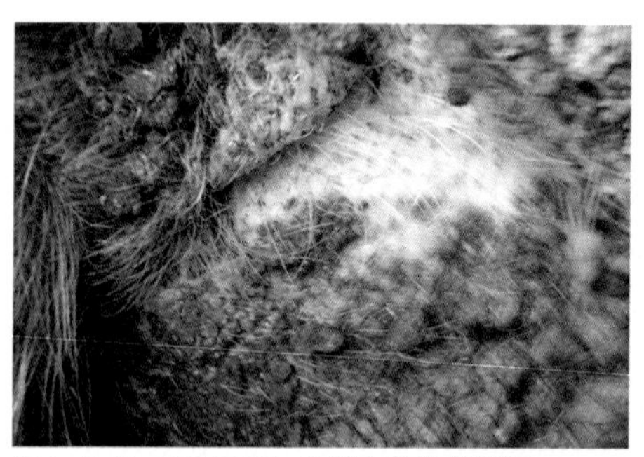

图4-6-3 表皮变厚，有数厘米深的烈隙

图4-6-4 厚痂、有深的裂纹

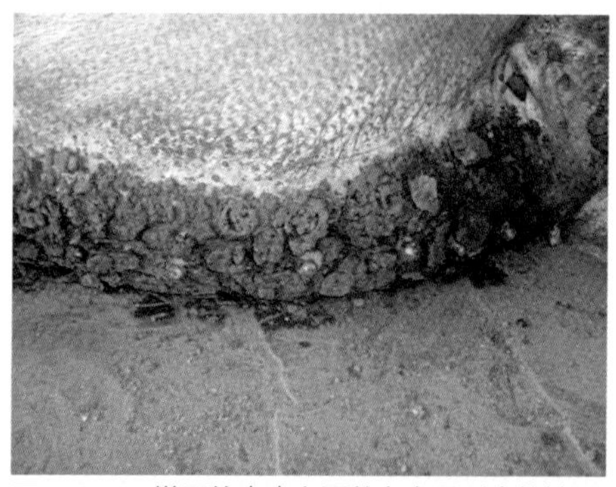

图4-6-5 增厚的表皮上覆盖有容易剥离的鳞屑

图4-6-6 图4-6-4经过20天的用药后痂皮开始慢慢脱落

图4-6-7 图4-6-4经过28天的用药后痂皮已经基本脱完

图4-6-8 临床上动物没有痒感，痂皮剥脱后，可见内侧灰白色脓汁

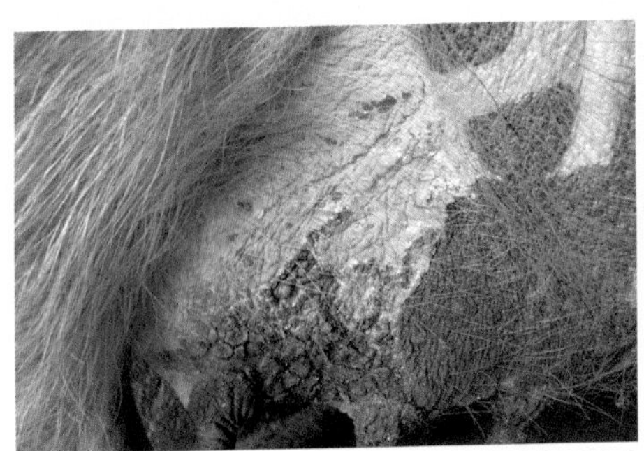
图4-6-9 表皮变厚，并出现烈隙（用药4天后的症状见图4-6-10）

图4-6-10 用药4天痂皮脱落后，露出丘疹乳头状瘤

图4-6-11 图4-6-10用药17天后痊愈

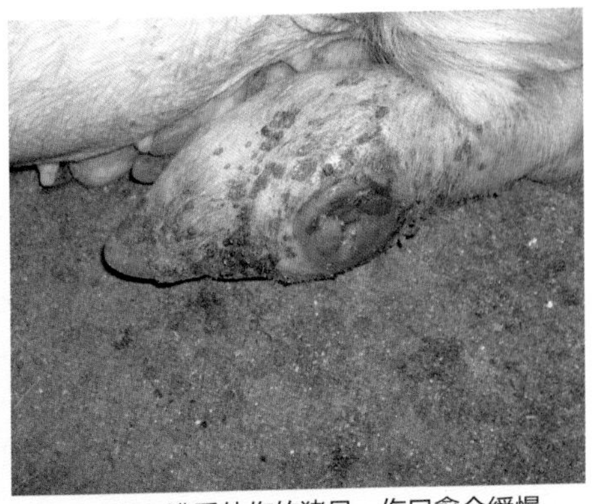
图4-6-12 遭受外伤的猪只，伤口愈合缓慢

05

第五章

中毒性疾病

第一节　霉菌毒素中毒相关疾病

一、黄曲霉毒素引起的中毒

猪霉饲料中毒是由饲料中霉菌毒素引起的以全身出血、消化机能紊乱、腹水、神经症状等为临床特征，以肝细胞变性、坏死、出血、胆管和肝细胞增生为主要病理变化的中毒性疾病。

（一）临床实践

本来霉菌毒素中毒症的临床表现相当复杂，再加上近几年猪病混合感染较严重，基层兽医站又缺乏相应的诊断设备，因此它构成的“底色病”会被众多继发病（传染病与非传染病）掩盖。本病在基层兽医的确诊率较低，极易造成误诊。霉饲料中毒，大多是慢性中毒，临床一旦出现症状，内脏器官已经破坏相当严重，治疗效果差，恢复慢。因此，把好原料关，不给猪饲喂霉变饲料是有效预防本病的关键。

（二）临床症状

猪常在吃食发霉饲料后5～15天出现症状。急性病例，可在运动中发生死亡，或发病后2天内死亡。病猪表现精神委顿，不吃食，后躯衰弱，走路蹒跚，黏膜苍白，体温正常，粪便干燥，直肠出血，有时站立一隅或头低墙下。慢性病例，表现精神委顿，走路僵硬，出现异嗜癖者，喜吃稀食和生青饲料，甚至啃食泥土、瓦砾。体温正常，黏膜黄染，有的病猪眼鼻周围皮肤发红，以后变蓝色（图5-1-1至图5-1-6）。

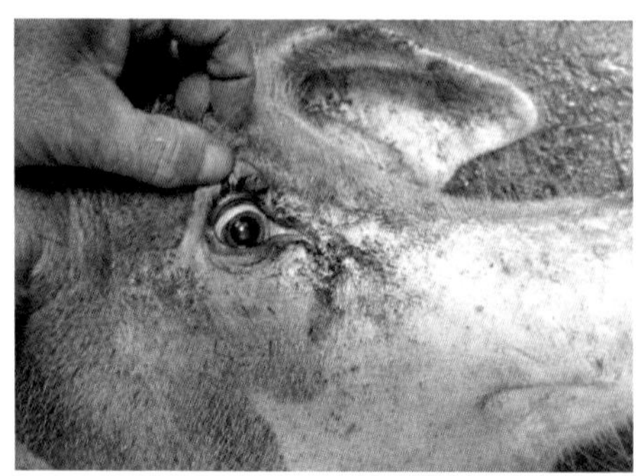

图5-1-1　饲喂霉菌毒素超标的经产母猪眼周围污垢

图5-1-2　红眼与皮肤油脂状渗出

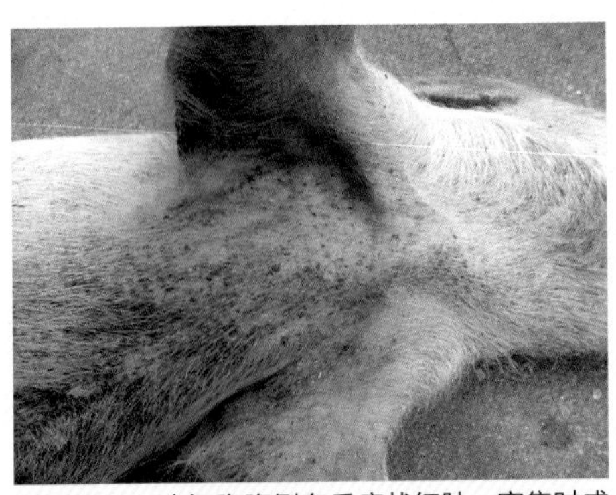

图5-1-3 病初胸腹侧有丘疹状红肿，密集时成片；数天后患部皮肤变黑，无痂壳形成

图5-1-4 包皮红肿、出血（注意与猪瘟区别）

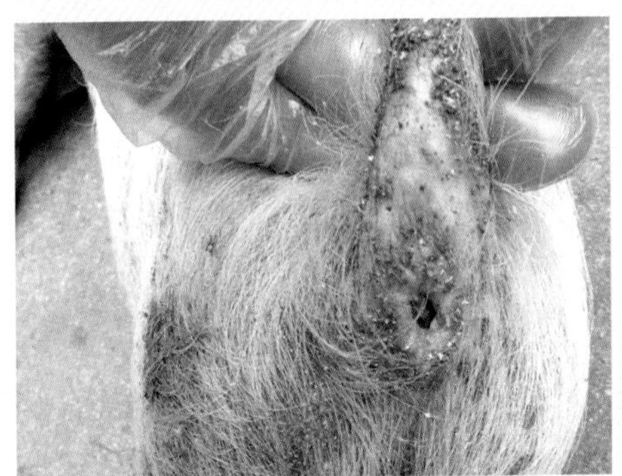

图5-1-5 腹泻

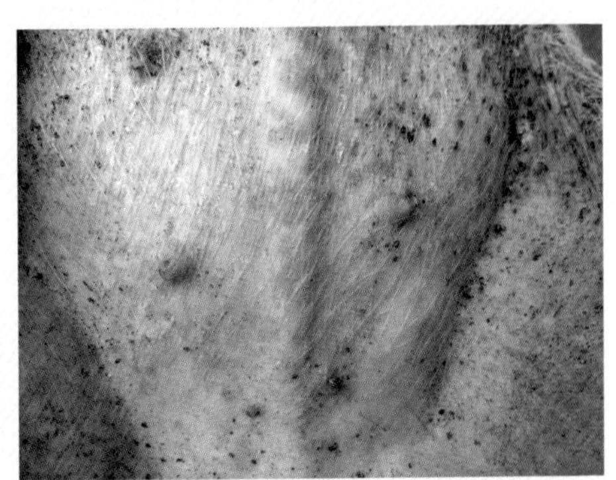

图5-1-6 无毛或少毛皮肤处出现出血斑（点）

（三）剖检变化

猪霉饲料中毒，表现为肝脏损伤、黄疸和出血性综合征。可视黏膜和皮下脂肪有不同程度的黄染。腹腔有少量黄色或淡红色腹水，浆膜表面有出血斑（点）。剖检变化主要发生在肝脏，肝脏色黄、肿大、质脆，严重的有灰黄色坏死灶；小叶中心出血和间质明显增生，质地变硬；急性型病猪胆囊黏膜下层严重水肿，胆汁浓稠呈黄色胶状；大腿前和肩下区的皮下肌肉出血，其他部位肌肉也常见出血；胃底弥漫性出血，有的出现溃疡；肠道有出血性炎症，胃肠道中有血凝块，全身淋巴结肿胀，呈急性淋巴结炎；肠系膜充血，水肿，黏膜脱落，呈豆渣样；肾脏肿大、充血，水肿，有深黄色胶状物，切面黄染；脾脏通常无变化 ，心包腔积液，心外膜和心内膜有明显出血，有时结肠浆膜呈胶样浸润（图5-1-7至图5-1-21）。

图5-1-7 喉头黏膜黄染

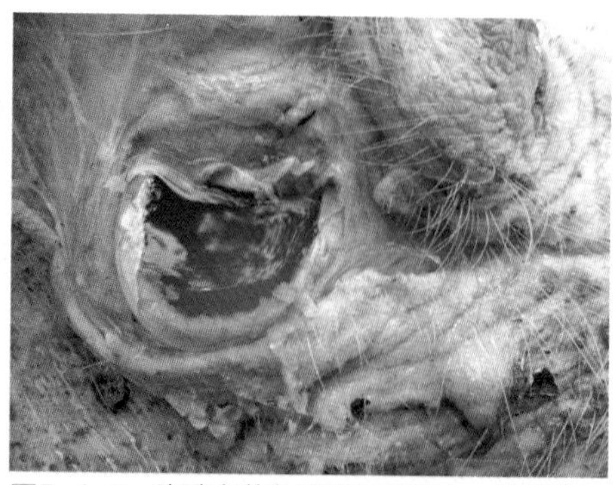

图5-1-8 腹腔有黄色或淡红色腹水，浆膜表面有出血斑（点）

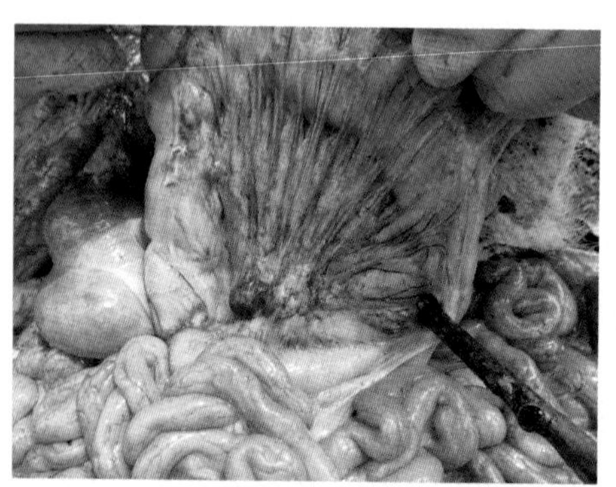

图5-1-9 大网膜黄染

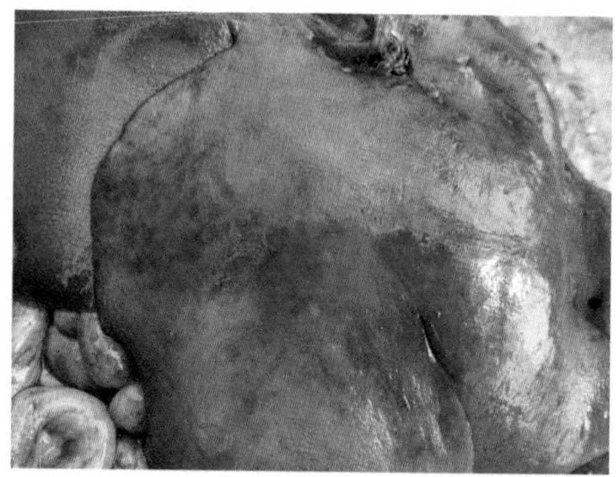

图5-1-10 肝脏色黄、肿大、质脆，严重的有灰黄色坏死灶

图5-1-11 小叶中心出血和间质明显增生，质地变硬

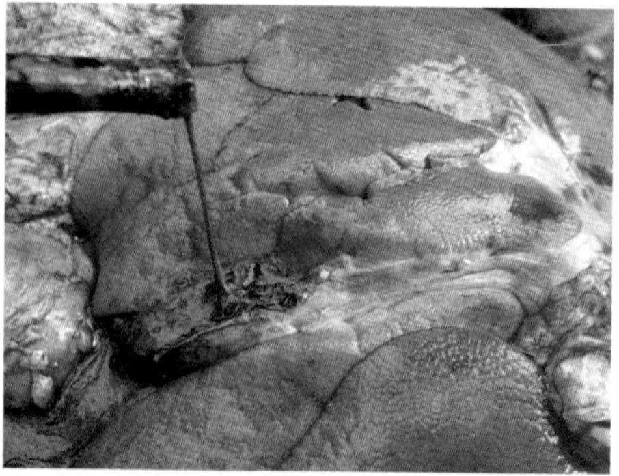

图5-1-12 急性型病猪胆囊黏膜下层严重水肿，胆汁浓稠呈黄色胶状

图5-1-13 心冠脂肪黄染

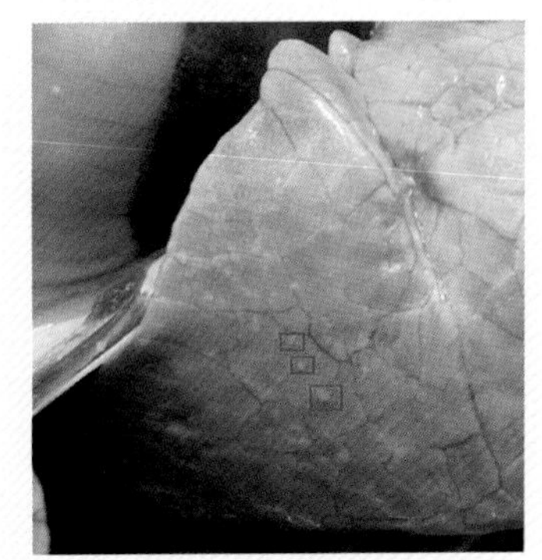
图5-1-14 肺表面的灰白色霉菌结节

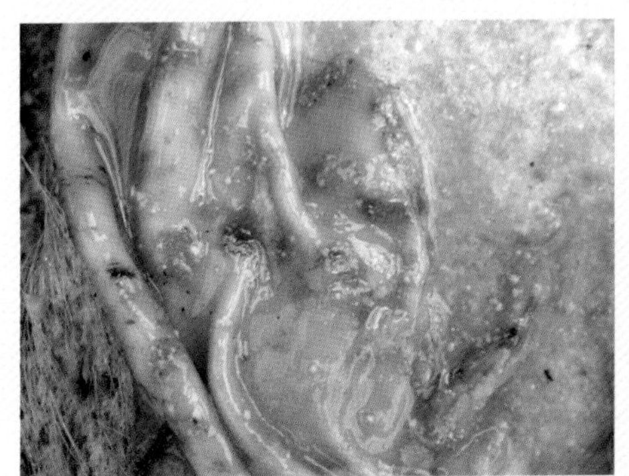
图5-1-15 胃黏膜出血和溃疡，有时有血凝块

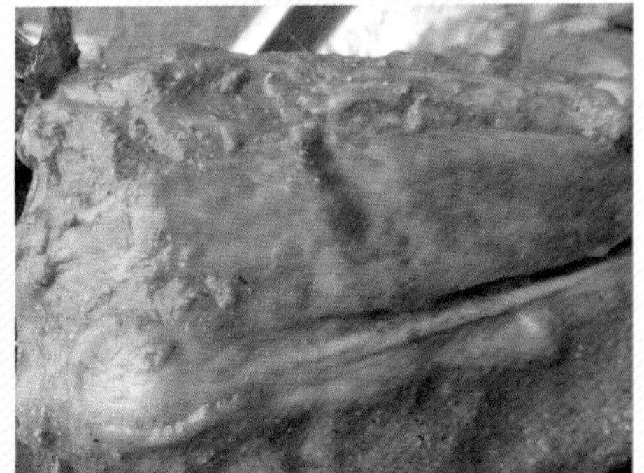
图5-1-16 胃底部出血，黏膜表面可见霉菌结节

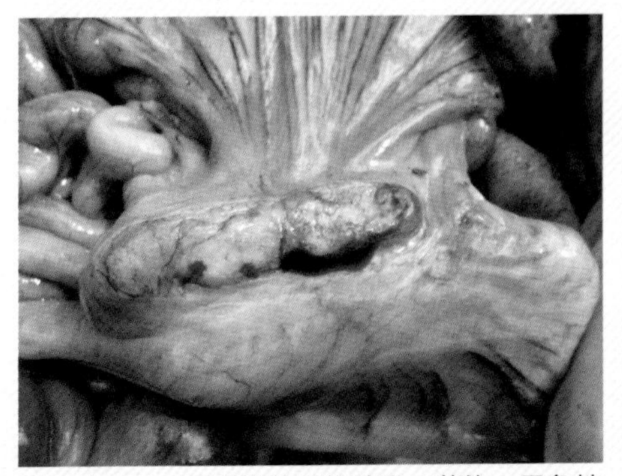
图5-1-17 肠系膜淋巴结肿胀，黄染，呈急性淋巴结炎

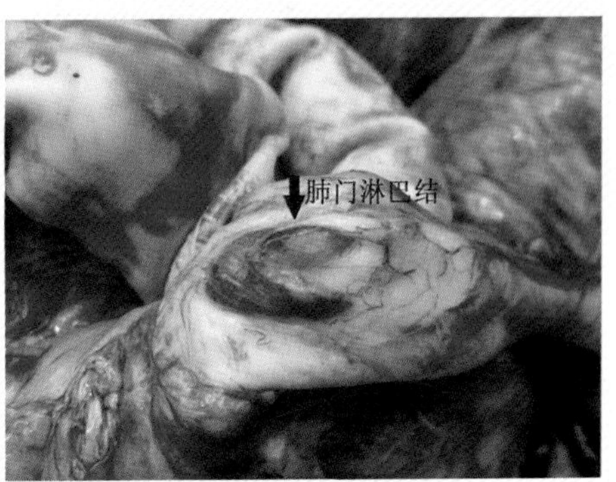

图5-1-18 肺门淋巴结肿大，黄染

图5-1-19　结肠及肠系膜水肿并黄染，结肠浆膜呈胶样浸润

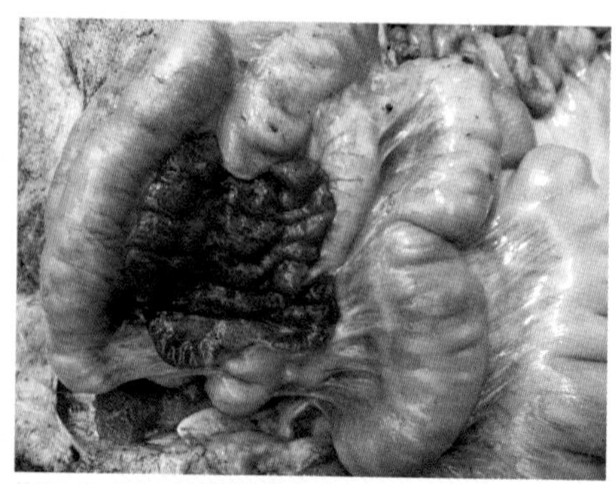
图5-1-20　结肠黏膜出血

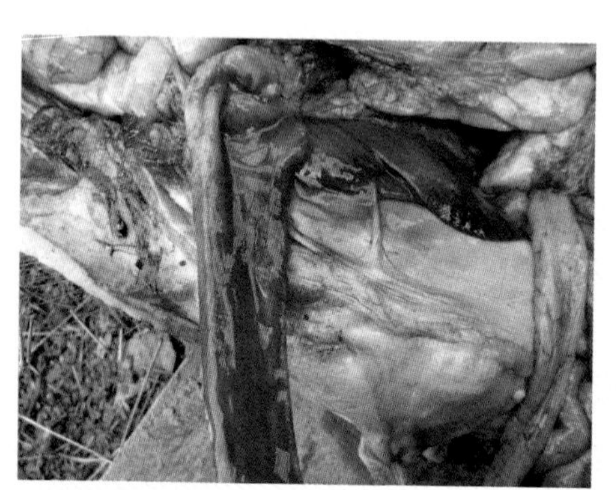
图5-1-21　小肠黏膜出血

（四）治疗

静脉注射：20%～50%葡萄糖、安钠咖、维生素C、乌洛托品等药物。

中药治疗：防风60克、甘草60克、绿豆500克，煎水，加白糖60克，一次灌服（剂量根据猪大小适当增减）。

二、玉米赤霉烯酮引起的中毒

玉米赤霉烯酮又称F-2毒素，它首先从有赤霉病的玉米中分离得到。玉米赤霉烯酮产毒菌主要是镰刀菌属的菌株，如禾谷镰刀菌和三线镰刀菌。玉米赤霉烯酮主要污染玉米、小麦、大麦、大米、小米和燕麦等谷物。其中玉米的阳性检出率为45%，最高含毒量每千克体重可达到2 909毫克；小麦的检出率为20%，每千克体重的含毒量为0.364～11.05毫克。玉米赤霉烯酮的耐热性较强，110℃下处理1小时才被完全破坏。

玉米赤霉烯酮具有雌激素样作用，能造成动物急慢性中毒，引起动物繁殖机能异常甚至死亡，给畜牧场造成巨大经济损失。可导致猪出现子宫和乳腺肥大、脱肛等症状，疫苗免疫接种易失败。

（一）临床实践

主要侵害生殖系统，母猪发病时不能被正确诊断，大多被误诊为发情表现。随着集约化养猪生产的兴起，一些外来品种猪，本来体重一般在100千克以上才发情，却在30～50千克就有发情表现。本地猪阉割后也出现发情表现。这种发情表现在临床上并无周期性，持续时间长。部分发病猪阴道或子宫脱出，有的波及直肠，造成脱肛等，更换饲料一段时间就自行康复。随着养猪科技的发展，人们普遍认识到给猪饲喂霉变饲料（赤霉菌素）是主要原因。

（二）临床症状

赤霉菌素作为一种类雌激素物质，可导致猪生殖器官机能上和形态学上的变化。仔母猪呈现发情症状，外阴红肿，子宫增生，乳腺肥大。经产母猪延长发情周期的表现是：外阴阴道炎、持续性发情、屡配不孕。外阴和前庭黏膜充血，分泌物增多。长期饲喂则引起卵巢萎缩、发情停止或发情周期延长。孕猪可导致少胎和弱胎，胚胎被吸收，甚至引起流产、死胎、新生仔猪死亡和干尸，给生产带来严重损失。泌乳母猪引起泌乳量减少，严重时甚至无奶。乳汁中的毒素还可使哺乳仔猪产生雌性化症状。生殖道的变化是阴户光滑，很坚实，紧张；或明显地突出外翻，严重时阴道壁下垂。公猪或去势公猪，可有包皮水肿和乳腺肥大。有报道，本病可使仔猪腿外展和增加震颤数（图5-1-22至图5-1-24）。

（三）剖检变化

本病病理变化主要集中在生殖系统，且以生殖系统水肿、增生为主要病变特点。乳腺间质性水肿。阴道黏膜水肿、坏死和上皮脱落。子宫颈上皮细胞增生，子宫壁肌层高度增厚，子宫角增大，子宫内膜发炎。卵巢发育不全，常出现无黄体卵泡，卵母细胞变性，部分卵巢萎缩。公畜睾丸萎缩。

（四）治疗

玉米赤霉烯酮中毒尚无特效药治疗，应停止饲喂发霉或可疑饲料。对于已经

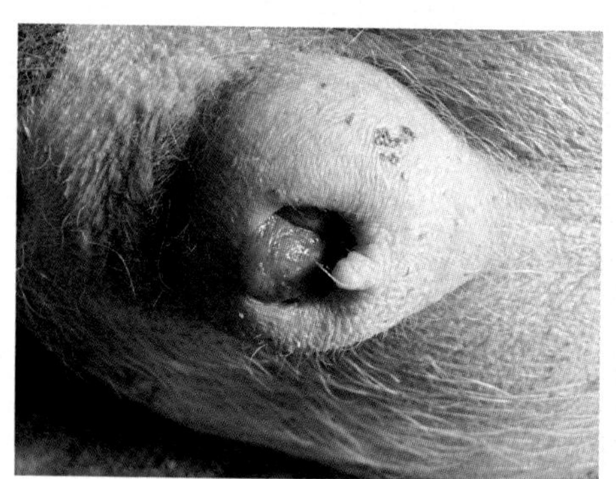
图5-1-22 仔母猪阴户肿胀，子宫增生

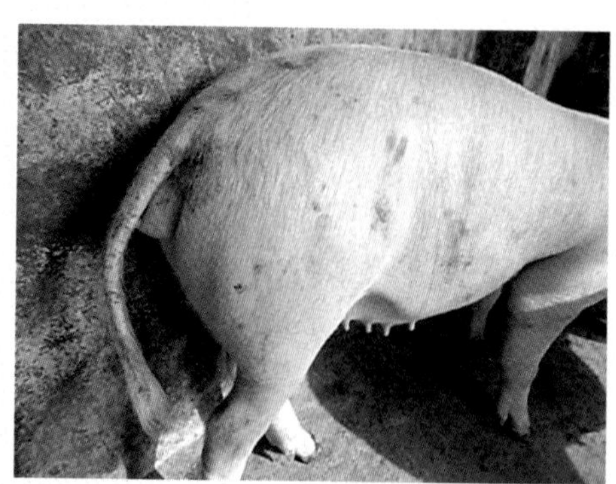
图5-1-23 仔母猪呈现发情症状，外阴红肿，乳腺肥大

图5-1-24 公猪或去势公猪有包皮水肿

中毒的家畜给予一定的支持治疗（静脉放血和强心剂液），方法是：急性中毒猪，立即灌服10%硫酸镁（硫酸钠）溶液500～800毫升，根据猪的不同体重可静脉放血100～500毫升。同时，用10%葡萄糖500～1 000毫升、10%葡萄糖500～1 000毫升、40%乌洛托品60毫升、右旋糖酐500～1 000毫升、三磷酸苷二钠40毫克静脉滴注，并肌内注射维生素K_3 5毫升。对于慢性中毒的患猪，可用绿豆苦参煎剂灌服，静脉注射葡萄糖和樟脑磺酸钠，同时口服鱼肝油。肌内注射VE和黄体酮。据报道，在治疗过程中使用雄性激素和保胎素的方法效果不明显。

第二节 铁中毒

铁中毒又称血色病，有原发性血色病与继发性血色病两种，铁中毒多在3~5日龄注射铁剂后出现。

一、临床实践

铁中毒临床并不少见。一般从饲料中过量摄取中毒的情况很少发生，大多是3~5日龄注射铁剂所致。根据近些年临床诊断情况看，中毒原因主要是有的一窝仔猪对铁的耐受能力差，因为大多仔猪用同等剂量注射是安全的。

二、临床症状

给乳猪注射铁剂后，除过敏外，大多当时看不出明显的不良反应，约10小时后可发现呕吐、腹痛、腹泻。行走不稳，双侧后肢震颤，发抖；肌纤维自发性收缩；精神委顿，嗜眠，呼吸困难和昏迷。从胸前直到腹部，有一条宽约3厘米的紫色瘀血带。

三、剖检变化

注射部位周围着色、水肿，肌肉苍白，肾脏肿大，心外膜出血，胸腔积水和肝坏死（图5-2-1至图5-2-7）。

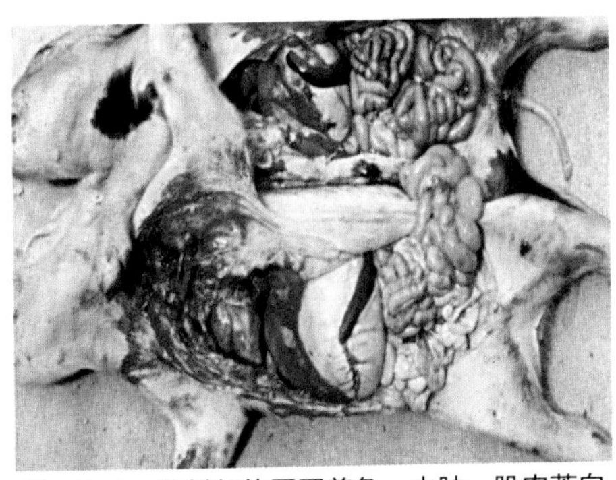

图5-2-1 注射部位周围着色、水肿、肌肉苍白

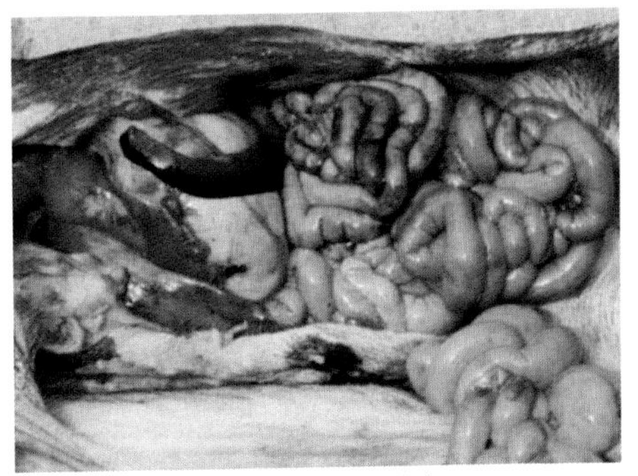

图5-2-2 脾肿大，部分区域着色

图5-2-3 心外膜出血，胸腔积水和肝坏死

图5-2-4 肾脏肿大，部分区域着色

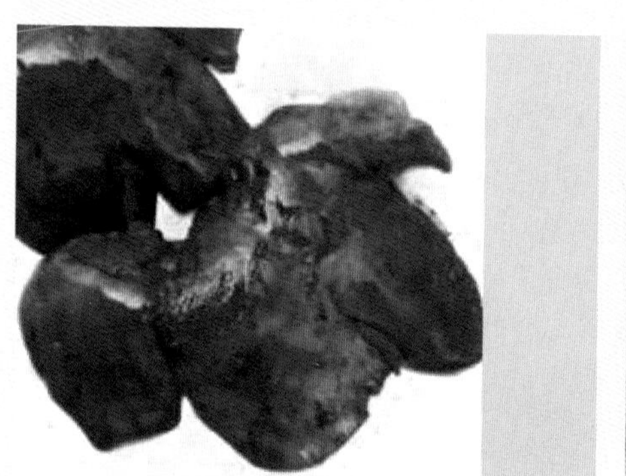

图5-2-5 肝脏部分着色并有灰黄色坏死区域

图5-2-6 结肠系膜水肿

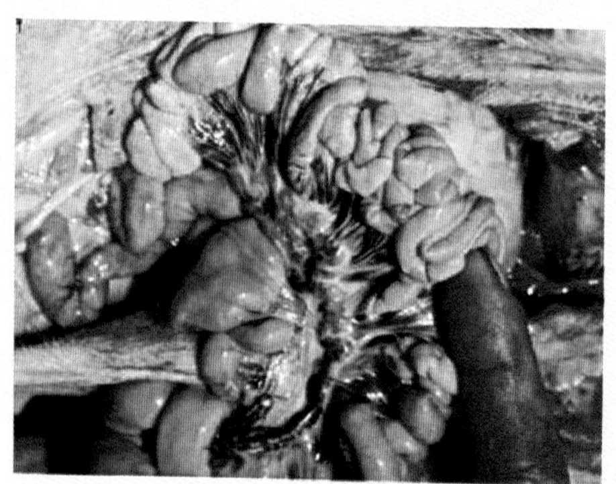

图5-2-7 肠系膜淋巴结着色

四、防治

去铁敏可络合铁离子成为无毒的络合物经尿排出，一般每千克体重肌内注射20毫克，每4小时注射1次。如系重症中毒，可每千克体重缓慢静脉注射40毫克，4小时滴完，6小时后可重复1次。以后改为每次每千克体重静脉滴注20毫克，每12小时注射1次，直至尿色正常为止。如尿液仍为橘红色或红褐色则表示尚有去铁敏和铁离子络合物存在，则可继续用药；亦可按每次每千克体重90毫克加入5%葡萄糖溶液150～200毫升，6小时以上静脉滴注完毕。

第三节　安乃近中毒

安乃近为氨基比林和亚硫酸钠相结合的化合物，易溶于水，解热、镇痛作用较氨基比林快而强。一般不作首选用药，仅在急性高热、病情急重，又无其他有效解热药可用的情况下用于紧急退热。猪安乃近中毒主要是盲目或重复大剂量使用造成的。

一、临床实践

关于猪安乃近中毒报道很少，但这并不意味着该中毒病发生较少。临床上主要是在大剂量、长时间或重复给药造成猪只中毒现象。

二、临床症状

发病前期，患猪出现呕吐，体温低下，但精神亢奋。架子猪大剂量注射安乃近中毒后，皮肤颜色暗红，在圈舍内吻突贴近地面无目的地乱拱。乍看上去，好像精神很好，到处觅食，但仔细观察却发现这是机械性的。此时用锐器（针头）触碰患猪，其无任何反应。仔猪安乃近中毒表现基本一致，眼睑轻肿，不断咀嚼，不论在什么地方，总是无目的地啃咬。皮肤有瘀斑且潮红，以耳部为甚（图5-3-1至图5-3-4）。

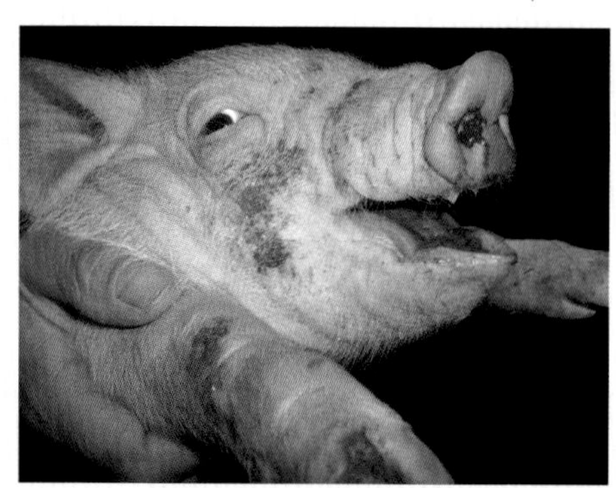
图5-3-1　眼睑轻肿，不断咀嚼（此图片显示的不是鸣叫，而是在吧唧嘴）

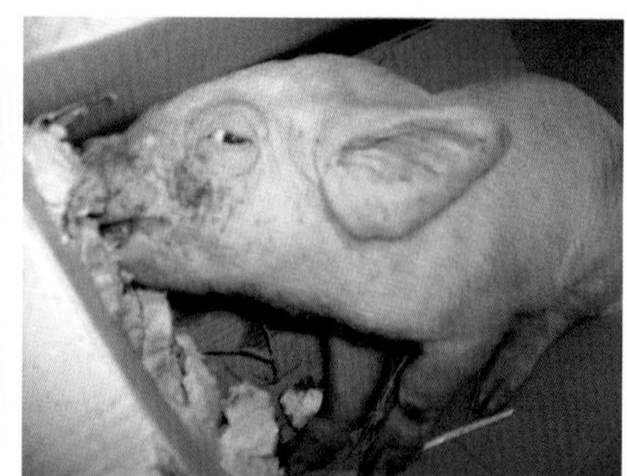
图5-3-2　不论在什么地方，总是无目的地啃咬

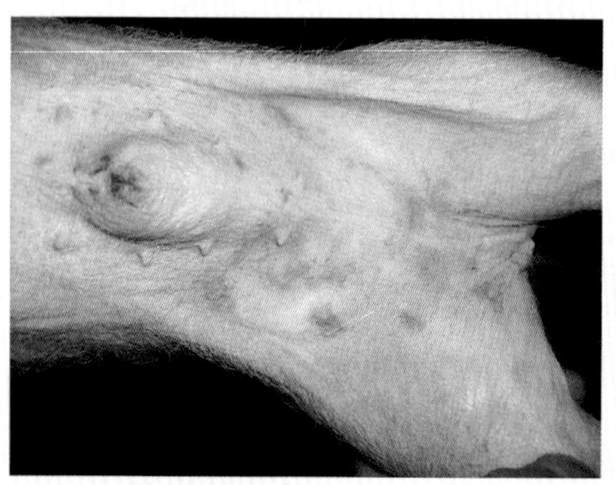
图5-3-3　皮肤有瘀斑

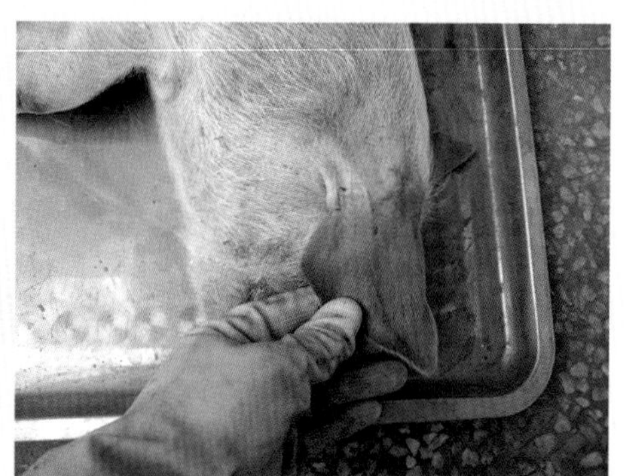
图5-3-4　皮肤潮红，以耳部为甚

三、防治

无特效解毒药，以对症处理为主。可使用以下处方：50千克体重，用10%葡萄糖1 000毫升加氢化考的松300毫克、维生素C_3克、10%葡萄糖酸钙20毫升静脉滴注。

第四节　食盐中毒

猪食盐中毒主要是由于采食含过量食盐的饲料，尤其是在饮水不足的情况下而发生的中毒性疾病。

一、临床实践

本病规模化猪场少见，散养户中给猪饲喂饭店、食堂等残羹剩饭时多发。猪食盐内服急性致死量约为每千克体重2.2克。

二、临床症状

临床症状为食欲减少，口渴，流涎，头碰撞物体，步态不稳，做转圈运动。尿少或无尿，兴奋时奔跑，大多数病例呈间歇性癫痫样神经症状。神经症状发作时，颈肌抽搐，不断咀嚼流涎，呈犬坐姿势，张口呼吸，口腔黏膜肿胀，皮肤黏膜发绀，肌肉震颤。体温略有升高（痉挛时升至41℃），发作间歇期体温正常。随着病情的发展，病猪后躯开始麻痹，卧地不起，常在昏迷中死亡（图5-4-1至图5-4-4）。

图5-4-1 临床症状为食欲减少，口渴，流涎，头碰撞物体

图5-4-2 步态不稳，抽搐，不断咀嚼流涎，呈犬坐姿势

图5-4-3 前期口渴，后期意识不清，对水已经无反应

图5-4-4 步态不稳，做转圈运动。大多数病例呈间歇性癫痫样神经症状

三、剖检变化

剖检可见胃肠黏膜充血、出血、水肿，呈卡他性和出血性炎症，并有小点溃疡。全身组织及器官水肿，体腔及心包积水。脑水肿显著，并可能有脑软化或早期坏死。

四、防治

每千克体重20%甘露醇溶液5毫升、25%硫酸镁溶液0.5毫升，混合后一次静脉注射。溴化钙1～2克，溶于10～20毫升蒸馏水中，过滤煮沸灭菌后耳静脉注射。

第五节　土霉素中毒

土霉素系广谱抗生素属四环素类药，易溶于水，对预防细菌性传染病，治疗轻微呼吸道及肠道疾病有良好疗效。土霉素进入机体后，吸收快，排泄慢(达12小时以上)。因此，不论一次大剂量或连续超剂量用药均能引起猪中毒，甚至造成死亡。

一、临床实践

土霉素中毒主要发生在散养户或小规模养猪户中，他们不能准确有效掌握用药剂量所致。

二、临床症状

发病仔猪都呈侧卧，反应迟钝，瞳孔扩大，身体僵硬如木马。一般体温正常，但精神沉郁，步态蹒跚，呼吸快而弱。随着病情的发展，有时会出现昏迷、休克。侧卧，有的角弓反张，但不像伪狂犬病那样口流涎。同时，口、鼻翼及颌下都有节律地随着呼吸而动。有个别仔猪稍受刺激，便四肢滑动，角弓反张，量体温在38.7～39.5℃。呼吸每分钟94次，脉搏每分钟跳动126次（图5-5-1至图5-5-4）。

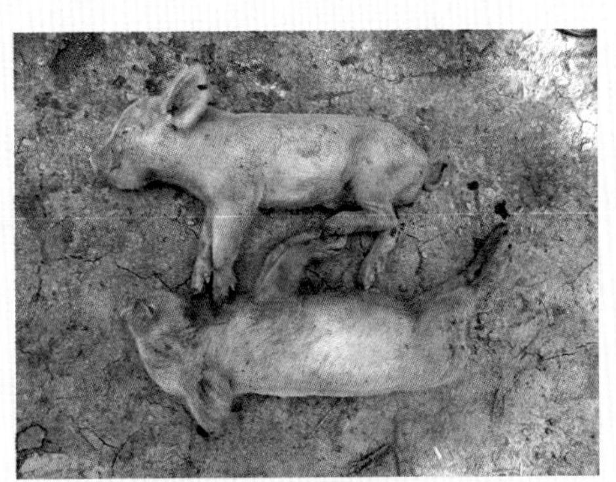

图5-5-1 发病仔猪都呈侧卧，反应迟钝

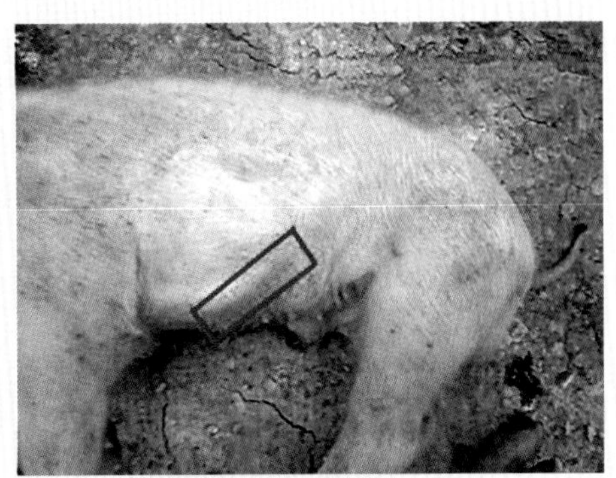

图5-5-2 呼气时腹壁收缩，肋骨突出

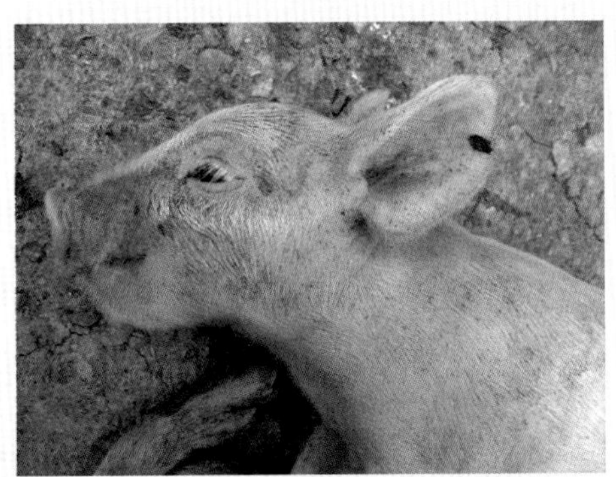

图5-5-3 发病猪瞳孔扩大，身体僵硬如木马

图5-5-4 死亡仔猪眼睑青紫色

三、剖检变化

对两头濒死期仔猪进行解剖，发现血液稀薄，凝固不良，心肌松软，心内外膜有出血斑（点）。肝脏肿大，脂肪变性，呈土黄色，并有一处粟粒大小黄色病灶，肝小叶结构模糊，触摸有油腻感。肝门淋巴结出血，一头猪肾脏色淡并有出血条纹，呈花斑肾，这是药物代谢的原因。另外，肺门、肾门及肠系膜淋巴结出血呈棕色。肌肉色淡，似煮熟状（图5-5-5至图5-5-11）。

图5-5-5 肝门淋巴结出血

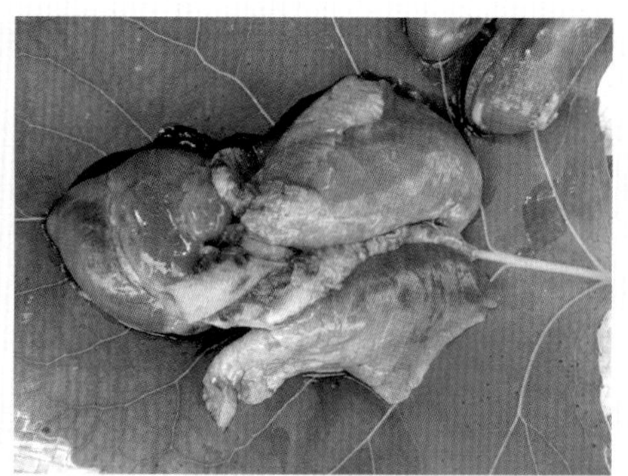

图5-5-6 心肌松软，心内外膜有出血斑点

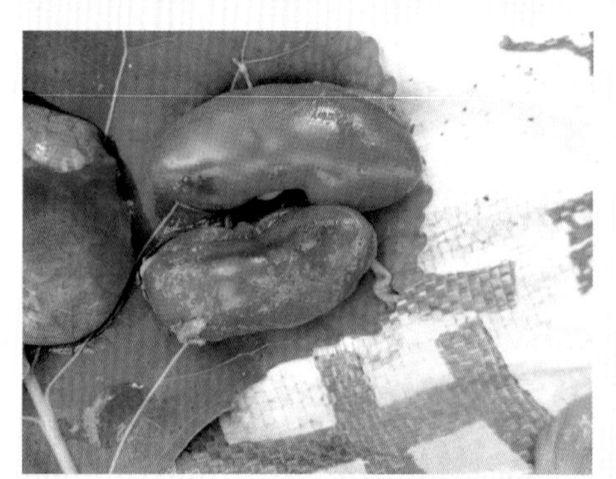

图5-5-7 肾脏色淡并有出血条纹，呈花斑肾

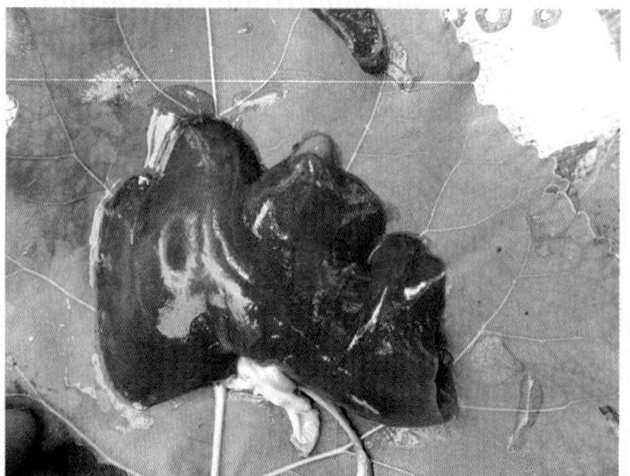

图5-5-8 肝脏肿大，脂肪变性，呈土黄色，并有一处粟粒大小黄色病灶，肝小叶结构模糊，触摸有油腻感

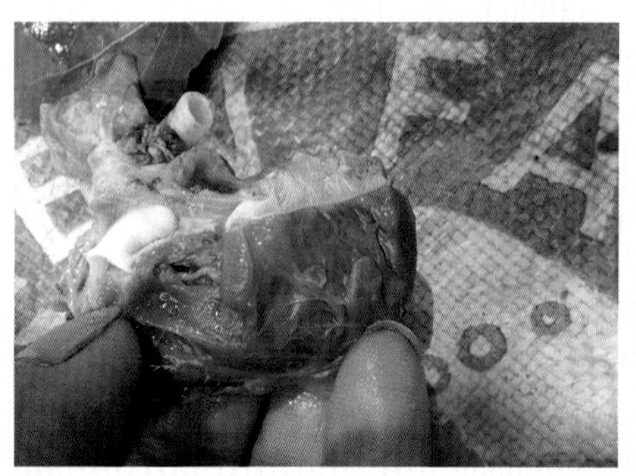

图5-5-9 心内膜出血

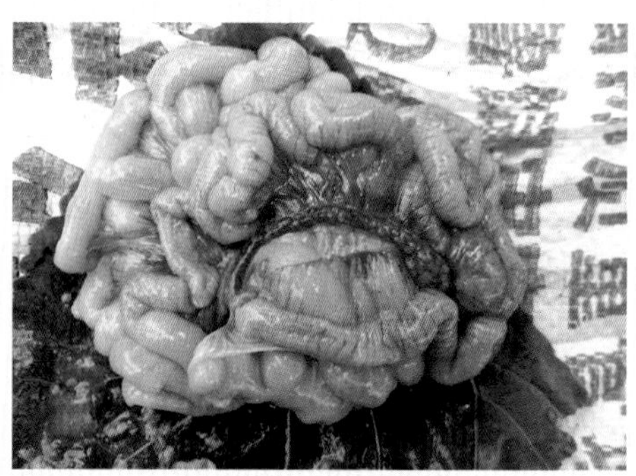

图5-5-10 肠系膜淋巴结呈棕色

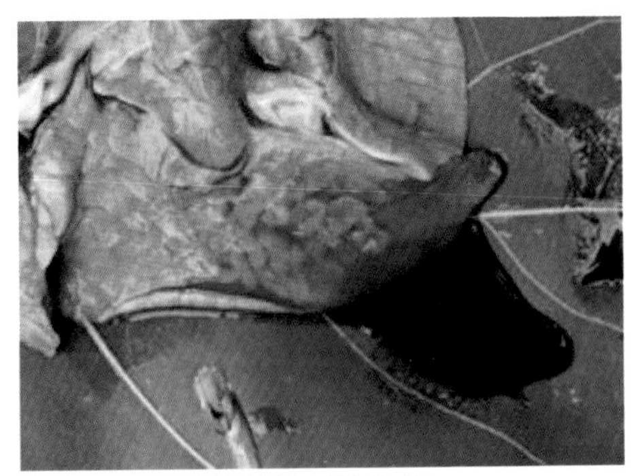

图5-5-11 血液稀薄，凝固不良

四、防治

立即注射扑尔敏，静脉使用10%葡萄糖溶液和葡萄糖酸钙。饮水中加入葡萄糖或绿豆汤，同时口服维生素C，每次10～20毫克。

06

第六章

产科、外科相关疾病

第一节　子宫内膜炎

母猪子宫内膜炎是导致母猪繁殖障碍的主要疾病之一，母猪发病后影响受精及胚胎的生长发育和着床，可引起胎儿死亡而发生流产，或发情母猪屡配不孕。

一、临床实践

该病是由于配种、人工授精及阴道检查时消毒不严、难产、胎衣不下、子宫脱出及产道损伤之后，细菌（双球菌、葡萄球菌、链球菌、大肠杆菌、弓形虫病等）侵入而引起。在机体抗病力降低时，阴道内存在的某些条件性病原菌亦可诱发本病。此外，布氏杆菌病、沙门氏菌病及霉菌毒素中毒等，也常并发子宫内膜炎。该病是母猪生产中最常见的一种产科疾病，对比较轻微的子宫炎或卡他性炎症积极治疗是有效的。对于脓性或较顽固的炎症，除非品种优良或应保留外，要坚决予以淘汰。

二、临床症状

急性子宫内膜炎：多见于产后母猪。病猪体温升高，没有食欲，常卧地。从阴门流出灰红色或黄白色脓性腥臭分泌物，附着在尾根及阴门处。病猪常做排尿动作，弓背，努责，不发情或发情不正常，不易受胎等。

慢性子宫黏膜炎：多由急性炎症转变而来，常无明显的全身症状，有时体温略微升高，食欲及泌乳稍减。阴道检查，子宫颈略开张，从子宫流出透明、浑浊或带有脓性絮状渗出物。有的在临诊症状、直肠及阴道检查，均无任何变化，仅屡配不孕，发情时从阴道流出多量不透明的黏液，子宫冲洗物静置后有沉淀物（患有隐性子宫内膜炎）。当脓液蓄积于子宫时（子宫蓄脓），子宫增大，宫壁增厚，触诊有波动感，均可能出现腹围增大（图6-1-1至图6-1-2）。

三、防治

1. 用0.02%新洁尔灭溶液或0.1%高锰酸钾溶液冲洗子宫，冲洗后排出溶液，然后用注射用水20毫升稀释的80万～160万国际单位青霉素灌注子宫。

2. 对慢性子宫内膜炎的病猪，可用青霉素80万～160万国际单位、链霉素100万国际单位，混于高压消毒的植物油20毫升中，注入子宫。

3. 用宫炎康泡腾片1粒，用专用工具放入子宫。

4. 全身疗法可用青霉素，每次肌内注射320万～400万国际单位；链霉素，每次肌内注射100万国际单位。每日均2次。

5. 为了促使子宫蠕动加强，有利于子宫腔内炎性分泌物的排出，亦可使用子宫收缩剂，可皮下注射缩宫素20国际单位。

图6-1-1 病猪体温升高，喜卧、食欲差（多见于产后母猪）

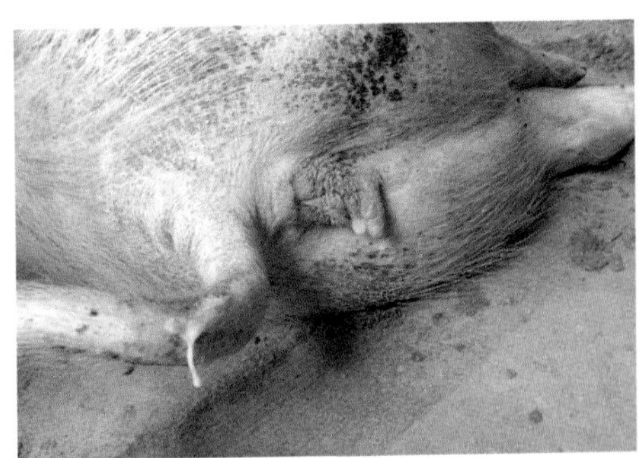
图6-1-2 从阴门流出白色脓性的分泌物，附着在尾根及阴门外

第二节 母猪产后败血症

母猪产后败血症是由于产后产道感染所致，是细菌及毒素进入血液引起的产后疾病，临床上按病程有急性和慢性之分。该病是母猪常见多发的产后疾病之一，发病率高，死亡率高，是造成母猪产后死亡的主要原因之一。

一、临床实践

该病是产后母猪威胁较大的疾病，因近几年多数养猪场户都重视产前、产后注射抗生素，因此发病率相对较低。

二、临床症状

本病以高热、萎靡、阴门流出带血恶臭液体为特征。病猪一般表现剧烈的全身症状。体温升高达41℃左右，后期可降至或低于常温。有的患猪腹部两侧可见毒素过敏现象（红白相间），耳端及四肢发凉。腹下、四肢及耳部发绀，食欲减退或废绝。精神委顿，躺卧不愿站立，发抖，喘粗气，脉搏和呼吸增快，大便稍干，无乳或仅有稀薄乳汁，常从阴道流出污褐色的恶臭液体（图6-2-1至图6-2-5）。

图6-2-1　该母猪产后4天发病，发抖，喘粗气，脉搏和呼吸增快，无乳

图6-2-2　体温急剧上升41℃左右，耳端及四肢发凉，耳部发绀

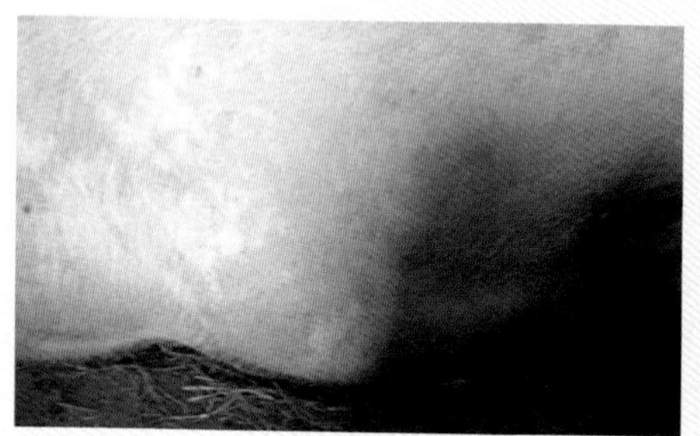

图6-2-3　皮肤可见毒素过敏现象（红白相间）

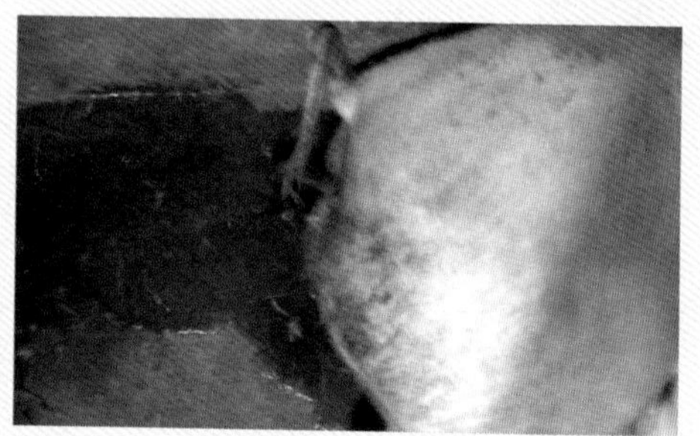

图6-2-4　尿如浓茶，并有絮状物，病重时卧地排尿

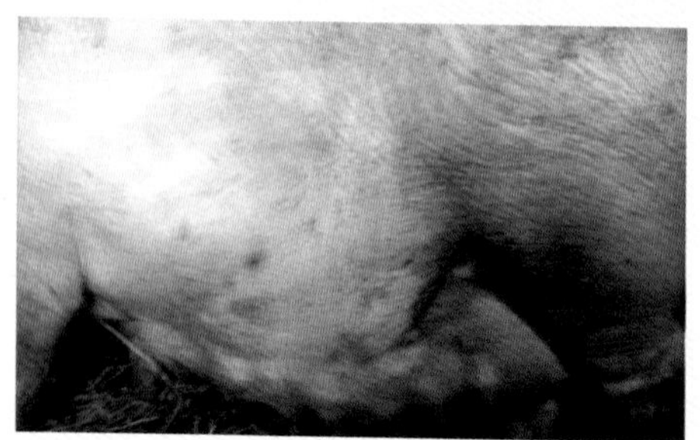

图6-2-5　腹下、四肢发绀，食欲废绝（该猪拍照后15小时死亡）

三、防治

1．消炎杀菌 每头母猪用青霉素400万国际单位，链霉素200万国际单位，注射用水10毫升，一次量稀释后肌内注射。每天2次，连用3天。

2．辅助治疗 用输精管插入子宫，接注射器注入0.1%高锰酸钾溶液，反复冲洗，最后用生理盐水冲洗，待排出液体与冲入液体一样清澈时停止冲洗。排尽洗液后，注入子宫适量的甲硝唑溶液，同时肌内注射氯前列醇。重症患猪要强心补液。

第三节 母猪产后无乳综合征

母猪产后无乳综合征又称母猪泌乳失败，是多种病因相互作用的结果。其主要病因有：子宫内膜炎、乳房炎、肾炎、膀胱炎和繁殖与呼吸障碍综合征及饲料霉菌毒素超标。该病在猪场中时有发生，特别是在盛夏高温季节发病率最高。任何年龄的母猪均可发病，是母猪产后的常发病之一，其特征是母猪在产后13日逐渐表现少乳或无乳、厌食、便秘、对仔猪淡漠等。母猪一旦发生本病，会使仔猪生长受阻、腹泻、脱水，甚至死亡。母猪断奶后发情延迟，屡配不孕而最终被淘汰。仔猪由于得不到充足的母乳而变得瘦弱，易发病，死亡率较高，给养殖业造成严重的损失。管理状况不同的猪场发病率存在较大的差异，有的猪场发病率高达50%，有的猪场却很少见到。在患病的母猪中有一部分虽经治疗和加强饲养管理泌乳功能得到改善，但仍赶不上正常母猪的泌乳成绩。

一、临床实践

母猪产后无乳综合征是养殖生产中常见的疾病之一。不过因病因复杂，确诊困难，加之认识不足，临床上往往被忽视。实践中，笔者发现本病在中小养殖场（户）中的发生率较高。较大规模猪场因对饲料质量把关较严，该病发生率较低。猪多圈舍面积少或经产母猪多头混养时，易发生互相咬架、挤压，且争食时饲养员大声恐吓、击打等都可致使母猪应激性增加，导致猪抵抗力下降，增加母猪产后无乳综合征的发病率。诊断母猪无乳综合征通过临床表现和流行病学分析，一般不难。即使乳房无炎症表现，也可以通过仔猪饥饿、脱水、消瘦等一系列表现得到证实。

二、临床症状

病因非常复杂，包括应激、内分泌失调、传染病、中毒、营养及饲养管理几个方面；因此，临床症状也各不相同。不过，都有一个共同特征，就是母猪在分娩后乳汁减少或停止。同时表现采食量和饮水量减少，甚至废绝，精神沉郁，不愿站立，有的体温升高，有的体温可能偏低。粪便干、少。缺乏母性，对仔猪冷漠，甚至呈卧姿将乳头压于腹下，拒绝仔猪哺乳。或虽允许仔猪哺乳，但放乳时间极短，仔猪表现饥饿、血糖下降，对感染无抵抗能力，易造成染病死亡。因乳房炎造成泌乳失败的母猪可见乳房肿大，乳腺组织坚硬，触诊疼痛，皮肤充血或瘀血，指压褪色发白，恢复缓慢，心跳加快，呼吸急迫。产道感染的还可见阴门红肿并有污红色或脓性分泌物流出。霉菌感染还可见后肢软弱，红眼，红色眼露和皮肤油脂溢出。非传染性因素引起除母猪无乳综合征表现无乳以外，临床上可能见不到明显症状。有的母猪常因症状不明显而被忽视（图6-3-1至图6-3-5）。

三、防治

造成母猪无乳综合征的原因很多，因此预防要综合考虑。做好传染病特别是泌尿和生殖系统疾病防治工作，加强妊娠母猪饲养管理，如保持猪舍通风、透光、干净及正确接产及助产，产房内的临产母要冲洗、消毒，保持产房、产床的干燥并定期消毒。分娩过程中应保持安静，避免助产人员和兽医对母猪进行过多

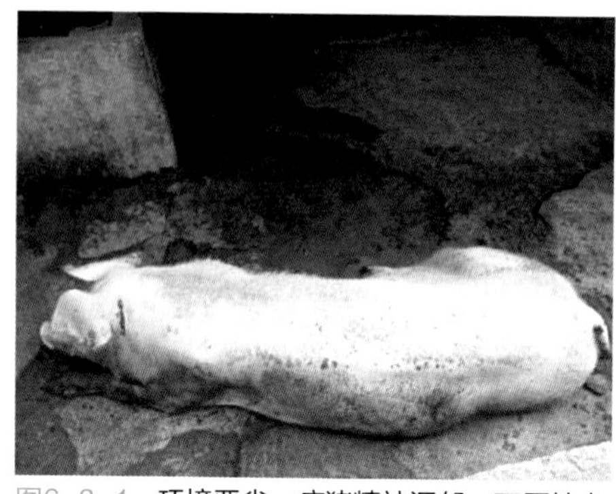
图6-3-1　环境恶劣，病猪精神沉郁，不愿站立

图6-3-2　健康猪（右）与患猪猪对照（左）

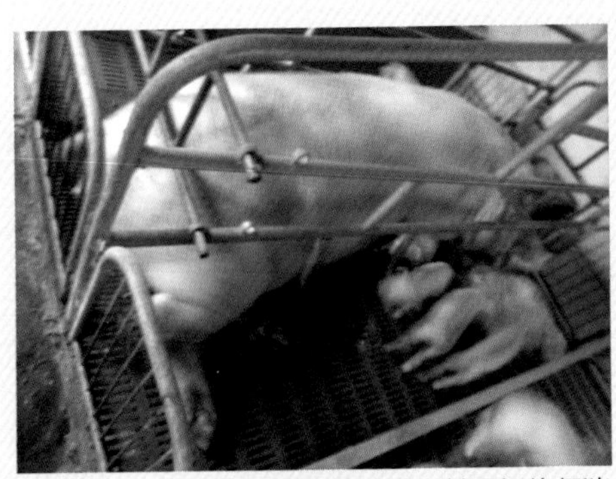
图6-3-3 母猪对仔猪表情淡漠，甚至拒绝仔猪哺乳

图6-3-4 母猪放乳时间很短，由于饥饿仔猪吃完并不愿意休息且互相乱拱

图6-3-5 从额头污秽可知乳猪缺乳

干扰。

1．激素疗法 肌内注射乙烯雌酚45毫升，一日2次；或肌内注射缩宫素5～6毫升，每日2次。

2．药物疗法

（1）肌内注射常量青霉素、链霉素或磺胺类药物清除炎症。

（2）中药治疗口服以五不留行、穿山甲为主的中药催乳散。

3．可通过对母猪乳房按摩、仔猪吮乳以促进母猪乳房消炎、消肿和排乳。

4．初生仔猪可采取寄养的方法饲养，以免被饿死。

第四节 生产瘫痪

生产瘫痪是指产前不久或产后2～5天内，母猪发生的四肢运动能力丧失或减弱的一种疾病。

一、临床实践

生产瘫痪的主要原因是饲养管理不当。母猪怀孕后期，由于胎儿发育迅速，对矿物质的需要量增加，此时当饲料中缺乏钙磷或钙磷比例失调，均可导致母猪后肢或全身无力，甚至骨质发生变化而发生瘫痪。缺乏蛋白质饲料时，怀孕母猪变得瘦弱也可发生瘫痪。此外，饲养条件较差，限位栏高密度饲养时，母猪运动空间有限，产后护理不好，冬季圈舍寒冷、潮湿等也可发病。

二、临床症状

产前瘫痪：怀孕母猪长期卧地，后肢起立困难，无任何病理变化，知觉反射，食欲、呼吸、体温等均正常。

产后瘫痪：见于产后2～5天，食欲减退或废绝，病初粪便干硬而少，而后停止排粪、排尿，体温正常或略有升高，乳汁很少或无奶。

以上临床症状见图6-4-1至图6-4-3。

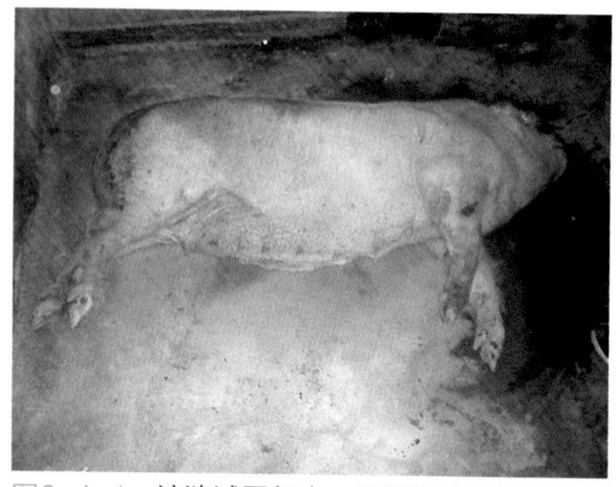

图6-4-1 该猪试图起立，频繁昂头甩尾，但仍不能站立，致使口部损伤出血

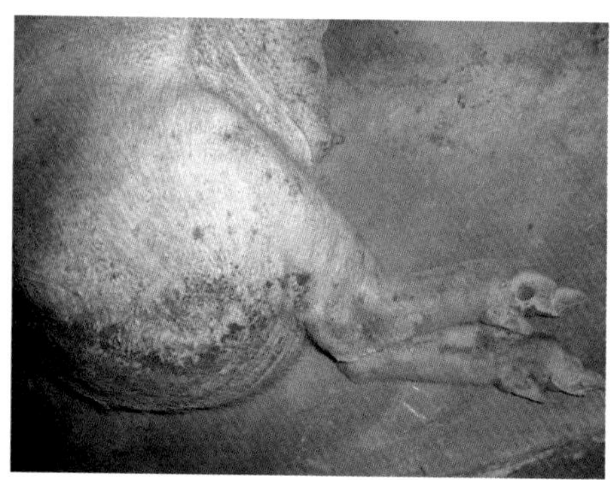

图6-4-2 产后护理不好发病的母猪试图起立，划动腿部，致使蹄部磨损出血

图6-4-3 大多患猪只是后肢严重，前肢尚能支撑

三、防治

1. 肌内注射维生素AD 3毫升，隔2日1次，或静脉注射20%葡萄糖酸钙50~100毫升，或10%氯化钙溶液20~50毫升。

2. 肌内注射维生素D_2钙10毫升，每日1次，连用3~4天。

3. 后躯局部涂擦刺激剂，以促进血液循环。

4. 饲料中适量添加骨粉，便秘时可用温肥皂水灌肠，或内服人工盐30~50克。

第五节 脓肿

脓肿是急性感染过程中，猪的任何组织、器官或体腔内，因病变组织坏死、液化而出现的局限性脓液积聚，四周有一完整的脓壁。各种化脓菌通过损伤的皮肤或黏膜进入猪体内均可导致发病，多与外伤有关。猪发病最为常见的部位在颈部。其主要原因是颈部注射给药时消毒不严所致。另外，尖锐物体的刺伤或手术时局部污染也可导致本病发生。

近几年高密度饲养条件下易造成咬尾，这是猪感染链球菌的重要途径之一，这种感染是造成猪深部脓肿（如肺脓肿）的主要原因。

一、临床症状

脓肿初期局部肿胀而稍高出于皮肤表面，表现红、肿、热、痛等。以后肿胀的界限逐渐清晰并在局部组织细胞、致病菌和白细胞崩解破坏最严重的地方开始软化并出现波动。由于脓汁溶解表层的脓肿膜和皮肤，因此脓肿可自溃排脓。另外，深层肌肉、肌间及内脏器官也可出现脓肿。由于脓肿部位深，外面又被覆较厚的组织，因此称深在性脓肿。这种脓肿增温的症状常常见不到，但常出现皮肤及皮下结缔组织的炎性水肿，触诊时有疼痛反应并常有指压痕。如果深在性脓肿不能被及时切开，其脓肿膜在脓汁作用下容易发生变性坏死，最后在脓汁的压力下可自行破溃。由于病猪从局部吸收大量的有毒分解产物而出现明显的全身症状，因此严重者还可能引起败血症（图6-5-1至图6-5-10）。

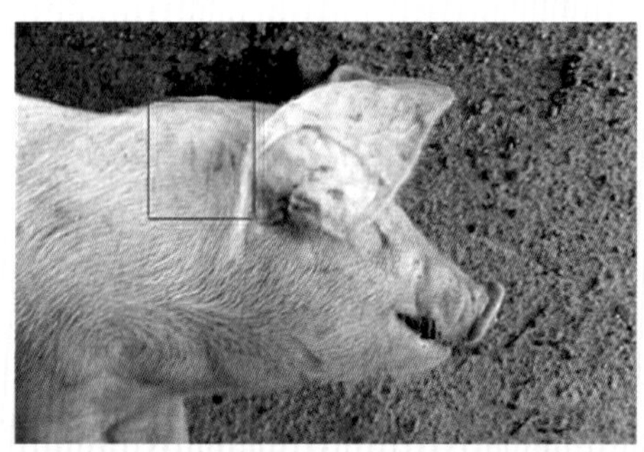

图6-5-1　注射感染，脓肿初期局部肿胀而稍高出于皮肤表面

图6-5-2　关节损伤造成脓肿，中期肿胀的界限模糊

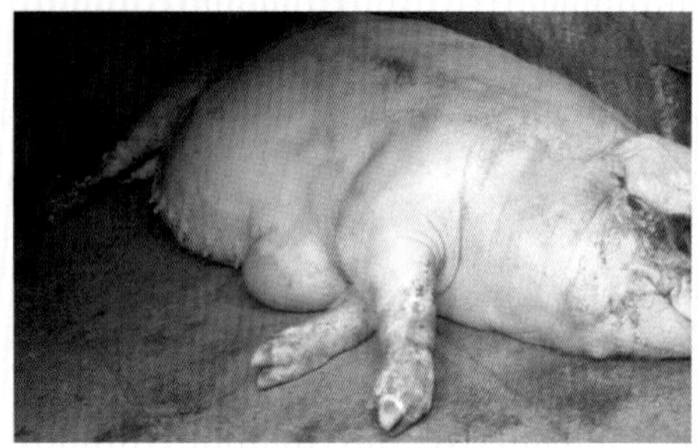

图6-5-3　经产母猪乳房炎，脓肿

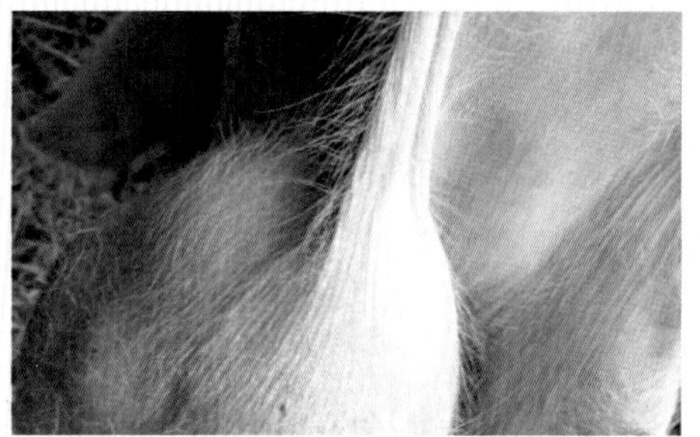

图6-5-4　肿胀的界限逐渐清晰并在局部组织细胞、致病菌和白细胞崩解破坏最严重的地方开始软化并出现波动

图6-5-5 最严重的地方开始变软、变薄并出现波动

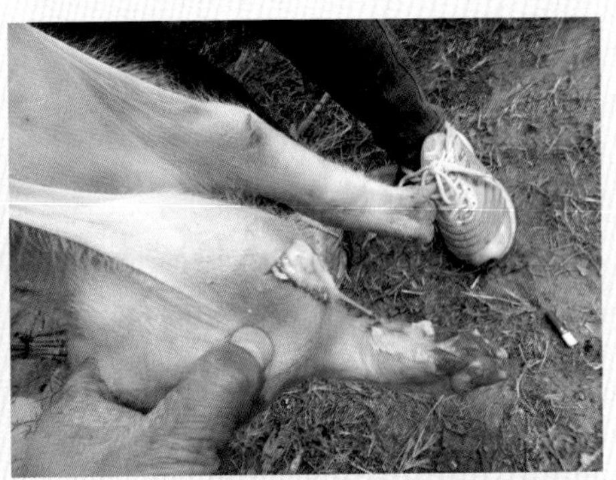

图6-5-6 手术排脓，开口尽量朝向下方

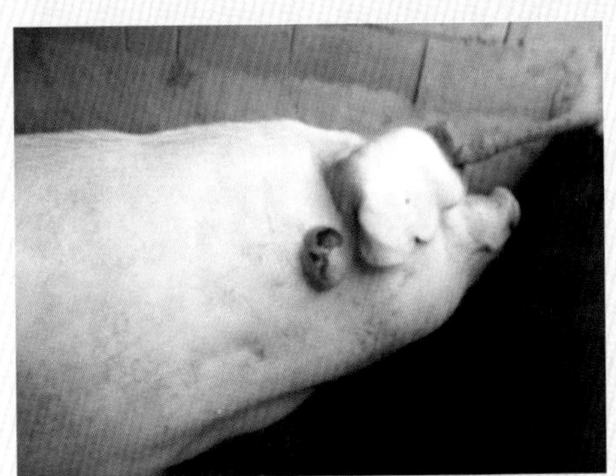

图6-5-7 注射油乳剂灭活疫苗时，最易产生结节或导致化脓

图6-5-8 切开后流出脓汁

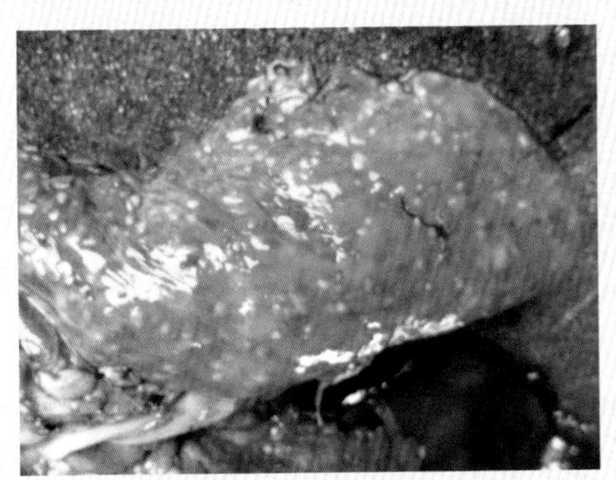

图6-5-9 深在性脓肿常发生于深层肌肉、肌间及内脏器官（该病例发生在肺部）

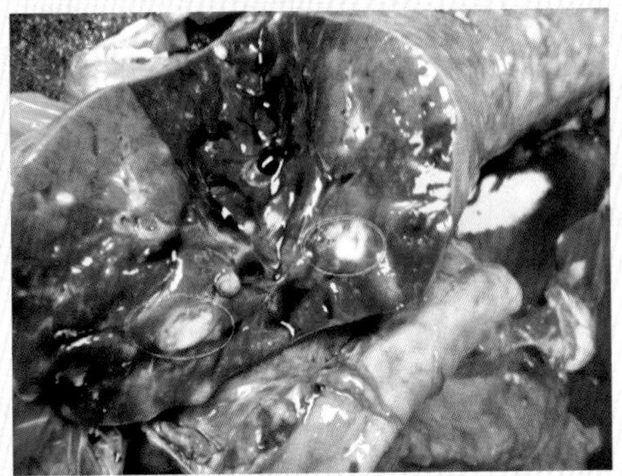

图6-5-10 肺切面化脓灶

二、治疗

1. 消炎、止痛及促进炎症产物消散吸收　主要是查明病因，有针对性地选用抗生素。除了用抗生素消炎外，当肿胀部位正处于急性炎性细胞浸润阶段时，可局部涂擦樟脑软膏等，以抑制炎症渗出和具有止痛的作用。对炎症部位进行冷敷，可以减缓炎症扩散速度。当炎性渗出停止后，用热敷可促进炎症产物的消散吸收。

2. 手术疗法　局部用鱼石脂软膏、鱼石脂樟脑软膏等温热疗法等可以促进脓肿的成熟。脓肿成熟后，可自溃排脓或手术排脓。手术排脓的具体做法：

①抽出脓汁法　适用于关节部脓肿膜形成良好的小脓肿。先用注射器将脓肿腔内的脓汁抽出，然后用生理盐水反复冲洗脓腔，排空腔中的液体，同时注入混有青霉素的溶液。

②切开脓肿法　选择切口波动最明显且易排脓的部位（必须是在脓肿成熟后进行）。切口要纵向切开，以利脓汁的顺利排出（切开时注意不要伤及对侧的脓肿膜）。深在性脓肿切开时，亦进行分层并应用结扎等方法进行止血，以防引起脓肿的致病菌进入血循环，而被带至其他组织或器官发生转移性脓肿。脓肿切开后，脓汁要尽可能排干净，但是切忌用力压挤或用棉纱等用力擦拭脓肿膜，这样有可能损伤脓肿腔内的肉芽面而使感染扩散。对浅在性脓肿，可用防腐液或生理盐水反复清洗脓腔，最后用脱脂纱布轻轻吸出残留在腔内的液体。

③摘除脓肿法　常用以治疗脓肿膜完整的浅在性小脓肿。此时需注意勿刺破脓肿膜，以防止新鲜手术创被脓汁污染。

第六节　血肿

血肿是由于种种外力作用，如主要是钝性外力作用致使软组织非开放性损伤，也见于骨折、刺创或火器伤时导致血管破裂、溢出的血液分离周围组织，形成充满血液的腔洞。广泛性或局限性皮肤、黏膜下出血，形成皮肤黏膜的红色或暗红色色斑，直径3～5毫米或更大，压之褪色者称为紫癜。通常直径在2毫米以内者称出血点，大于5毫米者称为瘀斑；局部隆起或有波动感者则为血肿。

一、临床实践

多见于猪只相互踩踏。

二、临床症状

钝性外力作用下很快形成病变。病变部位饱满并有波动感，周围坚实且有捻发音，局部增温，穿刺有血水流出（图6-6-1至图6-6-3）。

三、治疗

制止溢血，防止感染并排除积血。对刚发生的血肿采取压迫止血法，或注射止血剂。经4～5日可穿刺或切开血肿，排除积血和凝血块及挫伤组织，如继续血肿可结扎断裂血管。清理创腔后对皮肤创口可进行开放式缝合。

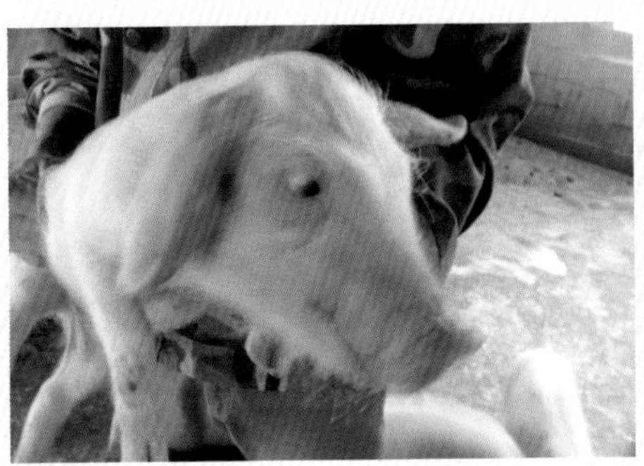

图6-6-1　耳部血肿（注意淋巴外渗也有此症状）

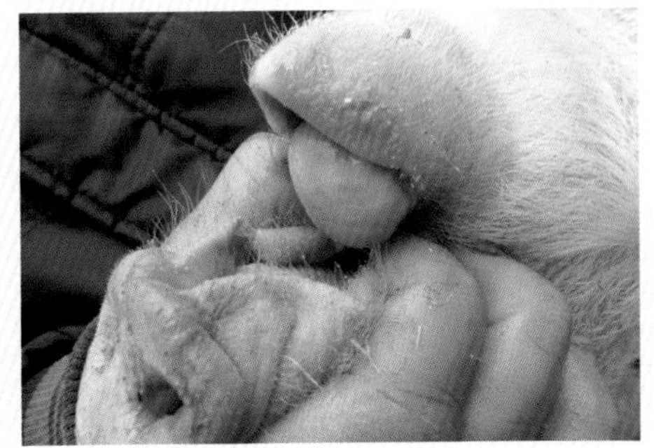

图6-6-2　舌面血肿

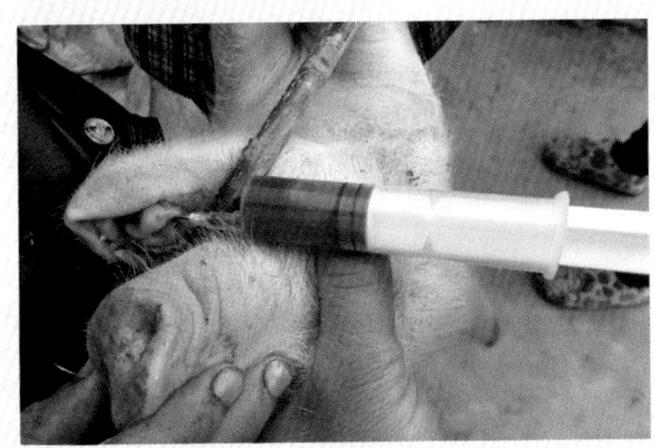

图6-6-3　穿刺或切开血肿

第七节　淋巴外渗

在钝性外力作用下，特别是斜方向的外力强力滑擦体表时，可引起淋巴管破裂，致使大量淋巴液积聚在周围组织内的一种非开放性损伤，如跌倒、猪只间相互踩踏、墙壁门框擦挤等都可造成淋巴外渗。

一、临床实践

1月龄内仔猪常见。

二、临床症状

临床上肿胀形成缓慢，无热无痛，柔软波动，穿刺后可排出澄色透明的液体。多发于淋巴管丰富的皮下结缔组织内，受伤后3～4天逐渐形成肿胀，没有明显的界限，呈明显的波动感。淋巴液大量蓄积时，呈爆满状。局部炎症反应轻微，无明显的全身症状。肿胀部位穿刺流出橙黄色稍透明液体。液体有时混有少量的血液。病程长的淋巴液析出纤维素块，如继续刺激局部，可造成局部组织增生，使发病部位呈坚实感（图6-7-1至图6-7-3）。

三、治疗

1. 95%酒精溶液100毫升、福尔马林1毫升、5%碘酊数滴，穿刺抽出淋巴液后注入，片刻后再抽出，必要时可再注入。

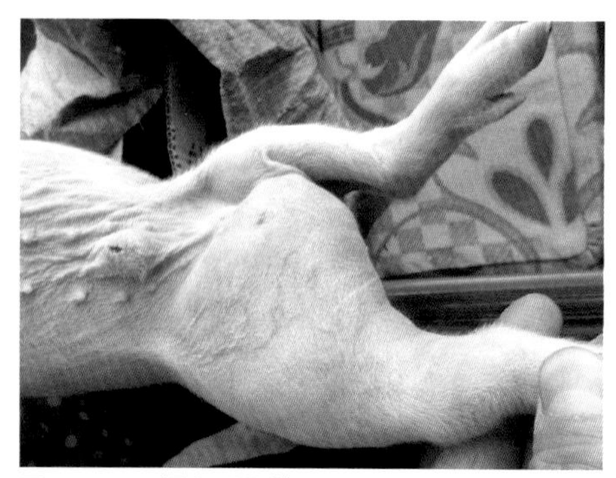

图6-7-1　没有明显的界限，呈明显的波动感

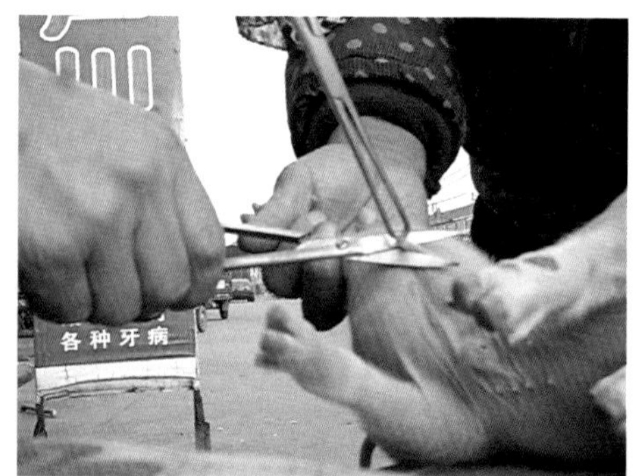

图6-7-2　穿刺或切开波动部位

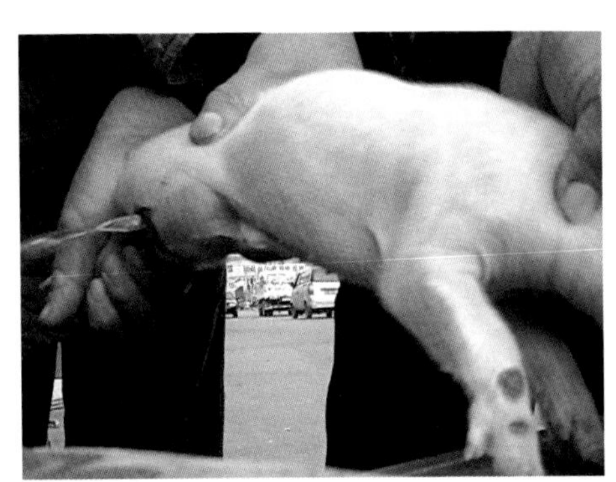
图6-7-3 排出淋巴液

2. 青霉素480万国际单位、注射用水20毫升。一次肌内注射，每日2次，连用数日。重症患猪可切开患部，排出淋巴液，用浸有95%酒精或95%酒精与福尔马林溶液的纱布填塞创腔，皮肤假缝合。

第八节 阴囊疝及其修复

猪腹股沟阴囊疝，常见于公猪，包括鞘膜内阴囊疝和鞘膜外阴囊疝两种。腹腔脏器经过腹股沟管进入鞘膜腔时称鞘膜内阴囊疝；肠管经腹股沟内孔稍前方的腹壁破裂孔脱至阴囊皮下、总鞘膜外面时，称鞘膜外阴囊疝。

一、临床实践

猪腹股沟阴囊疝，临床上最为常见，影响猪的生长，大多不易死亡；但造成肠嵌壁时，可很快死亡。手术方法较多，且简单，易根除。

二、临床症状

鞘膜内阴囊疝时，患猪侧阴囊明显增大，触诊柔软且无热无痛，有时能自动还纳。如若嵌闭，则阴囊皮肤水肿、发凉，并出现剧烈疝痛症状。若不立即施行手术，就有死亡危险。鞘膜外阴囊疝时，患侧阴囊呈炎性肿胀。病初，若提起两后肢，疝内容物虽然可自行回复入腹腔，但以后常发生粘连。外部检查时很难与鞘膜内阴囊疝区别，只能依靠触诊触摸到其扩大了的腹股沟外孔（图6-8-1至图6-8-4）。

图6-8-1 鞘膜内阴囊疝时，患侧阴囊明显增大，触诊柔软且无热无痛

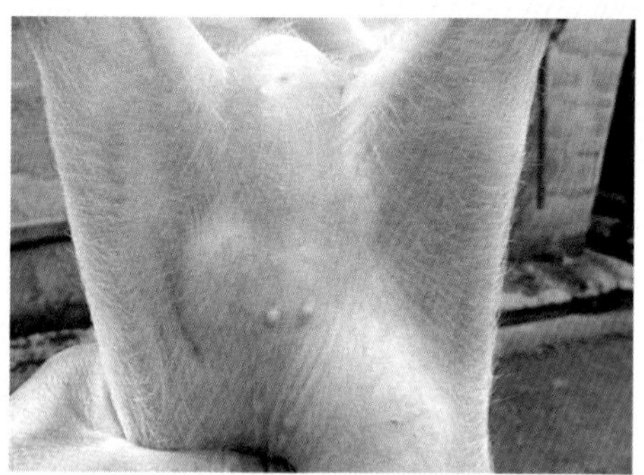

图6-8-2 有时能自动还纳（图6-9-2至图6-9-12倒立手术法）

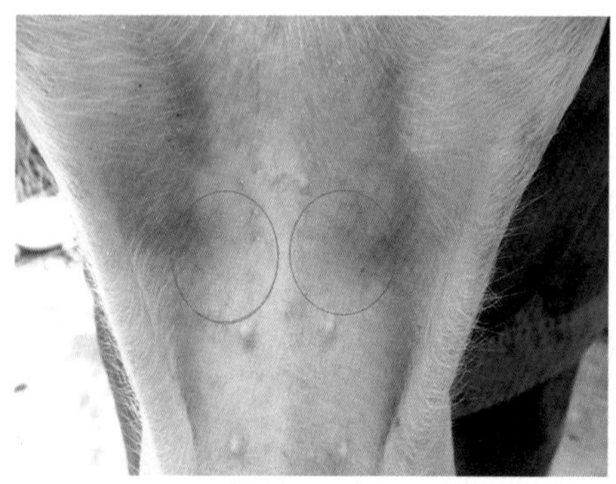

图6-8-3 双侧阴囊疝，提起后肢患猪可自行恢复

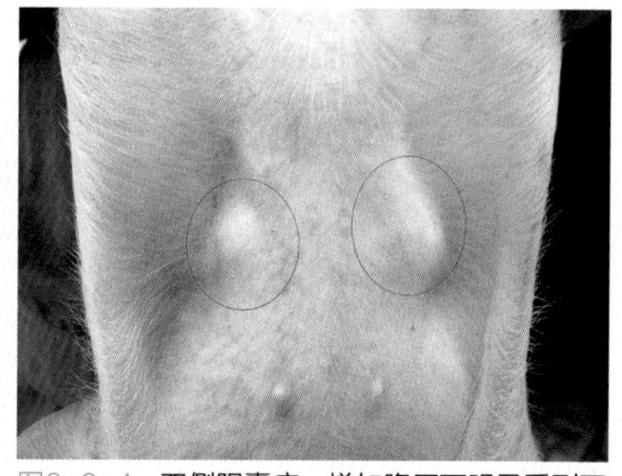

图6-8-4 双侧阴囊疝，增加腹压可明显看到双侧腹股沟凸起

三、治疗

局部麻醉后，将猪后肢吊起，肠管自动缩回腹腔。术部剪毛、洗净，消毒后切开皮肤分离浅层与深层的筋膜，而后将总鞘膜剥离出来，从鞘膜囊的顶端沿纵轴捻转，此时疝内容物逐渐回入腹腔。

猪的嵌闭性疝往往有肠粘连、肠臌气，因此在钝性剥离时要求动作轻巧，稍有疏忽就有剥破的可能。在剥离时用浸以温灭菌生理盐水的纱布慢慢地分离，对肠管轻压迫，以减少对肠管的刺激，并可减少剥破肠管的危险。

在确认还纳全部内容物后，在总鞘膜和精索上方打一个去势结，然后切断，将断端缝合到腹股沟环上。若腹股沟环仍很宽大，则必须再进行几针结节缝合，皮肤和筋膜分别进行结节缝合。患猪术后不宜喂得过早、过饱，适当控制运动。图6-8-5至图6-8-18显示实际操作与理论有一定差别，因拍摄时条件所限，所以只供大家参考。

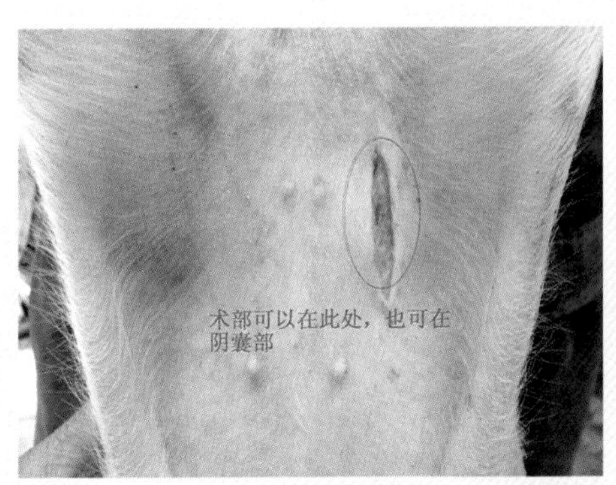

图6-8-5 手术部位，可在阴囊部，亦可在腹股沟部

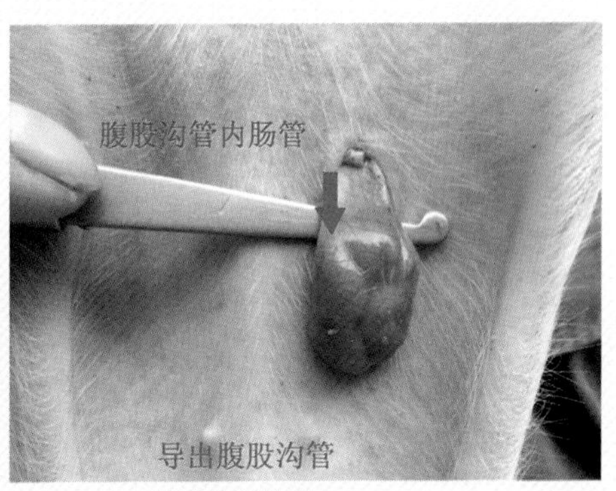

图6-8-6 导出腹股沟管

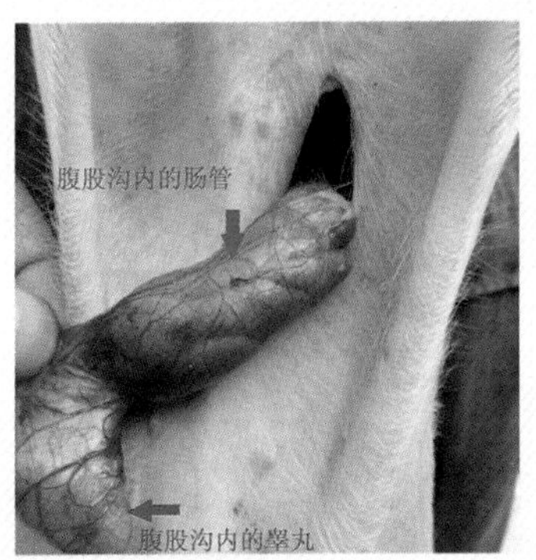

图6-8-7 分辨肠管和睾丸

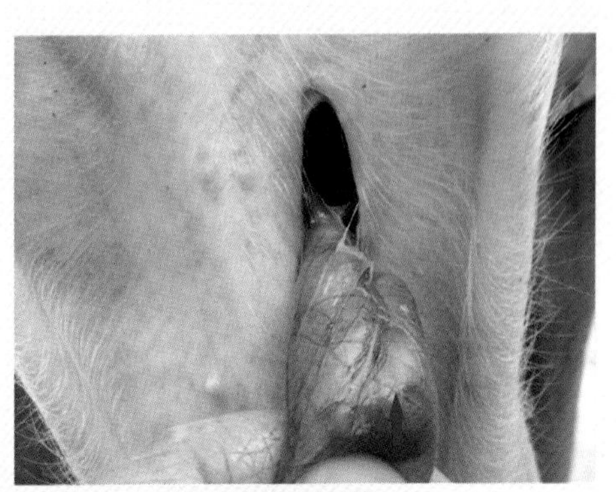
图6-8-8 向腹腔内挤压肠管

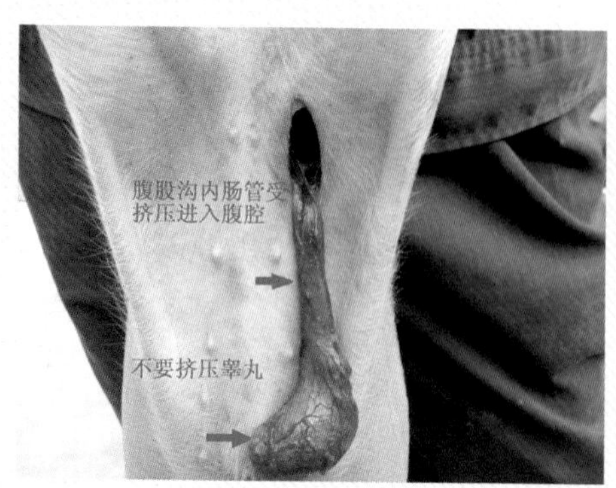

图6-8-9 肠管被挤压进入腹腔

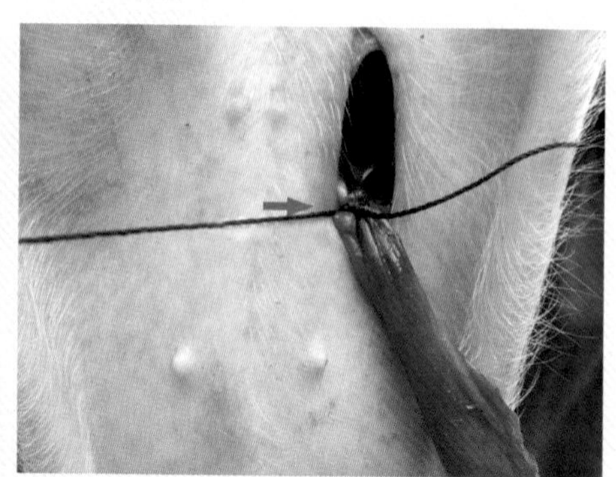

图6-8-10 在腹股沟管基部结扎

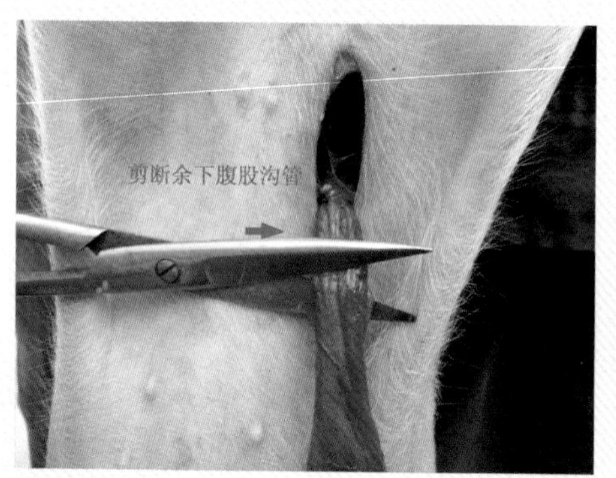

图6-8-11 在结扎部位外侧2～3厘米处剪断腹股沟管

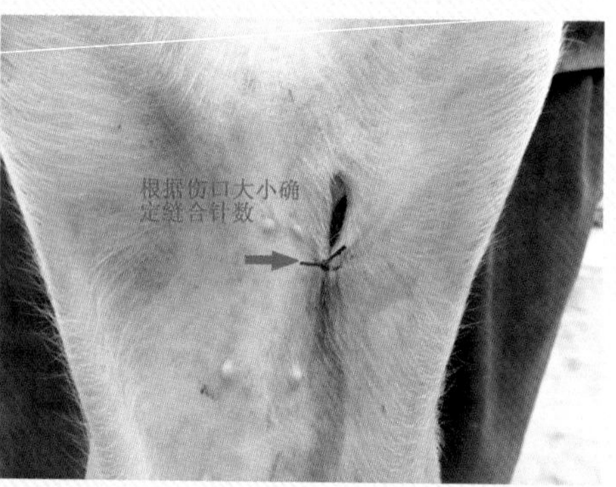

图6-8-12 开放式缝合（图6-9-2至图6-9-12是倒立手术法）

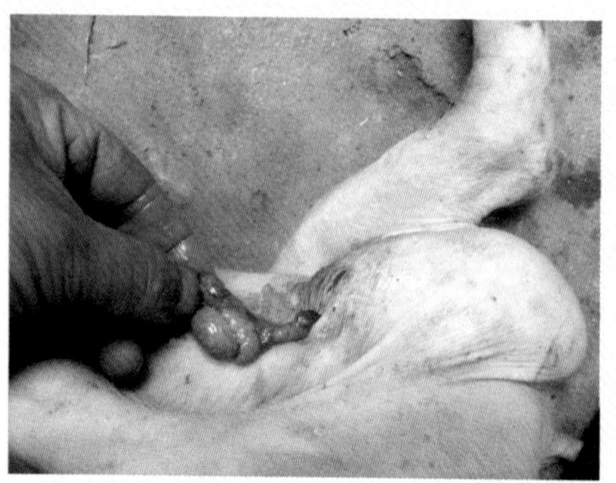

图6-8-13 先常规取出正常侧睾丸（图6-9-13至图6-9-18是横卧手术法）

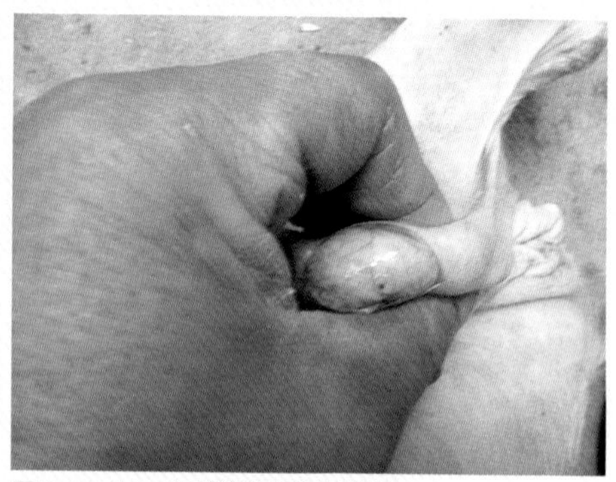

图6-8-14 不要切开睾丸鞘膜

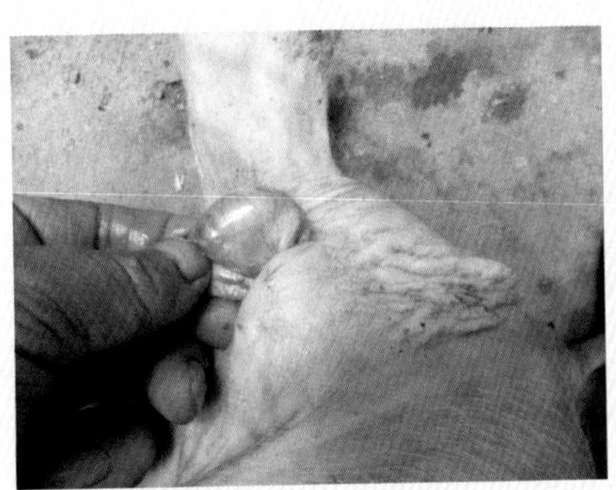
图6-8-15 连带鞘膜睾丸一同取出

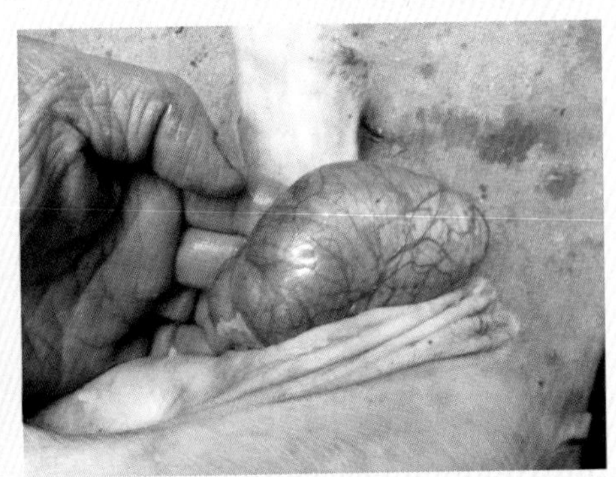
图6-8-16 取出后因鸣叫腹压大，所以鞘膜内充满肠管

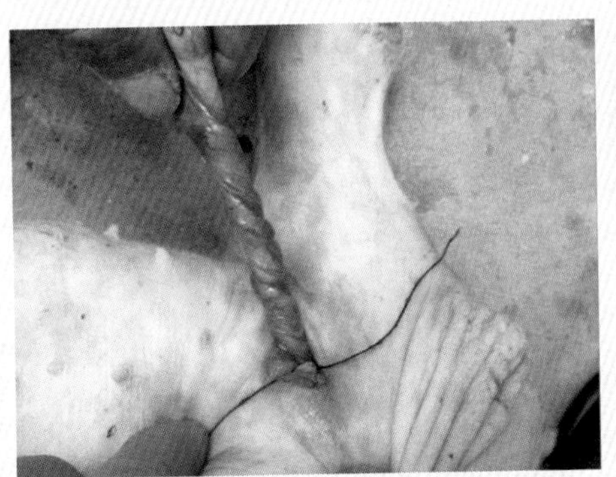
图6-8-17 将睾丸鞘膜内肠管向腹腔挤压送入

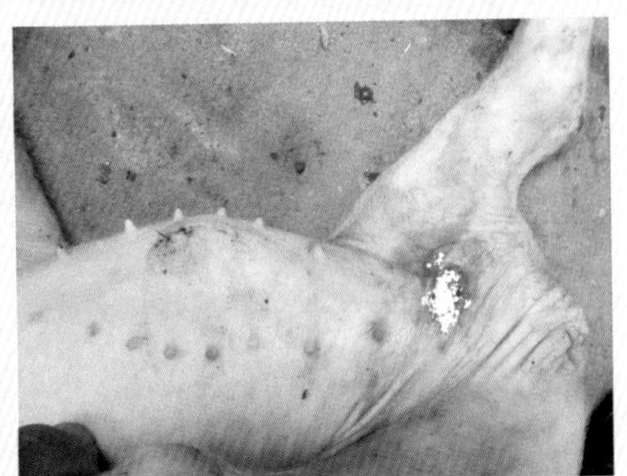
图6-8-18 伤口撒青霉素粉末后即可缝合完成（图6-9-13至图6-9-18是横卧手术法）

第九节 隐睾

隐睾是指小公猪出生后单侧或双侧睾丸未降至阴囊而停留在其正常下降过程中的任何一处。也就是说阴囊内没有睾丸或仅一侧有睾丸，而睾丸隐藏在腹腔或腹股沟皮下。

一、临床实践

临床上部分兽医常将肾脏误认为睾丸摘除，造成不必要的损失。因此在腹腔探摸睾丸时，一定要注意与肾脏的鉴别。腹腔中的睾丸是游离的，而肾脏是固定的。

二、临床症状

患猪一般无任何症状，仔细观察可见阴囊一侧或双侧空虚。触诊无睾丸，有时在腹股沟区可触及包块，压迫有痛感。

三、治疗

右侧卧保定，背向术者；术者右脚踩在猪耳后的颈部，助手将两后肢拉直，并加固定。

1．手术部位

①站立定位法　在髋结节前下方5～10厘米，相当于肷部（腹胁部）三角区的中央，即为手术部位。

②侧卧定位法　髋结节和膝前皱襞前角连线的中点，即为术部。

以上两种定位方法，任选一种都可，如能两种方法结合起来定位会更为准确。

2．手术方法

①术部清洗、拭干、消毒　左手拇指按定术部，右手持刀向后下方作长3～5厘米的月牙形切口，用食指戳穿腹肌，然后食指稍向腹后移动，趁猪嚎叫时，迅速一次穿通腹膜。

②探摸睾丸　右手食指伸入腹腔，沿腹壁向背侧由前向后探摸。睾丸一般位于肾脏后方，个别患猪的在骨盆内，当在肾脏后摸到质硬且有弹性似猪肾的感觉时，就是睾丸（肾脏是固定的，睾丸是游离的），然后紧贴于腹壁向外将其拉出，放在创口外。重新插入食指，通过直肠下方到对侧探摸对侧睾丸，同上法拉出。为避免睾丸在钩拉中滑脱，当食指将睾丸压定在左侧腹壁时，右手拇指同时在腹壁外侧与食指相对用力下压，加以协助。将拉出后的睾丸精索等反复捻挫至挫断。

③睾丸切除后，先用右手食指送入近腹断端，再沿着腹腔内壁轻轻旋转滑动几下，以便整理肠管，防止肠管脱入创口内。在创口撒布青霉素粉末，缝合创口内外层。

以上过程详见图6-9-1至图6-9-6。

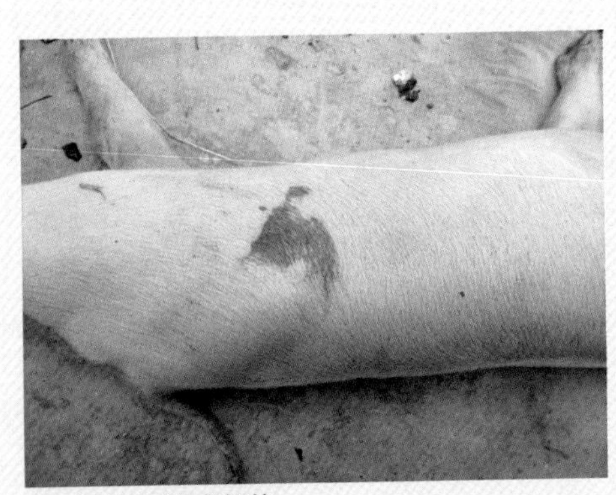
图6-9-1 手术部位

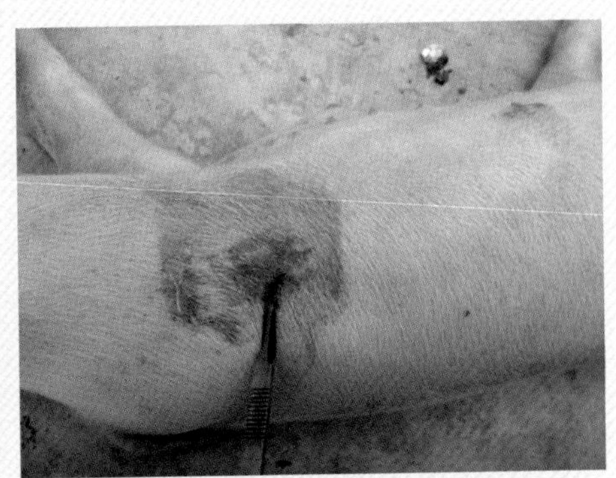
图6-9-2 术部剃毛

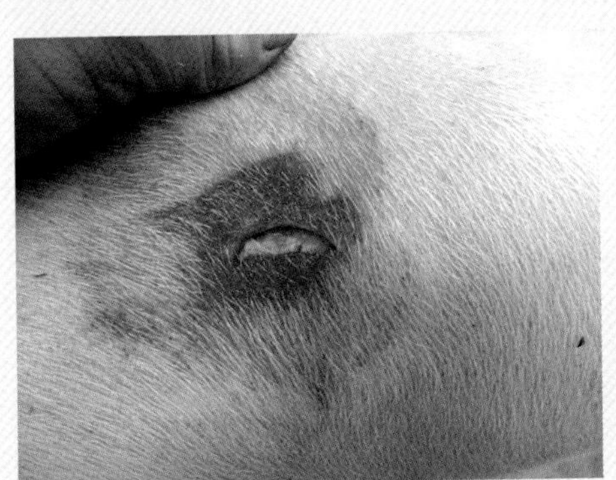
图6-9-3 月牙形切口

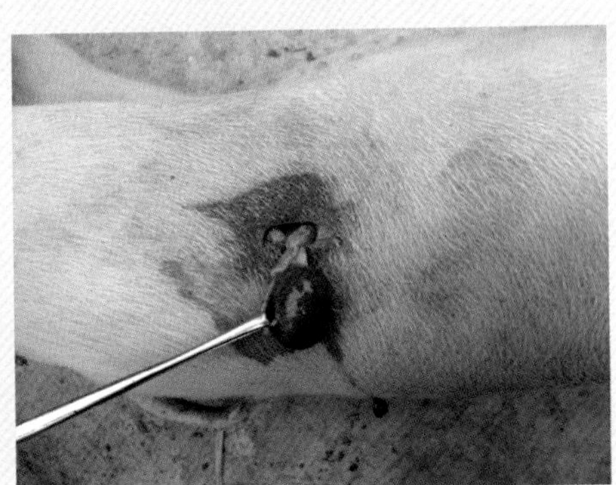
图6-9-4 探摸睾丸并拉出

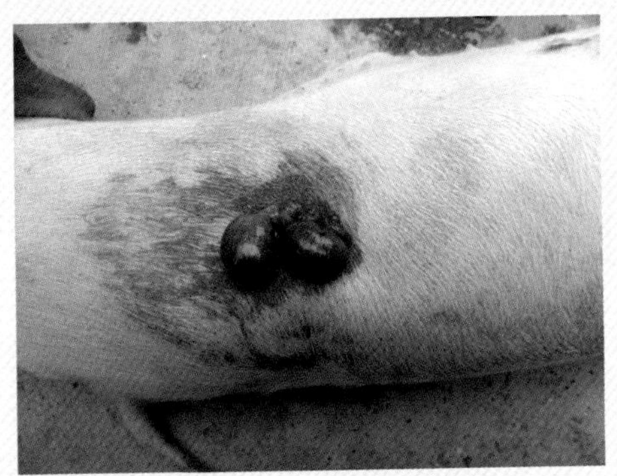
图6-9-5 探摸睾丸并拉出另一侧睾丸

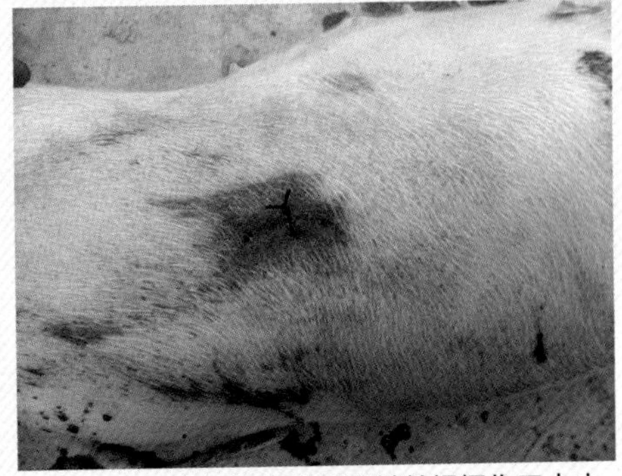
图6-9-6 术部撒布青霉素粉并根据伤口大小，确定缝合针数

第十节 脐疝

脐疝是指腹腔内容物由脐部薄弱缺损处突出的腹外疝。脐位于腹壁正中部，在胚胎发育过程中，是腹壁最晚闭合的部位。同时，脐部缺少脂肪组织，可使腹壁最外层的皮肤、筋膜与腹膜直接连在一起，成为腹壁最薄弱的部位，腹腔内容物容易于此部位突出形成脐疝。

一、临床实践

猪脐疝较常见，手术需要细致。猪脐疝是由于肠管通过脐孔进入皮下而形成的一个核桃至拳头大的球形肿胀，脐疝的内容物多为小肠及网膜。以仔猪比较常见，多数属先天性的。因腹部张力大，因此较大脐疝如手术不规范极易复发。

二、临床症状

病猪精神、食欲不受影响。如不及时治疗，下坠物可以逐渐增大。如果疝囊内肠管发生阻塞或坏死，病猪则出现全身症状，极度不安，厌食，呕吐，排粪减少，臌气，局部增温，有疼感，体温升高，脉搏加快，最后可引起死亡。用手按压时脐疝柔软，无红热及疼痛等炎性反应，容易把疝内容物推入腹腔中；但当手松开和腹压增高时，又突出至脐外，同时能触摸到一个圆形脐轮（图6–10–1至图6–10–2）。

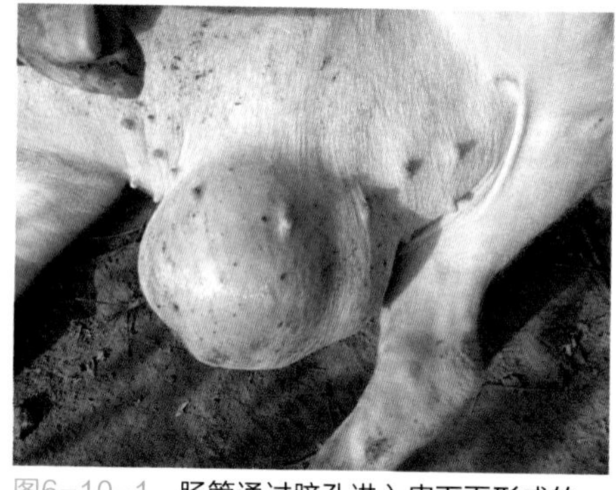
图6–10–1 肠管通过脐孔进入皮下而形成的一个核桃至拳头大的球形肿胀

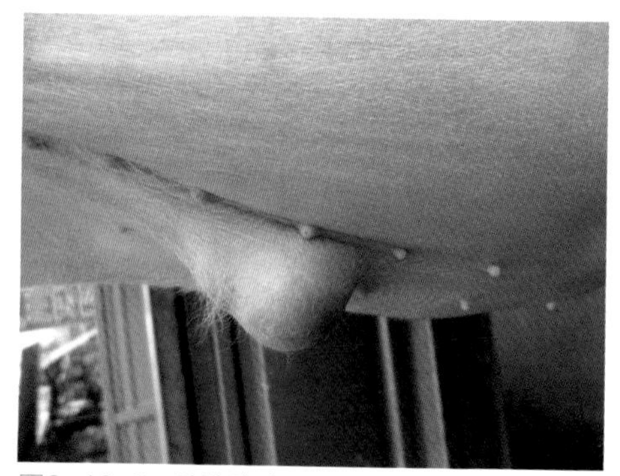
图6–10–2 乳猪脐疝

三、防治

1．非手术疗法　疝轮较小的幼龄猪只，可在摸清疝孔后，用95%酒精或碘液或10%～15%氯化钠溶液等刺激性药物，在疝轮四周分点注射，每点注射3～5毫升。以促使疝孔四周组织发炎而瘤瘢化，使疝孔重新闭合。

2．手术疗法　手术前给猪停食1～2顿，仰卧保定，患部剪毛，洗净，消毒；用1%普鲁卡因10～20毫升浸润麻醉手术部位。按无菌操作要求，小心地纵向切开皮肤，将肠管送回腹腔，多余的囊壁及皮肤作对称切除。撒抗菌消失药于腹腔内，将疝环作烟包缝合，以封闭疝轮，撒上消炎药。最后结节缝合皮肤，外涂碘酊消毒（图6-10-3至图6-10-5）。

如果肠与腹膜粘连，可用外科刀小心地切一小口，用手指伸入进行分离，剥离后再接前述方法处理及缝合。

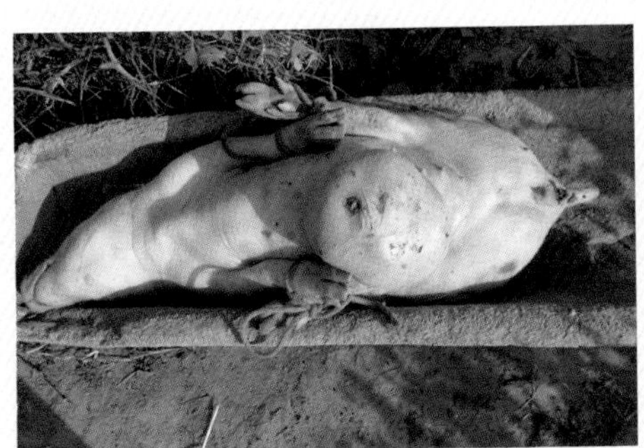

图6-10-3　无条件猪场，可采取简单的保定方法

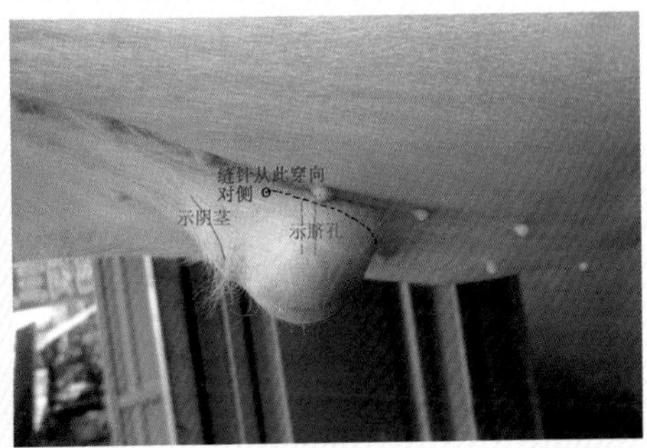

图6-10-4　缝针从右侧皮下进针，从阴茎与脐孔间穿向对侧

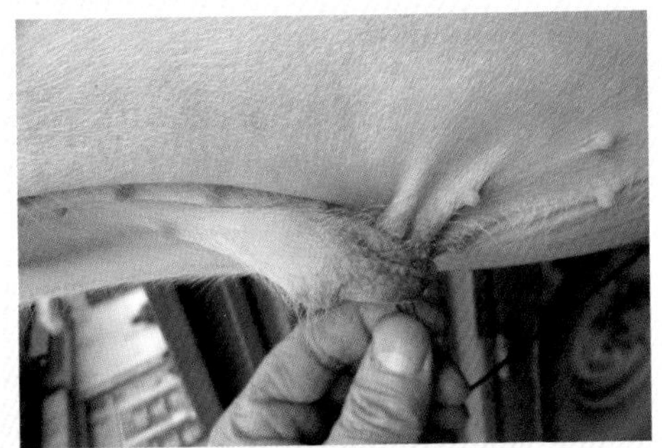

图6-10-5　还纳肠管后扎紧脐孔即完成手术

手术结束后，病猪应饲养在干燥清洁的猪圈内，饲喂易消化的稀食，并防止饲喂过饱。限制剧烈跑动，防止腹压过高。手术后用绷带包扎7~10天，可减少复发。

第十一节　阴道脱和子宫脱

阴道的部分或全部脱出于阴门之外，称阴道脱出。有阴道上壁脱出和下壁脱出两种，以下壁脱出多见。日粮中缺乏常量元素及微量元素，运动不足，阴道损伤等，可使固定阴道的结缔组织松弛；便秘、腹泻、阴道炎，以及分娩及难产时的阵缩、努责等，致使腹内压增加，是其诱因。由霉菌毒素引起的外阴道炎暴发时，30%的发病母猪可以发生阴道脱垂。该病主要发生于老、弱猪。

一、临床实践

易修复，但近几年，霉菌毒素造成的脱出，如不手术切除，极易再脱出。因霉菌毒素作用，阴道或子宫会持续肿胀很长时间。难产助产后易造成子宫完全脱出。由于子宫体积大，因此还纳时一定要找出最后外翻子宫口，从子宫口有顺序地还纳，否则很难复位。

二、临床症状

一般无全身症状，病猪多见不安、弓背、回顾腹部和作排尿姿势。

1. 部分脱出　常在卧下时，见到形如鹅卵到拳头大的红色或暗红色的半球状阴道襞突出于阴门外，站立时缓慢缩回。但当反复脱出后，则难以自行缩回。

2. 完全脱出　多由部分脱出发展而成，可见形似网球大的球状物突出于阴门外。其末端有子宫颈外口，尿道外口常被压在脱出阴道部分的底部，故虽能排尿但不流畅。脱出的阴道，初呈粉红色，后因空气刺激和摩擦而瘀血水肿，渐成紫红色肉胨状，极脆易裂，进而出血、结痂、糜烂。个别伴有膀胱脱出。

以上临床症状见图6-11-1至图6-11-2。

三、防治

1. 部分脱出的治疗　站立时能自行缩回的，一般不需整复和固定。在加强

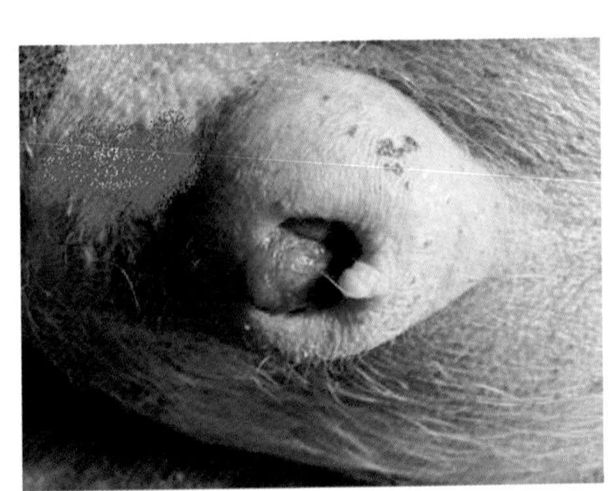

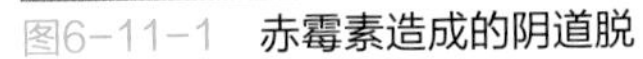

图6-11-1 赤霉素造成的阴道脱

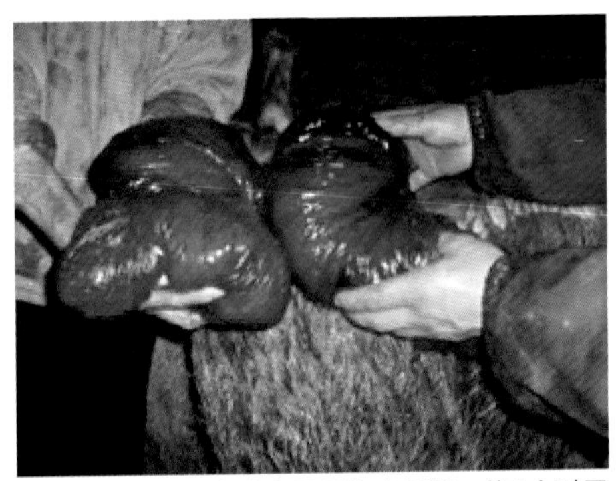

图6-11-2 母猪难产用手掏出仔猪，约1小时子宫完全脱出

运动、增强营养、减少卧地的情况下多能自愈。站立时不能自行缩回者，应进行整复固定，并配以药物治疗。

2．完全脱出的治疗 应行整复固定，并配以药物治疗。整复时，将病猪保定在前低后高的地方。小猪可以倒提，裹扎尾巴并拉向体侧。选用2%明矾水、1%食盐水、0.1%高锰酸钾溶液、0.1%雷夫诺尔或淡花椒水清洗局部及其周围。水肿严重时，可通过热敷、挤揉或划刺的方法使水肿液流出。然后用消毒的湿纱布或涂有抗菌药物的细纱布包盖脱出的阴道，趁猪不甚努责的时候用手掌将脱出的阴道托送还纳后取出纱布，取治脱穴（阴唇中点旁开1毫米）及后海穴龟针，或在两侧阴唇黏膜下蜂窝织内注入70%酒精30～40毫升，或以栅状阴门托或绳网结予以固定，亦可用消毒的粗缝线将阴门上2/3作减张缝合或纽扣状缝合。当病猪剧烈努责而影响整复时，可作硬膜外腔麻醉或骶封闭。

脱出的阴道有严重感染时，应注射抗生素。必要时，可行阴道部分切除术。

第十二节 直肠脱和肛脱

肠末端黏膜或直肠后段全层肠壁脱出于肛门外而不能自行复位时，称直肠脱。主要由于机体营养不良，运动不足，使直肠壁与周围组织的结合变松，肛门括约肌松弛，紧张性下降，加之腹压增高、过度努责而引起。常见于慢性便秘、腹泻、直肠炎和难产。猪突然改变饲料和缺乏维生素时也可引起直脱和肛脱。

一、临床实践

近年赤霉素可造成子宫脱，猪频繁努责也是致使直肠脱的主要原因。手术切除，方法简单，效果好，不易复发。

二、临床症状

直肠脱出后呈暗红色的半圆球状或圆柱状，时间较长则出现黏膜水肿、发炎、干裂甚至引起损伤、坏死或破裂，常被泥土、粪便污染。如伴有直肠或小结肠套叠时，脱出的肠管较厚而硬，且可能向上弯曲。病猪表现排粪姿势，频频努责，病程长者可能出现全身症状。一旦破裂，小肠极易从破裂口出脱出。

三、防治

改善饲养管理，特别是对幼龄猪，应注意增喂青绿饲料，防止便秘或腹泻。脱出后必须及时整复，先用0.1%高锰酸钾洗净脱垂的肠管，再用油类润滑黏膜，小心地将其推入肛门内。若肠管水肿严重，可用针刺破水肿的黏膜，然后用纱布包起，挤出水肿液，使肠管缩小后整复。肛周作烟包式缝合，注意打结不可过紧，以免妨碍排粪。整复后一星期内给予易消化饲料，多喂青饲料，若2～3天内大便不通，则必须进行灌肠。数天后待努责消失，即可拆线。

直肠脱也可试用肛门周围注射酒精的方法治疗，整复后分别在肛门上下左右四点注射，深度2～5厘米。注射前预先将食指伸入肛门内确定针头在直肠外壁周围而后注射，每点注射95%酒精0.5～2毫升，一般经注射后不久就不再脱出。如脱垂的直肠水肿糜烂严重，应采取直肠截断术。

该手术方法：术前饿食、灌肠，无条件的可对患猪四肢保定，用1%盐酸普鲁卡因荐部硬膜外腔麻醉（50千克以上大猪用20～30毫升，25～5千克猪用15～20毫升，25千克以下小猪用5～10毫升）。在尾根部凹陷处，将针头插入皮肤，以45°～65° 角度向前刺入，穿透椎弓间韧带时，有如穿透窗户纸一样的感觉。再接上玻璃注射器抽吸检查，因此确定针刺入血管时即可注射。若刺位正确，稍加压力即可注入；如有阻力，则需矫正针头的位置。注射麻醉液时须缓慢，每分钟注射10毫升左右。麻醉后将猪侧卧保定，肛门周围先用0.1%高锰酸钾溶液洗净，再用碘酊消毒。在近肛门处用两根丝线彼此呈十字交叉刺穿脱肠。离缝线1厘米处剪断内外肠管，用镊子伸入内肠管腔将引线拉出剪断，分别打结，将内外肠管进行四个角暂时结扎固定。随后用肠线把内外肠管人浆膜层与肌层作结节缝合，再用丝线将黏膜层作连续缝合。剪除牵引线，切口涂上抗菌药物软膏后，将其余的直肠送入肛门。术后给予易消化饲料（图6-12-1至图6-12-9）。

如大猪不易保定，可用水合氯醛，按3克/10千克体重灌服，或用硫妥钡（每千克体重8 ~ 10毫克）静脉注射。

图6-12-1 术前禁食1天，灌肠，清除直肠粪便

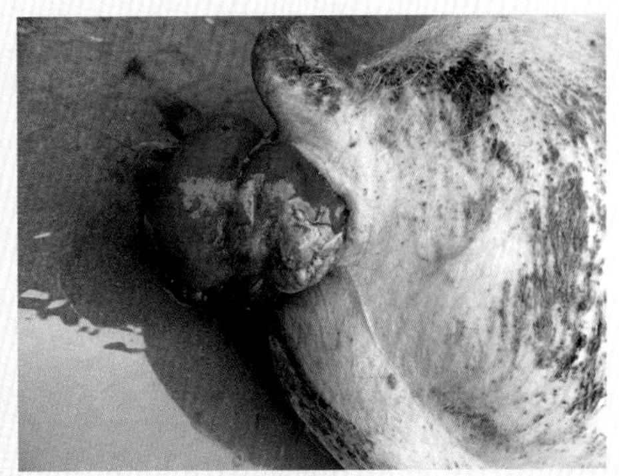

图6-12-2 对术部进行清洗

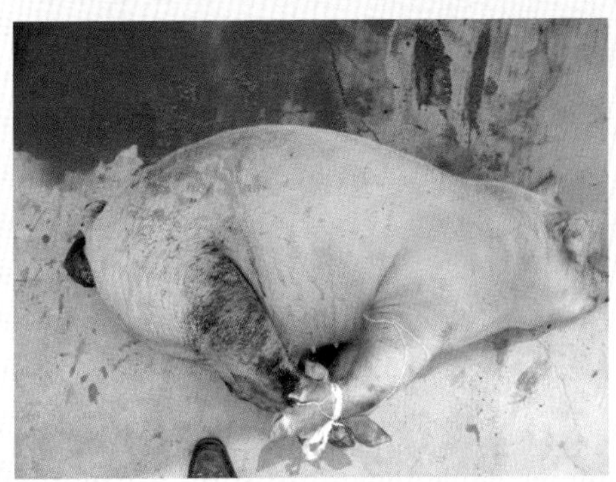

图6-12-3 保定方法可以根据自身条件，因地制宜

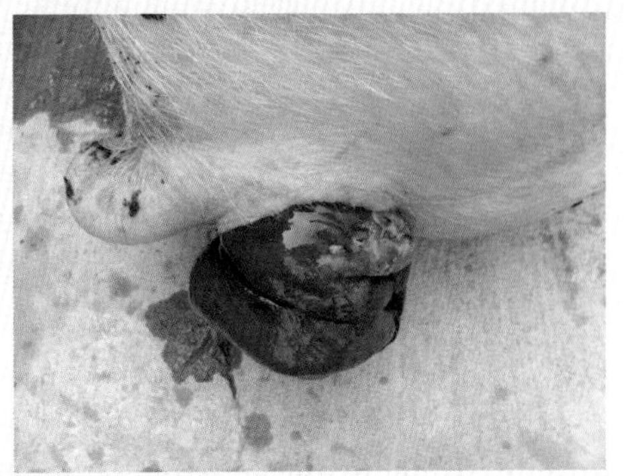

图6-12-4 用1%盐酸普鲁卡因荐部硬膜外腔麻醉，肛门周围先用0.1%高锰酸钾溶液洗净，再用碘酊消毒

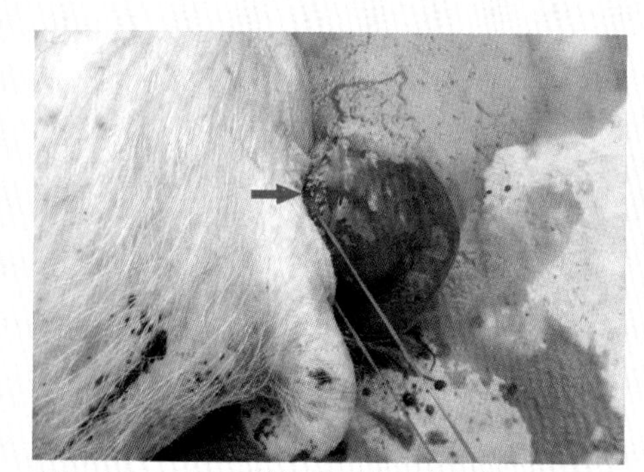

图6-12-5 用皮筋结扎脱出部位基部，主要用于止血

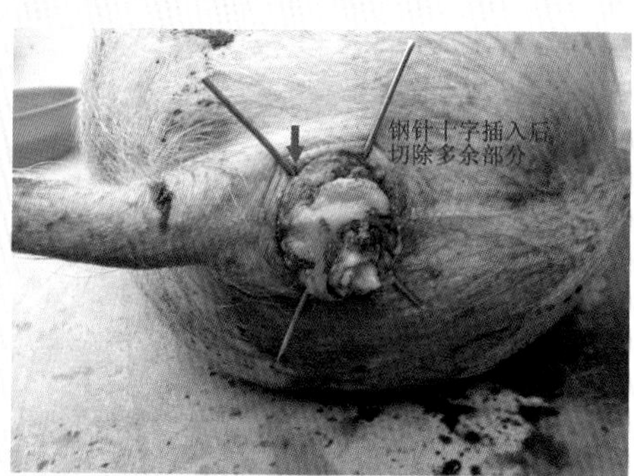

图6-12-6 在近肛门处用两根不锈钢针彼此呈十字交叉刺穿脱肠，用皮筋结扎止血，距离钢针2~3厘米处剪断内外肠管

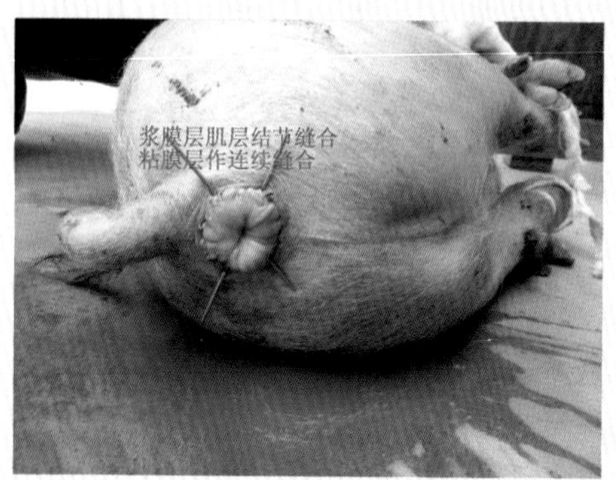

图6-12-7 随后用肠线把内外肠管人浆膜层与肌层作结节缝合，再用丝线将黏膜层作连续缝合

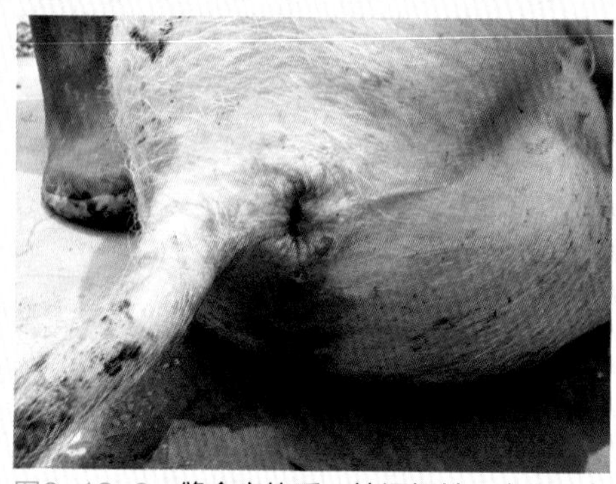

图6-12-8 缝合完毕后，抽调钢针，直肠可自行缩入肛门内

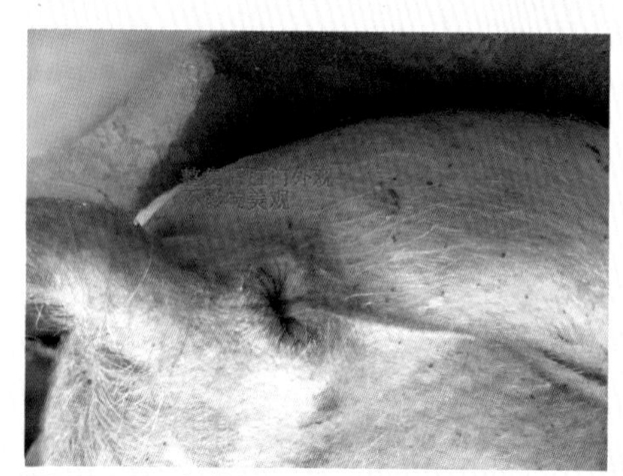

图6-12-9 经整复后的肛门不影响美观

第十三节 先天性无肛门及手术疗法

锁肛是肛门被皮肤封闭而无肛门的先天性现象，主要是由于胎儿发育后期，原始肛发育异常所致。近亲繁殖、遗传及药物等诸多因素作用都可使母猪产出无肛仔猪。

一、临床实践

临床不多见，及早发现，人工造肛易成功。笔者在工作中发现竟然有35日龄无肛仔猪仍然活着，后对其成功施行了造肛术（图6-13-1）。

二、临床症状

仔猪只吃不排粪，常躁动不安、腹围增大，患猪腹部膨胀，频频努责（图6-13-2）。

三、治疗

术前肛门周围先用0.1%高锰酸钾溶液洗净，再用碘酊消毒。

一种方法是，在尾根下皮肤突出的部位作圆形切口，分离皮下组织。找到直肠末端，用镊子夹住直肠末端，将直肠剪开一小口，排出胎粪。用生理盐水冲洗后，将直肠末端切口与皮肤切口对合缝合，切口撒布青霉素粉（图6-13-3至图6-13-5）。

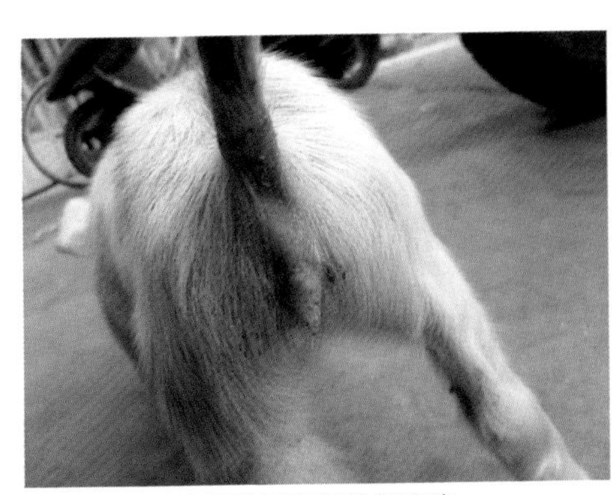

图6-13-1 先天性无肛门的仔母猪

图6-13-2 仔猪只吃不排粪，常躁动不安、腹围增大、患猪腹部膨胀，频频努责

另一种方法，如果肛门部位只有一层很薄的皮，可在肛门处凸起部位，用手术刀作十字形切口，然后将十字切开的四个夹角翻开缝与背侧皮肤上，这样造肛就结束了。

术后应加强护理与用药，圈舍保持清洁，防止伤口感染。给予患猪充足的饮水，按摩其腹部，排出肠内的积气和积粪，用0.1%的高锰酸钾缓慢灌肠（图6–13–6至图6–13–7）。

预防继发感染可肌内注射青霉素，每千克体重3万国际单位，或链霉素每千克体重1万国际单位。每天2次，连用3～5天。

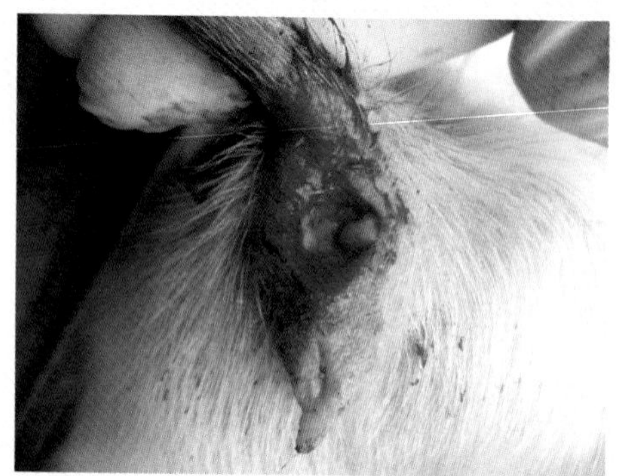

图6–13–3　在尾根下皮肤突出的部位作圆形切口，分离皮下组织

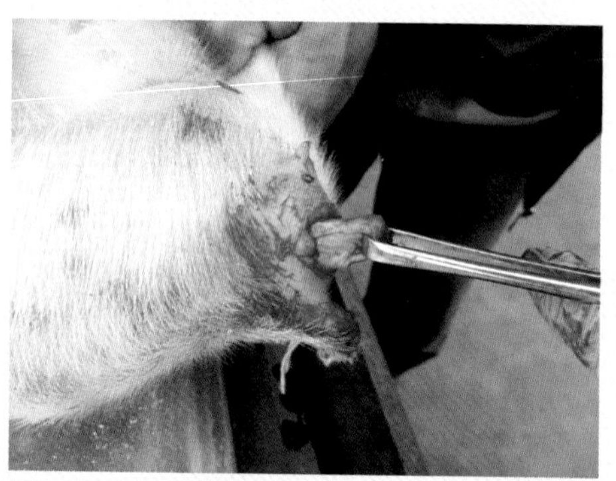

图6–13–4　用镊子夹住直肠末端，将直肠剪开一个小口，排出胎粪

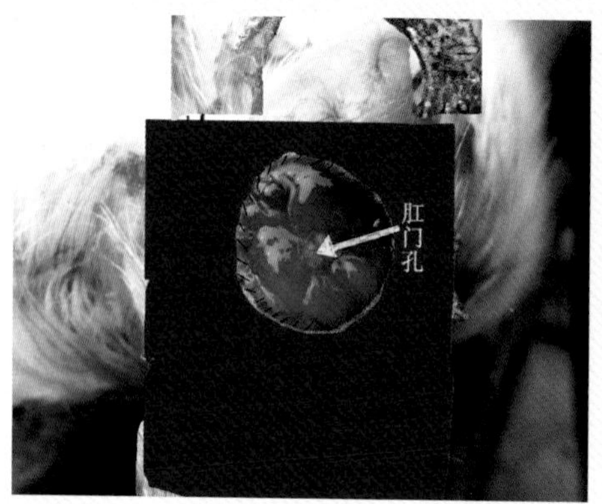

图6–13–5　用生理盐水冲洗后，将直肠末端切口与皮肤切口对合缝合（为了直观，该图经过处理）

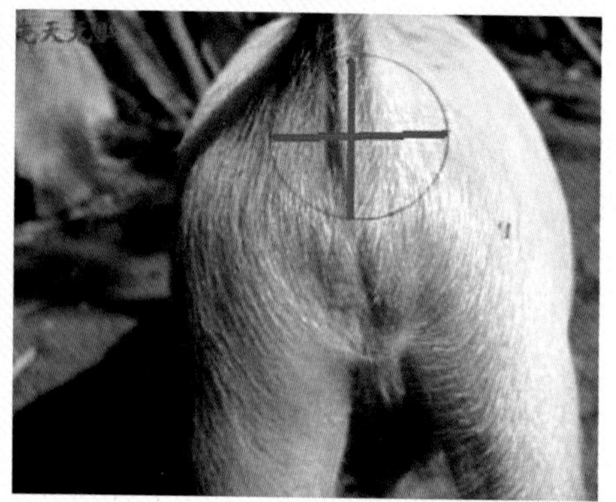

图6–13–6　尾根下虽然无肛门，但尾巴突起明显。十字切开，中心切透

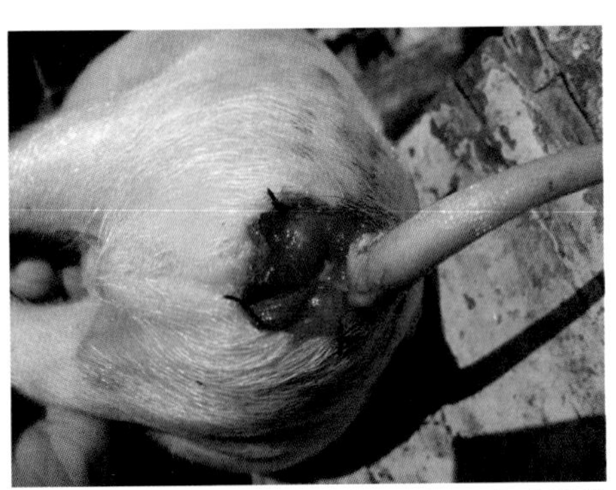

图6-13-7 肛门处做十字切开后，四角皮肤外翻缝合，造肛结束

第十四节 两性猪

两性猪，包括各种因染色体异常、性腺发育异常和内分泌紊乱引起的出现内、外生殖器官及第二性征的发育畸形猪。这是性分化异常的结果。从病理角度分为性腺和外生殖分化异常。

一、临床实践

近几年，尽管临床上也经常见到，但阉割后不影响生长。

二、临床症状

1．外观呈两性，肛门下方母猪阴门特征明显，但仔细观察阴门内有凸起。阴囊部有明显公猪特征，阉割有两个正常的睾丸，但连接睾丸的不是精索，而是子宫角（图6-14-1至图6-14-3）。

2．外观看似母猪，母猪阴门特征明显，仔细观察阴门内也有凸起。但腹下公猪包皮位置也有一凸起，阴囊部不显现阴囊更不显现睾丸（图6-14-4至图6-14-6）。

3．也有外观看似母猪的，阉割时，一侧是睾丸，另一次则是卵巢（图6-14-7）。

阉割时，可视两性种类，采取不同方法。

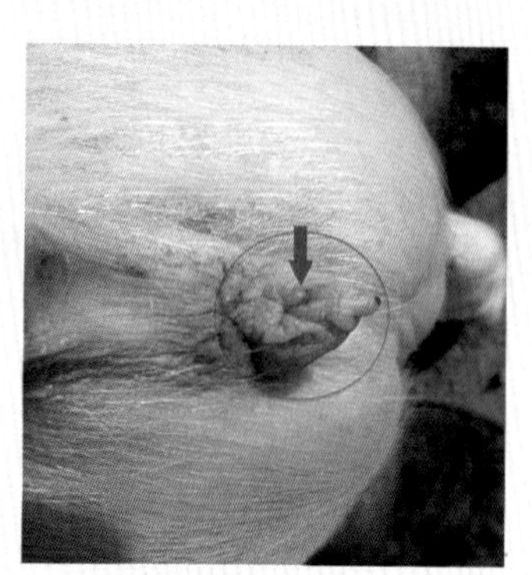

图6-14-1 外观呈两性，肛门下方母猪阴门特征明显，但阴门内有凸起

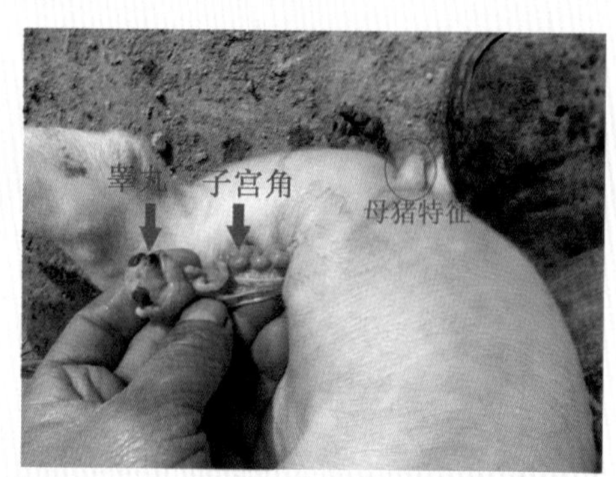

图6-14-2 阉割有两个正常的睾丸，但连接睾丸的不是精索，而是子宫角

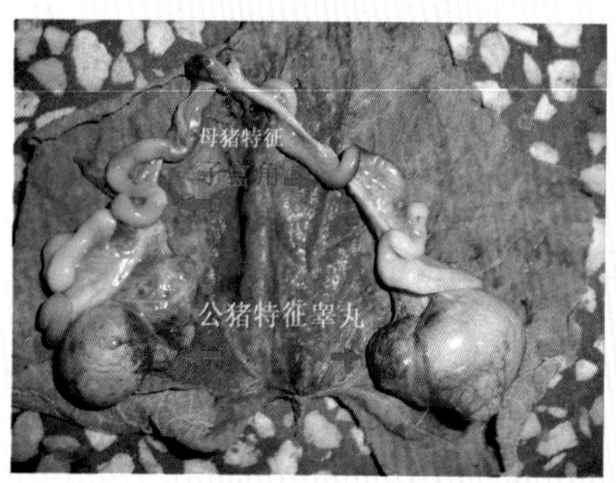

图6-14-3 用阉割公猪方法划开阴囊，取出2个睾丸

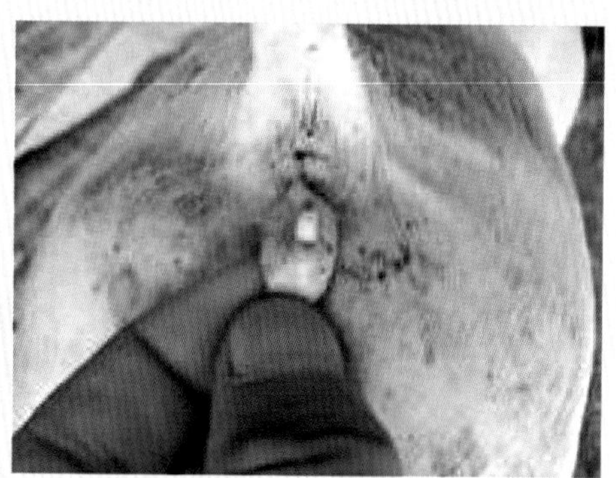

图6-14-4 外观看似母猪，母猪阴门特征明显，但阴门内也有凸起

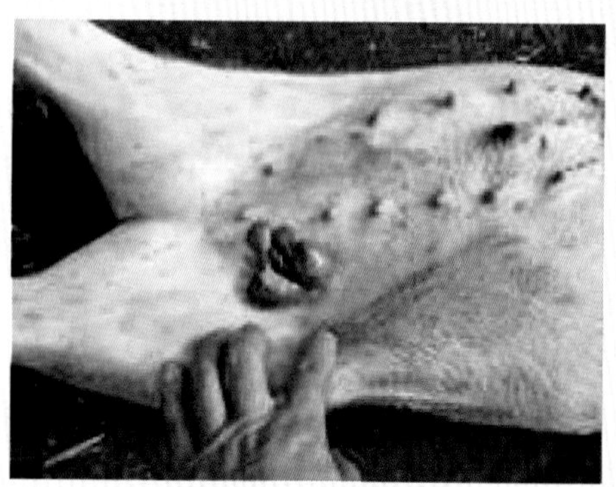

图6-14-5 腹下公猪包皮位置也有一个凸起

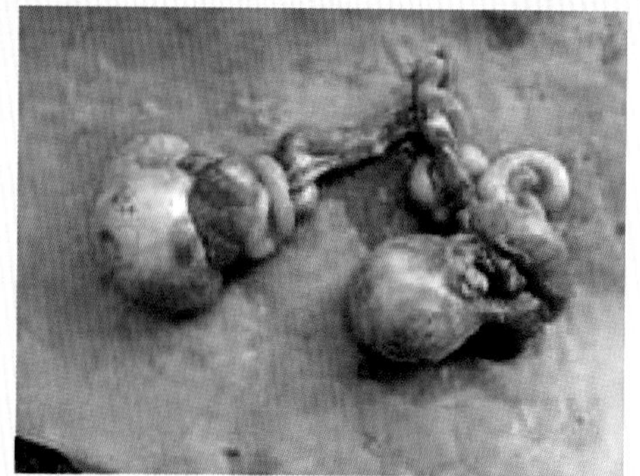

图6-14-6 用阉割母猪的方法，从腹腔取出2个睾丸

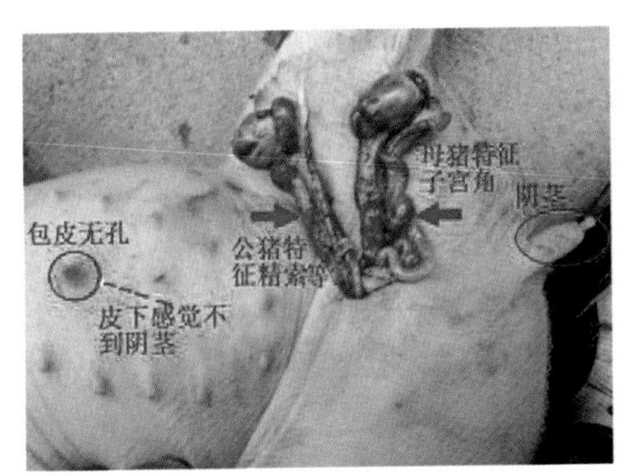

图6-14-7 两性猪体内构造

第十五节 创口缝合术

动物身体由于外界物体的打击、碰撞或化学物质的侵蚀等可造成外部损伤。如跌仆或受外力撞击、锐器（兵器）损伤，以及动物咬伤，烫、烧、冻伤等致病因素都可能导致皮肉筋骨及内脏受伤，一般把这种情况统称外伤。本节主要介绍一下皮肤损伤的简单缝合。

根据创口部位、范围进行消毒，彻底消除异物和污垢。缝合创口要求针距宽窄适中，对位整齐，结扎松紧适度。缝合后仔细擦掉伤口处瘀血和剪掉线头。覆盖无菌敷料时，要擦净周围皮肤表面的血渍，包扎整齐，固定好胶布或绷带。

一、临床实践

近几年发现，猪皮肤外伤主要以饮水器刮伤多见。

二、治疗

下面介绍只适应新鲜创伤伤口的缝合法，化脓感染伤口不宜缝合。

1．伤口清洗　先用无菌纱布将伤口覆盖，然后剪去被毛，用肥皂水、松节油等清除伤口周围的污物，最后用生理盐水清洗创口周围皮肤。

2．伤口处理　1%盐酸普鲁卡因局部麻醉，0.1%高锰酸钾溶液洗净，碘酊消毒伤口周围，酒精脱碘。先取掉覆盖伤口的纱布，铺无菌巾。然后检查伤口，清除血凝块和异物，切除失去活力的组织（伤口内要彻底止血）；最后用无菌生理盐水和双氧水反复冲洗伤口即可。

3. 伤口缝合　皮肤伤口对齐后再缝合。根据创口损失情况按组织层次缝合创缘，选择合适缝合针、线，根据创口大小选择合适的缝合间距和缝合的方式。

相关步骤见图6-15-1至图6-15-4。

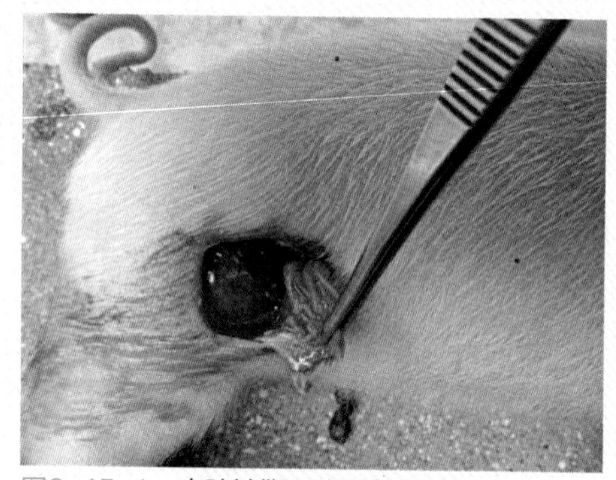

图6-15-1　皮肤被撕开成三角伤口

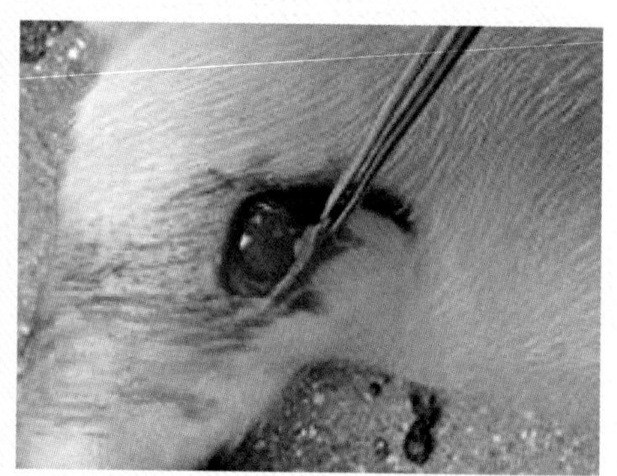

图6-15-2　术前肛门周围用0.1%高锰酸钾溶液洗净，碘酊消毒

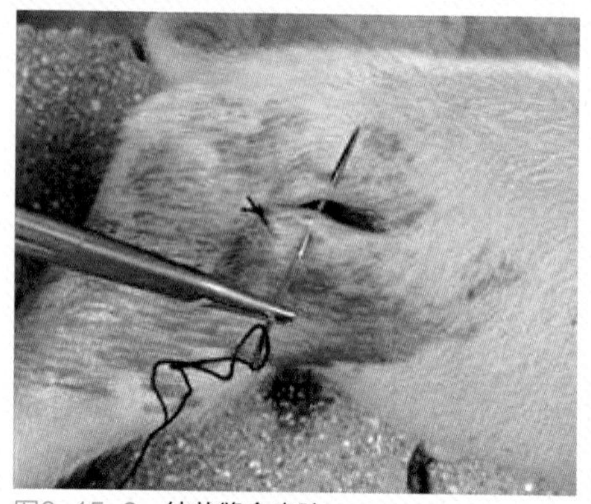

图6-15-3　结节缝合皮肤

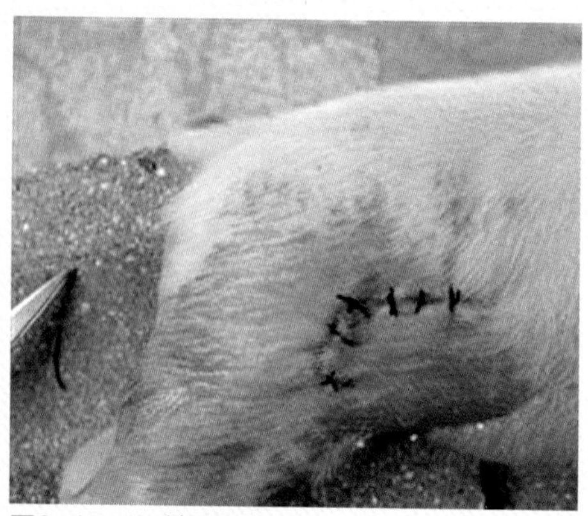

图6-15-4　针距要均匀

第十六节　尿路结石

动物尿道结石比较少见，大部分尿道结石是肾脏、膀胱结石经尿道或嵌顿尿道所致，也有少数是尿道狭窄、尿道异物或开口于尿道憩室中的原发尿道结石。其症状主要为排尿困难、排尿费力，有时可有尿流中断和尿潴留。

一、临床实践

尿路结石虽然临床上不多见，治愈率低，死亡率较高，一般没有治疗价值或养殖人员没有治疗经验。

二、临床症状

原发性的尿道结石早期可无疼痛症状，而继发结石患病猪常感尿道疼痛（从排尿时骚动不安可以看出）。膀胱刺激症。结石合并感染，可出现膀胱刺激症状及脓尿。如下段输尿管结石或伴有感染时，患猪就会出现尿频、尿急及尿痛等症状。结石阻塞不完全，患猪排尿出现尿线变细、尿淋漓。由于频繁努责，有时可出现肛门突出或脱肛现象。如继发尿道结石，由于结石忽然嵌进尿道内，多骤然发生排尿中断，并有强烈尿意及膀胱里急后重，多发生急性尿潴留。由此可见小腹明显膨胀，一旦膀胱破裂可见全腹膨胀。后尿道结石有会阴和阴囊部疼痛。阴茎部结石在疼痛部位可摸到肿块，用力排尿有时可将结石排出。如并发细菌感染，可见脓性分泌物从尿道排出（图6-16-1至图6-16-11）。

图6-16-1　发生急性尿潴留，可见小腹明显膨胀

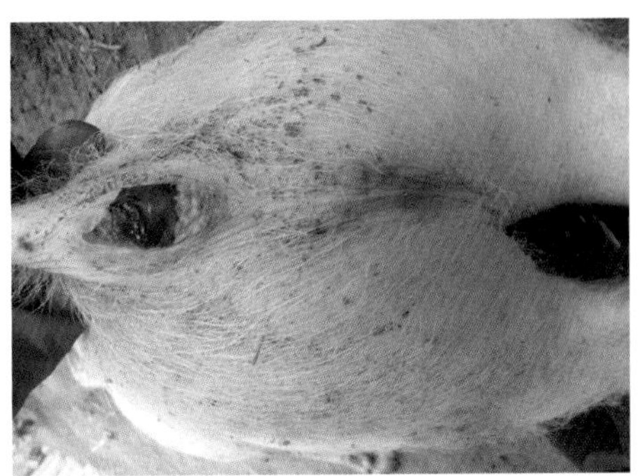

图6-16-2　由于频繁努责，有时可出现肛门突出或脱肛现象

图6-16-3 膀胱破裂后，可见整个腹腔膨胀

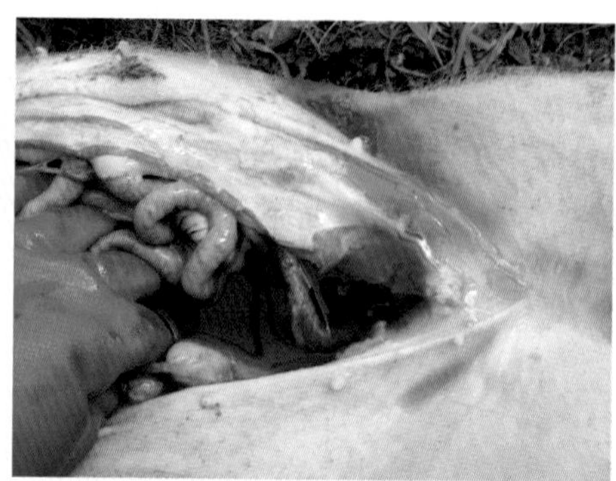

图6-16-4 膀胱破裂后，腹腔大量尿液和膀胱破裂后的血液混合

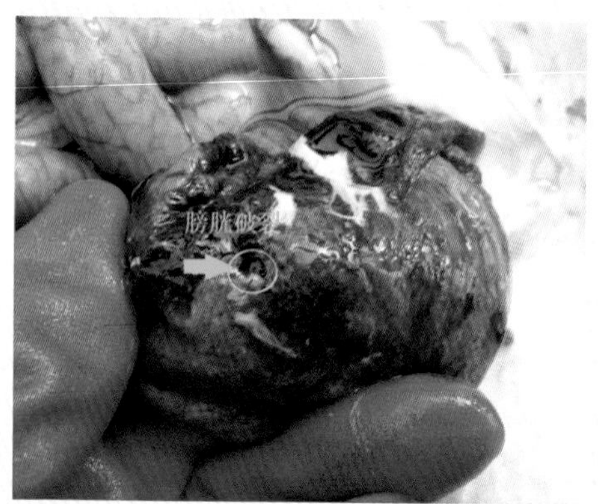

图6-16-5 膀胱破裂口，膀胱黏膜瘀血、出血，表面有纤维素附着

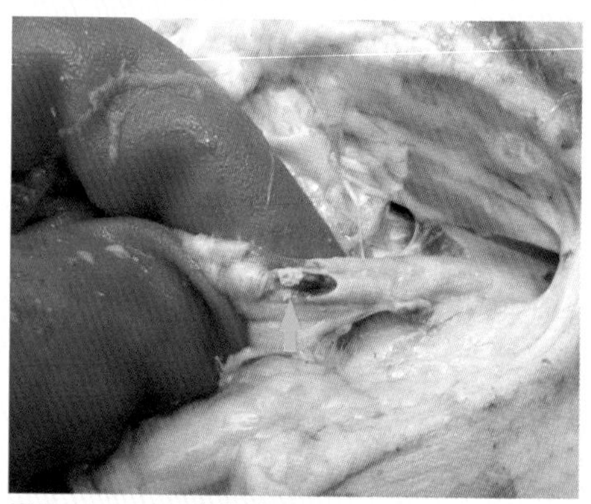

图6-16-6 石膏状结石

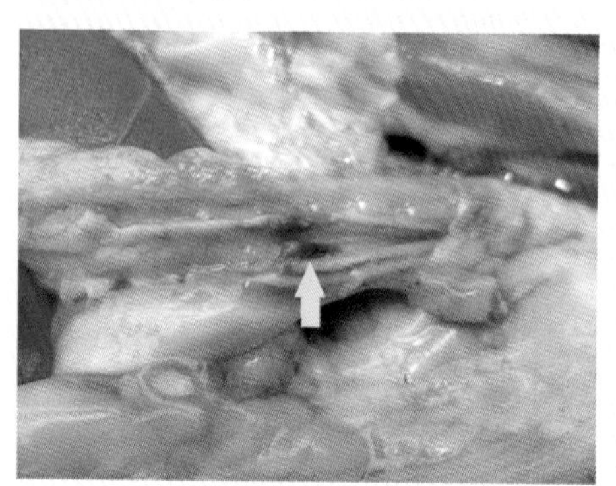

图6-16-7 结石剥离后遗留的创面

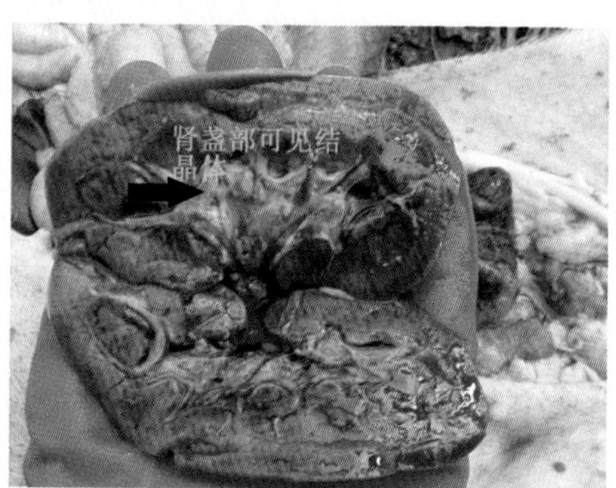

图6-16-8 肾盏部可见结晶体

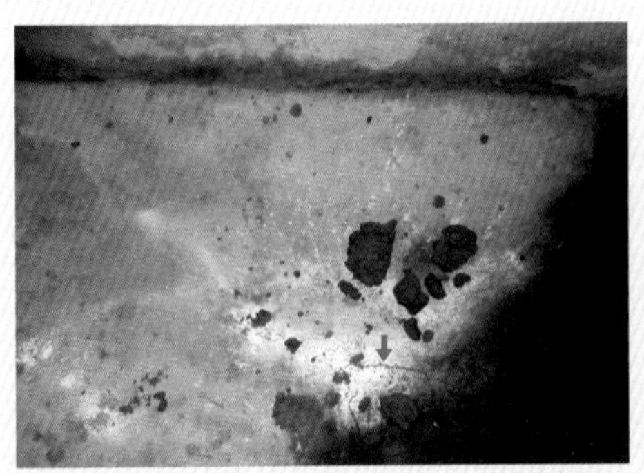

图6-16-9 经产母猪膀胱结石，轻者尿液干后似石灰水状，能看到地面裂缝

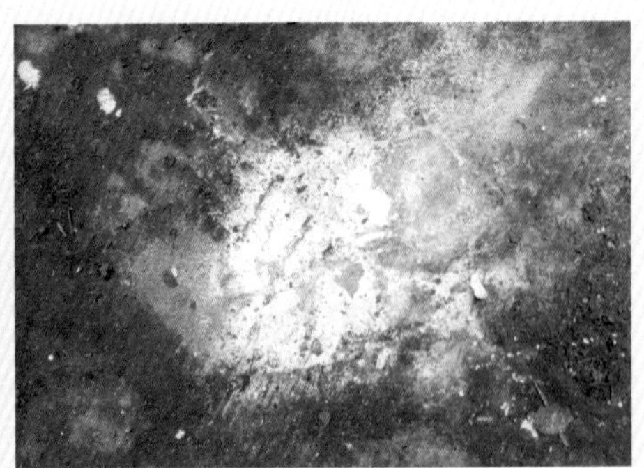

图6-16-10 重者尿石厚度增加

图6-16-11 尿液干后铲起的石灰块状尿石

三、防治

1．多饮水使尿液得到稀释，钙离子和草酸根的浓度就会降低，难形成草酸钙结石。研究表明，增加50%的尿量可使肾结石的发病率下降86%。

2．大豆制品（豆饼、豆粕等）中草酸盐和磷酸盐的含量都高，能同肾脏中的钙融合形成结石，可适当控制用量。另外，限量摄入糖类。

3．勿过量服用富含维生素D的饲料，维生素D有促进肠膜对钙磷吸收的功能，骤然增加尿液中钙磷的排泄，势必产生沉淀，容易形成结石。

第十七节 小肠套叠

肠套叠是指一段肠管套入与其相连的肠腔内，并导致肠内容物通过障碍。一般肠道炎症有腹泻等，注射、投药时抓捕也可引起该病。当患猪出现不安、呕吐、排果酱样血便、腹部检查触到腊肠样包块时，即可确诊。

一、临床实践

发病多以死亡告终。原因是对该病认识不足或多是继发于其他病症，不能正确诊断。

二、临床症状

患猪表现肌肉颤抖、呻吟、磨牙。呕吐或鼻流粪水，有时可能尖叫，骚动不安，弓背，有后肢踢腹，摆臀或突然倒地打滚等不自然姿势。后期合并肠坏死和腹膜炎后，患猪表现精神沉郁。探摸腹部有时可触及腊肠样可移动的套叠肠管。肠套叠时，肠系膜被嵌入在肠壁间，发生血液循环障碍从而可引起黏膜出血、水肿，与肠黏液混合在一起能形成暗紫色（果酱样）胶冻样粪便。死亡猪多数出现腹胀（图6–17–1）。

三、剖检变化

肠管套入与其相连的肠腔内小肠水肿、出血，严重时坏死（图6–17–2）。

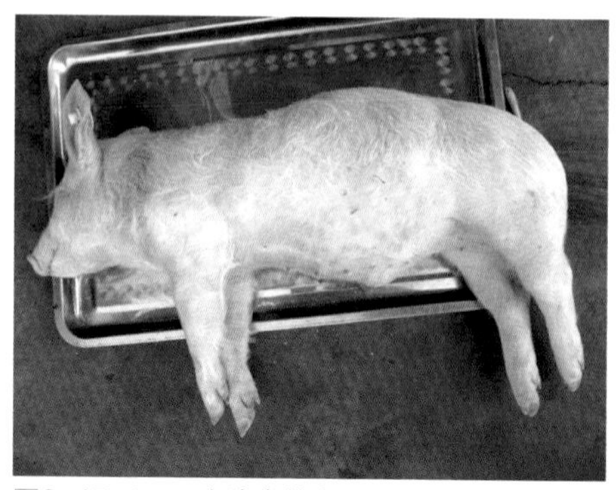
图6–17–1 死亡猪多数腹胀

图6–17–2 小肠套叠

四、治疗

1．直肠充气法　病初可用。将气门嘴从肛门置于直肠内，肛门周围用纱布包严，缓慢有节奏地向直肠内打气（操作要缓慢，切忌损伤肠管）。当肠管充满气体时，套叠肠管可被迫复位。

2．手术疗法　切开右腹壁及网膜，用左手伸入腹腔寻找套叠肠段。如套叠肠段不能复位或出血坏死现象，可将发病肠管全部切除后采用肠吻合手术治疗。

第十八节　阉割术

阉割也叫去势，是摘除家畜主要生殖器官的外科手术。目的是消除家畜的性欲和繁殖能力，使家畜的性情变得温顺耐劳，便于管理；肉用动物的肉质得以改善、产量提高；另外，还可控制畜群中的交配行为，从而有利于良种的繁殖和选育。雄性去势手术又名睾丸摘除术；雌性去势手术又名卵巢摘除手术，中国民间称为“挑花”术。此外还有雄性的药物去势，以及睾丸的无血去势术。本节只介绍手术阉割。

1．公猪阉割术

传统去势日龄在3～4周龄最为适合，近几年较大型猪场在仔猪出生1周左右就开始阉割。一般不麻醉，左侧横卧保定，猪背向术者，术者用左脚踩住猪颈部，右脚踩住猪尾根。术口消毒并同时肌内注射破伤风抗毒素。切口定位在阴囊缝际两侧平行阴囊缝际。术者左手手臂部按压猪右后肢股部后方，使该后肢向上紧贴腹壁以充分显露睾丸。用左手中指、食指和拇指捏住阴囊颈部，将睾丸推挤入阴囊底部，使阴囊皮肤紧张，固定好睾丸。右手持刀，在阴囊缝际两侧1.0～1.5厘米处平行缝际切开阴囊皮肤和总鞘膜，露出睾丸。术者食指和拇指捏住阴囊韧带与附睾尾连接部，剪开附睾尾韧带，向上撕开睾丸系膜，充分显露精索后去掉睾丸。方法常用有两种：

①小公猪阉割法　小公猪可用捋断法去掉睾丸，捋断精索时要耐心，要反复向精索的近心端捋，直至把精索捋断。严禁将精索拉断或用刀切断，也要避免捋几下就断或过早捋断，这样都会造成精索断端出血，因为这种出血因精索断端缩

入腹股管沟内环，向腹腔内出血，一般不易察觉，一旦发现多为时已晚。

②大公猪阉割法　精索用缝线贯穿结扎法比较适合大公猪的阉割。在用缝线结扎精索时，在打完第1个结扣后用止血钳钳夹结扣处再打第2个结扣，当第2个结扣快打完时才松开止血钳。这种打结不会松脱，以确保术后不出血。按同法去掉另一侧睾丸即可。切口用碘酊消毒后，切口不缝合。

以上方法见图6–18–1至图6–18–5。

2. 母猪阉割术

①母猪“小挑花”阉割技术(卵巢子宫切除术)选择30日龄、体重10千克左右的仔母猪去势，术前禁食半天。此时仔猪正处于哺乳期，胃肠发育较慢，肠管较细，腹围较小，而子宫角直径可达4～5 毫米，手术易于进行。且因仔猪腹围小、腹压低，肠管不易脱出，故伤口很快愈合。术者左手提起左后肢，使腹腔肠管前移；右手捏住左侧膝皱褶，使猪右侧卧地；立即用右脚踩住左侧颈部，右手撑压膝关节使左后肢向后挺直，使猪后躯呈半仰卧姿势，左脚踩住左后肢跖部。去势部位在左侧下腹部，粗毛与细毛交界处，与髋结节的相对处。一般多位于左侧倒数第2个乳头的外侧2～3厘米处。术部常规消毒，左手中指抵于右侧髋结节，拇指用力按压术部稍内侧，两指成一直线。压得越紧离卵巢越近，手术越易于成功。右手持手术刀，用拇指、中指与食指控制刀刃的深度，用刀尖垂直切开皮肤成纵形切口，并向外稍用力使切口扩大，在猪嚎叫时，随腹压的升高子宫角也随着流出。若一次不成功，则左手拇指一定要压紧，刀柄在腹腔内作弧形滑动，随着仔猪嚎叫和腹压剧升子宫会流出。用右手压迫腹壁切口，当两侧卵巢和子宫全部拉出后，用手指挫断或用刀割断子宫体，将两侧卵巢与子宫一同除去。切口涂碘酊。提起猪的后肢，稍摆动一下即放开让其自由活动。“小挑法”的成功与否关键在于手术部位，若切口中见到粉红色的是小肠，表示切口靠前；若见到白色的是膀胱，表示切口靠后。仔猪太小不宜阉割，因子宫角和卵巢尚未发育，易断裂在骨盆腔内（图6–18–6至6–18–10）。

②母猪“大挑花”阉割技术(单纯卵巢摘除术)

该法适用于3月龄以上、体重在17千克以上的母猪去势。在发情期不进行手术。术前禁饲6小时以上，阉割用具为大挑刀。左侧卧亦可右侧卧，术者位于猪的背侧，用右脚踩住猪颈部，保定猪两后肢并向后下方伸直。去势部位，肷部三角区中央切口，适合较小或瘦弱的猪只；髋结节向腹下作垂线，将垂线分成三等分，下1/3交界处稍前方为术部，适用于猪体较大或膘肥的猪只。术部按常规消毒，术者手消毒后左手食指按压术部，右手持刀在术部作长3～4厘米的半月形切口。左（右）手食指伸入皮肤切口内，垂直地钝性刺透腹肌和腹膜。术者左手中指与无名指下压腹壁，食指在腹腔内探查卵巢。卵巢一般在第2腰椎下方骨盆腔入口处两旁，先探查上方卵巢，用食指端勾住卵巢悬吊韧带，将卵巢拉向切口处，右手将大挑刀柄伸入切口内，将术刀钩端与左手食指指端相对应，勾取卵巢悬吊韧带，将卵巢拉出切口外。术者左手食指迅速伸入切口内，并继续探查对侧的另一个卵巢，借助手指堵住切口以防卵巢回缩入腹腔内，并用同法取出另侧的卵巢。两侧卵巢都引出切口后，对卵巢悬吊韧带用缝线结扎或止血钳捻转法去掉卵巢。两侧卵巢都摘除后，术者食指再伸入切口内将两侧子宫角还纳回腹腔内，然后全层缝合腹壁切口（图6–18–11至图6–18–16）。

3．阉割注意事项

①公猪阉割术时，应先检查是否为隐睾及腹股沟阴囊疝。如为隐睾猪，按隐睾猪去势法操作；若为阴囊疝猪，可按疝的手术疗法进行。

②小母猪保定时，必须使后躯呈半仰卧状态，左后肢充分伸展，否则不能正确决定手术部位。操作过程中，要注意手脚配合，以免保定不牢固。大母猪保定时应侧倒卧保定。

③术前必须清扫猪舍，换上干净垫草，保持清洁干燥，防止创口感染。患猪手术当天早晨停止喂食，以免腹压过大，影响手术操作。

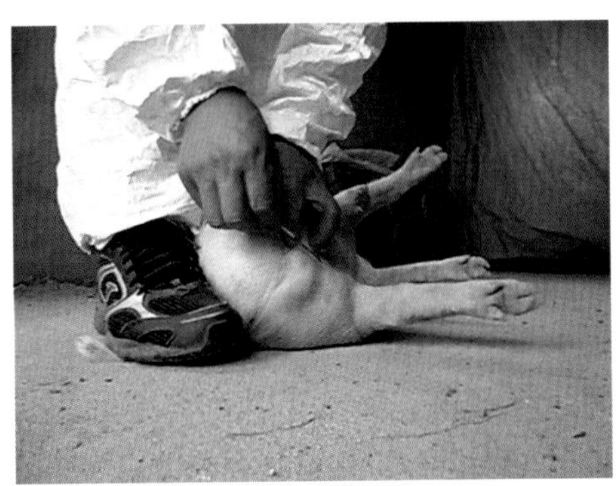

图6–18–1 左侧横卧保定，左脚踩踏仔猪颈部，右脚踩踏尾部，猪背向术者

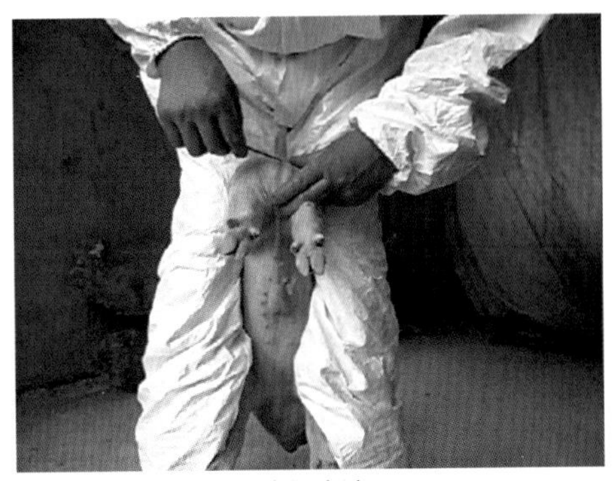

图6–18–2 双腿夹猪保定法

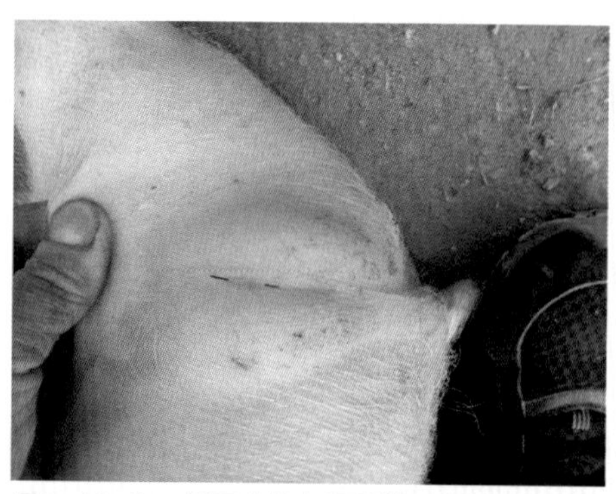

图6-18-3 切口定位在阴囊缝际两侧平行阴囊缝际（红线为常规术口，绿线为改进术口，易于引流）

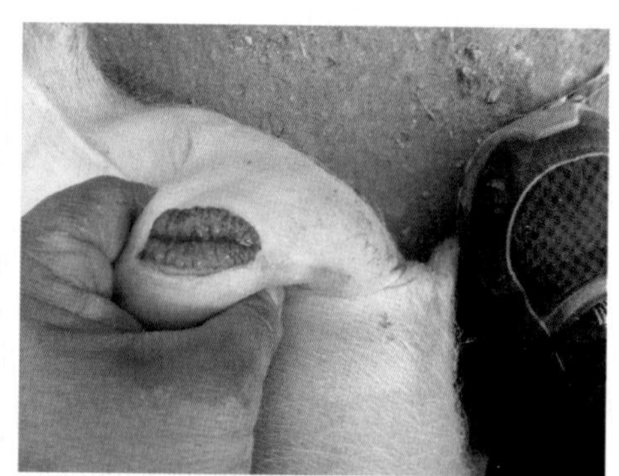

图6-18-4 一次性划开睾丸，易取出

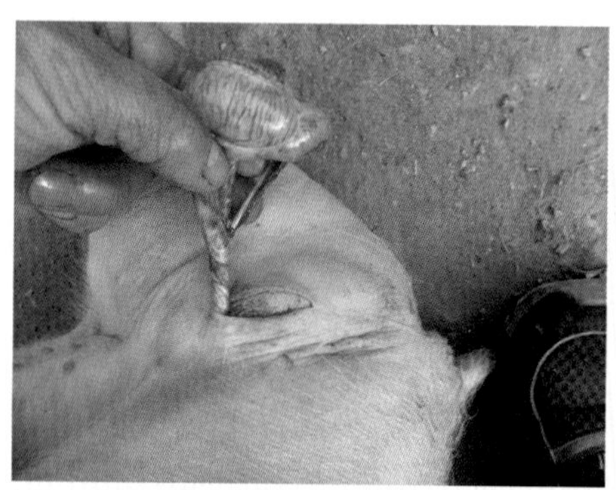

图6-18-5 乳猪剪断即可，大猪拧断

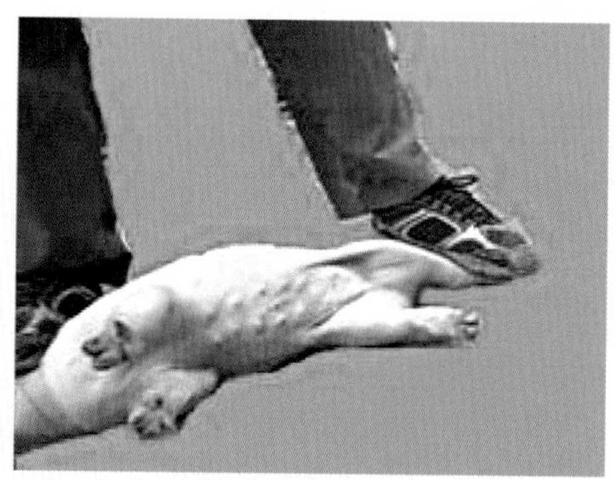

图6-18-6 母猪“小挑术”保定

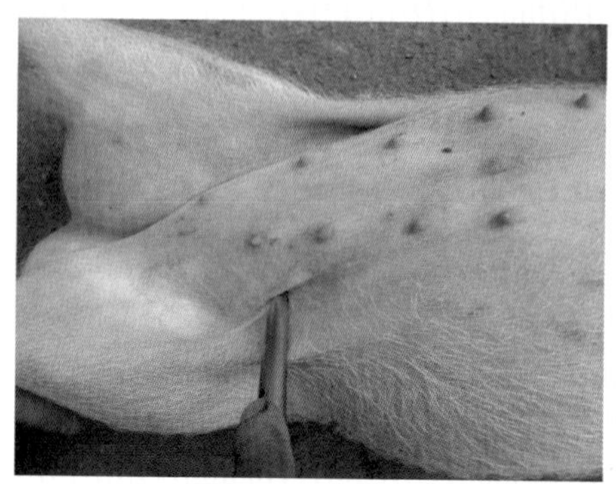

图6-18-7 术部

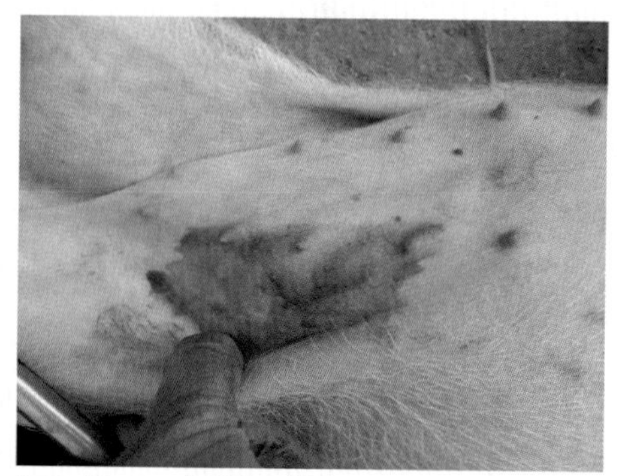

图6-18-8 术部碘酊消毒

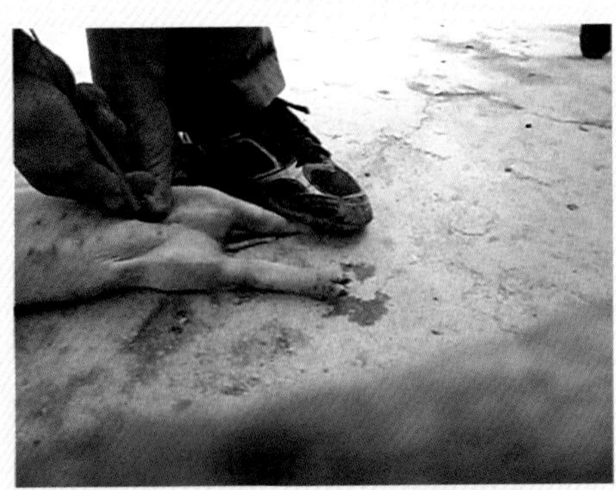

图6-18-9 左手拇指压迫术部偏左1厘米左右，右手持刀

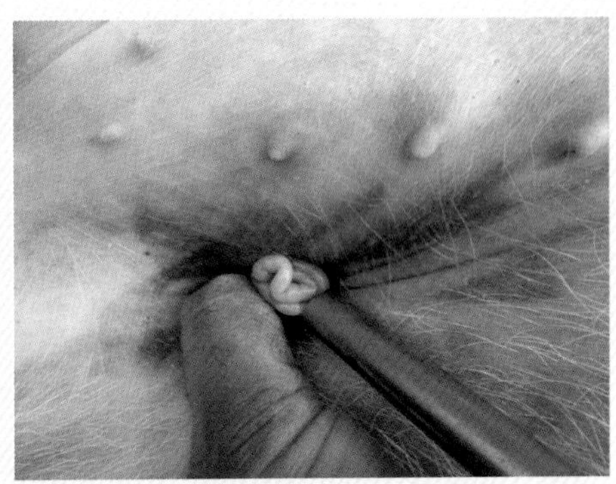

图6-18-10 笔式阉割刀一次性穿透，左手拇指压迫腹壁，子宫角顺管槽自行挤出

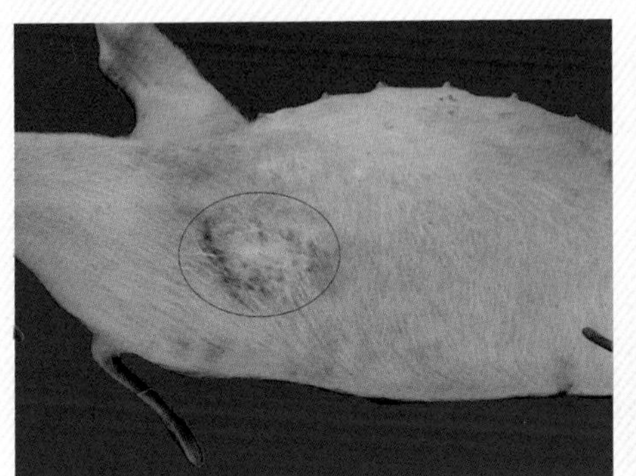

图6-18-11 母猪“大挑法”手术部位

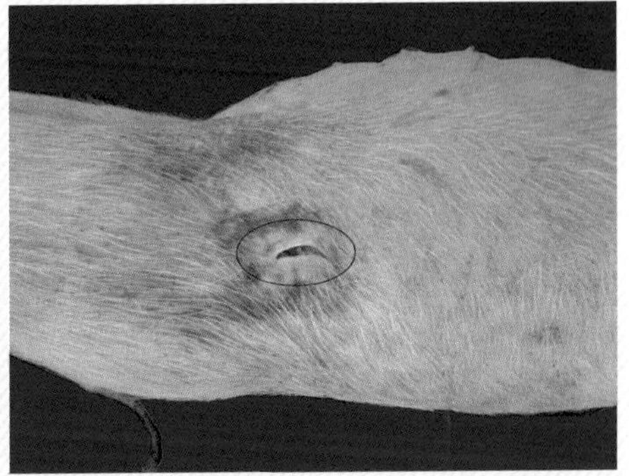

图6-18-12 消毒剃毛后，划一月牙形术口（不划透）

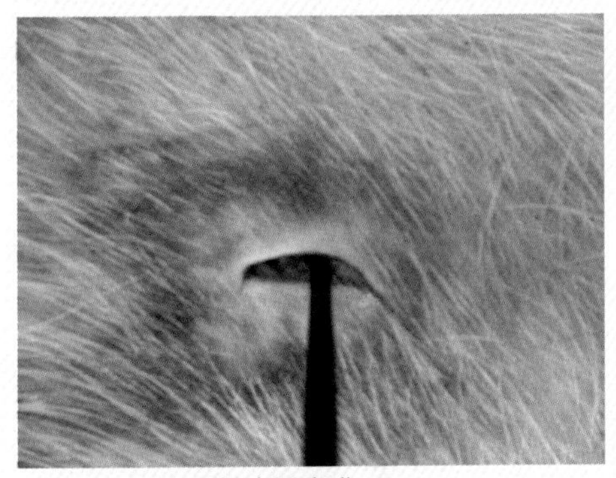

图6-18-13 刀柄穿透腹膜

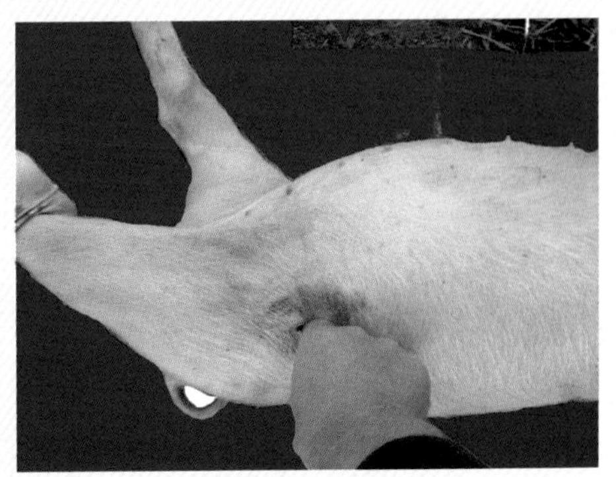

图6-18-14 右手食指深入腹腔探摸

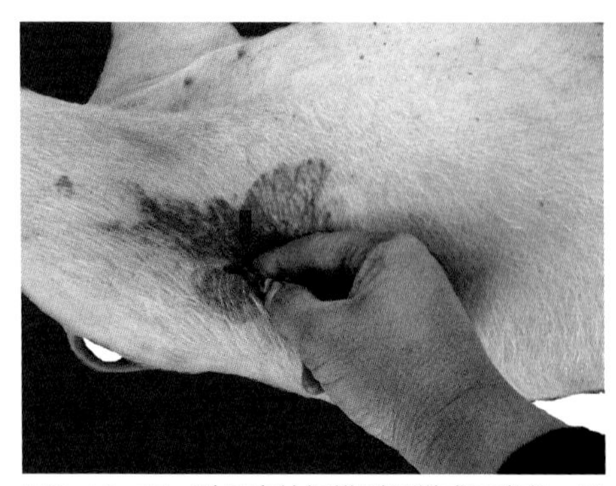
图6-18-15　耻骨窝处探摸到卵巢或子宫角，用手指挤至背部引出术口

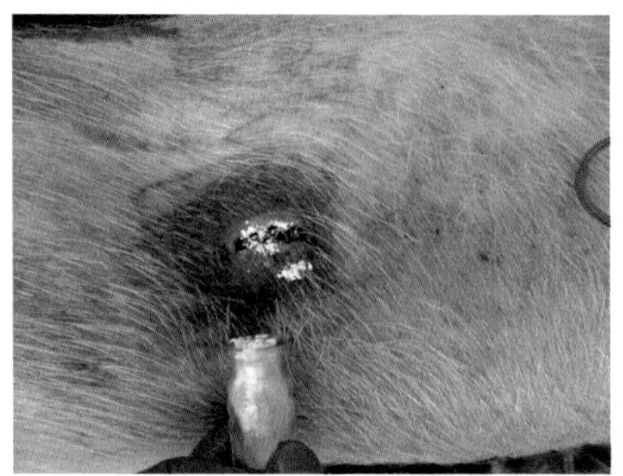
图6-18-16　术口撒布青霉素或消炎粉，缝合1～2针即可

④术部确定必须准确，特别是小母猪手术时，创口靠前，肠管容易从创口脱出，创口靠后膀胱圆韧带或输尿管容易从创口脱出。至于大母猪，如为分娩过的淘汰母猪，术部应适当靠下面一些，便于取出卵巢。

⑤对小母猪手术时，除牢固保定、正确决定术部外，在操作过程中，拇指必须始终紧紧压迫术部，否则卵巢子宫角不易脱出，脱出后也容易回到腔内或牵断子宫角而将卵巢子宫留在腹内。另外在腹膜未戳破前（未见腹水流出），刀柄的钩端不可在创内作弧形摆动，否则腹膜外组织剥离过多，不利于创口愈合，还能使肠管脱出而发生嵌闭。戳破腹膜后伸入腹内的刀柄，不宜过长，否则易损坏后腔动静脉，造成大出血而死。管型刀去势一般是一次性穿透后，子宫角可自行与腹水流出。

⑥操作过程中，应注意消毒，避免泥、水及剪下的被毛等进入创口内，并做好术后护理工作。

第十九节　褥疮

褥疮，又称压疮，压力性溃疡，是由于患畜体力极度虚弱，长期卧地或感觉运动功能丧失，无力变换卧位，加之护理不当，致位于体表骨隆突和地面之间的皮肤组织，甚至肌肉因局部组织长期受压，发生持续缺血、缺氧、营养不良而致组织溃烂坏死的现象。多发部位为骶骨、坐骨结节、股骨大转子等处，其次为跟骨、枕骨、髂前上棘、内外踝等部位。常见原因有：①压力因素：局部组织遭受持续性垂直压力，特别是在身体骨头隆凸处。局部长时间超过了正常毛细血管的承受能力；摩擦力作用于皮肤，易损害皮肤的角质层；②营养状况：全身营养缺乏，肌肉萎缩，受压处缺乏保护，如长期发热及恶病质等。另外，老龄猪因皮肤松弛干燥，缺乏弹性，皮下脂肪萎缩、变薄，因此皮肤易损性增加。

一、临床实践

主要是母猪孕期或产后常见。怀孕后期，个别猪因营养、疾病等致使猪肢、蹄无力承受重力，分娩后瘫痪等引起的发病较多。

二、临床症状

其形成过程分为红斑期、水泡期和溃疡期三期：

1．红斑期　全身的受压部位表现为局部瘀血，皮肤呈现红斑，但皮肤完整。若在此期除去压力该症状在48小时内可消失。

2．水疱期　受压部位出现大小不等的水疱、浅的火山口状伤口，表皮损伤发红充血，用手指压时不消退。

3．溃疡期

①浅溃疡　溃疡不超过皮肤全层，因溃疡基底部缺乏血液供应，所以皮肤呈苍白色，肉芽水肿，流水不止。

②深溃疡　涉及深筋膜和肌肉，受累组织因缺血而呈黑色坏死。因细胞的感染，病变常侵犯骨质，易形成骨膜炎或骨髓炎。

临床上可见深的火山口状伤口，且侵蚀周围邻近组织。严重时，组织完全被破坏或坏死至肌肉层、骨骼及支持性结构。全层组织缺失，溃疡底部有黄褐色、灰绿色腐肉覆盖，或者伤口处有碳色、褐色或黑色焦痂附着（图6-19-1至图6-19-2）。

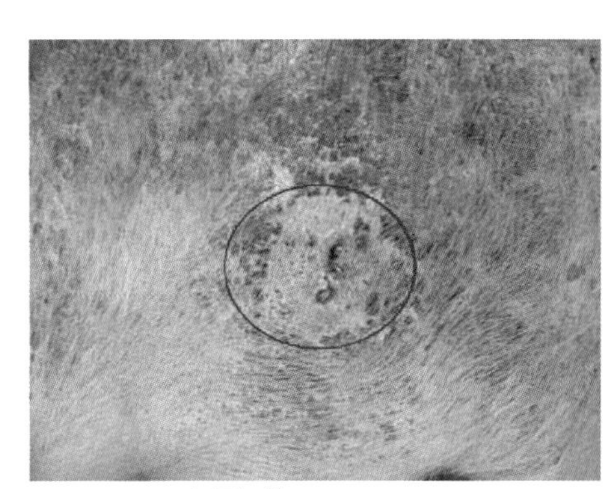

图6-19-1 皮损部位

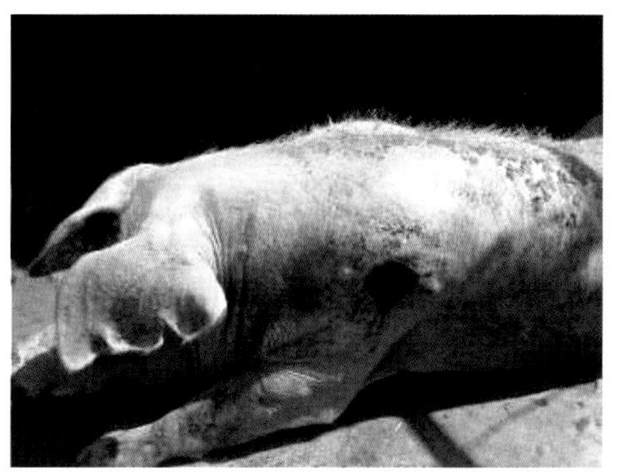

图6-19-2 深的火山口状伤口，组织因缺血而坏死，呈黑色深度溃疡

三、防治

1. 预防

①圈舍可厚铺垫草。

②对起立不便或瘫痪猪，在治疗期间要勤翻身，以此避免局部持续受压。

2. 治疗

①成纤维生长因子 （能促进创伤愈合过程中所有细胞的增生，加快创口的愈合速度。）将褥疮局部消毒，清洗后用 2%的成纤维生长因子软膏均匀覆盖创面，用消毒敷料包扎，每日换药 1次。

②碘酊　具有使组织脱水促进创面干燥、软化硬结构的作用。将碘酊涂于创面，每日2次。

③灭滴灵　对杀灭厌氧菌有特效，并能扩张血管，增强血液循环。用此药冲洗后，湿敷创面，加红外线灯照射20分钟，每日3～4次。

④使用生肌玉红膏或传统的生肌类药膏，对于1～3期褥疮也有效果。

⑤红斑及水泡期可用红外线照射。表浅溃疡搽龙胆紫。

07

第七章

其他

第一节　疫苗反应出现的过敏

过敏是有机体对某些药物或外界刺激的感受性不正常地增高的现象，简单地说过敏就是对某种物质过敏。与人一样，当动物吃到、触到或吸入某种物质的时候，机体也会产生过度的反应，导致这种反应的物质就是所谓的“过敏源”。在正常情况下，机体会通过抗体用来保护不受疾病的侵害；但过敏者的身体却会将正常无害的物质误认为是有害的东西，产生抗体，这种物质就成为一种“过敏源”。

目前所使用的疫苗安全性良好，不良反应的发生率很低，且其中大多数为一过性局部反应，对猪的机体并无大碍。

一、临床实践

较多见，重症过敏应采取紧急治疗。一般轻症患猪，如用猪瘟弱毒细胞苗免疫注射后，患猪会出现呕吐、呼吸困难等过敏反应，时间多在注射的3分钟后。在不采取任何措施的情况下，患猪多在1小时后自行恢复。不过，破伤风抗毒素注射后如出现过敏，则死亡率较高，有的在出现症状后几分钟就死亡。从死亡出现的临床症状，如呼吸极度困难，翻滚，甚至跳跃，口大量流涎，可怀疑是否为气管痉挛或液体堵塞喉头、气管所致（只供参考）。

二、临床症状

过敏的三种情形：

1. 正常反应　是指由于制品本身的特性而引起的反应，其性质与反应强度随制品而异，例如，某些制品有一定毒性，接种后可以引起一定的局部或全身反应。注射疫苗后猪在短时间的精神不好，食欲下降等。

2. 严重反应　患猪表现打颤、流涎、流产、瘙痒、皮肤丘疹，注射部位出现肿块、糜烂等，最为严重者出现急性死亡。

3. 合并症反应等，扩散为全身感染和诱发潜伏感染。严重的过敏休克，患猪在注射疫苗30分钟内出现不安、呼吸困难、四肢发冷、出汗、大小便失禁等。应根据情况，立即注射肾上腺素、地塞米松等药物进行治疗，同时加强护理。

以上临床症状见图7–1–1至图7–1–4。

图7-1-1 注射疫苗后，患猪呼吸困难，皮肤暗红色

图7-1-2 呼吸困难，呕吐

图7-1-3 频繁呕吐

图7-1-4 步态蹒跚，后肢有时交叉站立

三、防治

一般反应可不作处理，局部炎症反应，可进行消炎、消肿及止痒等处理。神经、肌肉、血管损伤时，可采用理疗、药物治疗手术等方法。对严重的过敏休克患猪，应立即采取抗休克、抗过敏、抗感染、抗炎症、强心补液及镇静解痉等急救措施。

第二节 感光过敏

猪长期或大量采食富含特异性感光的物质（荞麦、红三叶草、苜蓿、苕子、燕麦、多年生黑麦草等）时，其对日光的敏感性会增高，暴露于日光下即可发生皮肤红斑、疹块、溃疡，甚至坏死、脱落的疾病称为感光过敏。该病主要发生在白色猪种中。

一、临床实践

散养户或开放式猪舍饲养的猪在初夏季节最易发生感光过敏，一定要有遮阳处理。本病临床上并不出现瘙痒，猪乱跑是疼痛表现，主要是背部皮肤严重肿胀、增厚，柔性消失，横向断裂（折断）所致。卧下或站立时，如皮肤皱褶处不受运动刺激则无瘙痒反应。

二、临床症状

病猪大多数为白色皮肤。过敏表现为皮肤发红，发红部位集中在阳光照射区域，腹下、腋窝等阳光照射不到的部位一般无变化或变化较轻。阳光照射部位皮肤会出现大小不等的红色斑块，红斑突出皮肤表面，用手指按压不褪色，有的出现水疱；重症患猪，背部皮肤严重肿胀、增厚，柔性消失，易横向断裂（折断），断裂后流出黄色液体，躺卧时安静，因为断裂处不受运动的摩擦刺激。一旦行走，横向断裂的皱褶处疼痛难忍，患猪会突然出现凹腰、急走或乱跑现象。此现象并非奇痒，只是行走时断裂的皱褶处相互摩擦造成。水疱破溃后，流出淡黄色液体，病程长者，出现结痂（图7–2–1至图7–2–5）。

三、防治

1. 畜舍加盖遮阳网，停止饲喂含有感光过敏物质的饲料，如荞麦、红三叶草、苜蓿、苕子、燕麦、多年生黑麦草等。

2. 患猪皮肤涂擦氧化锌油膏或鱼石脂软膏，每日2次。为减少猪只皮肤瘙痒，每头猪可肌内注射抗组织胺类药物，如苯海拉明40～60毫克，每天1次。

3. 给患猪适量投服缓泻剂，如人工盐等，以清除消化道内尚未被消化吸收的有毒物质。在饮水中可加入适量的葡萄糖、维生素C以利解毒。

4. 对皮肤损伤严重病例，为防止激发感染，可适当使用青霉素药物抗菌消炎。

图7-2-1 日光照射到的背、腹侧皮肤均出现大面积红斑块，皮肤红肿

图7-2-2 皮肤有刺痛感，突然出现凹腰、急走或乱跑现象

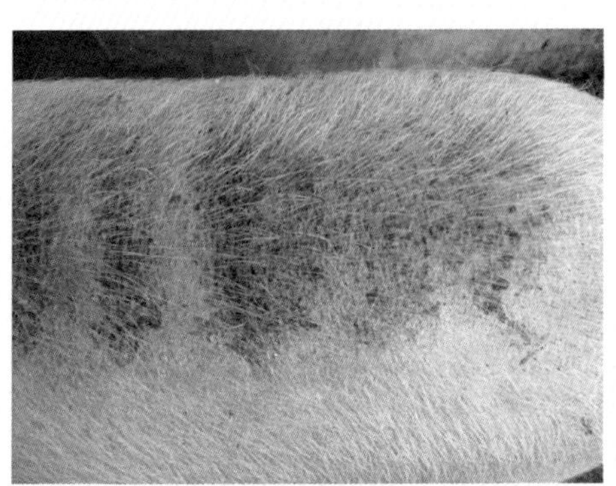
图7-2-3 背部皮肤严重肿胀、增厚，柔性消失，横向断裂、破溃后流出黄色液体，露出鲜红色肉芽面

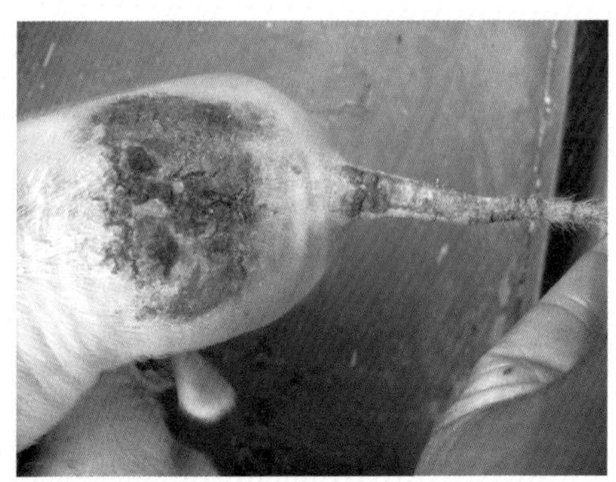
图7-2-4 分泌物干后形成结痂，可见皮肤坏死

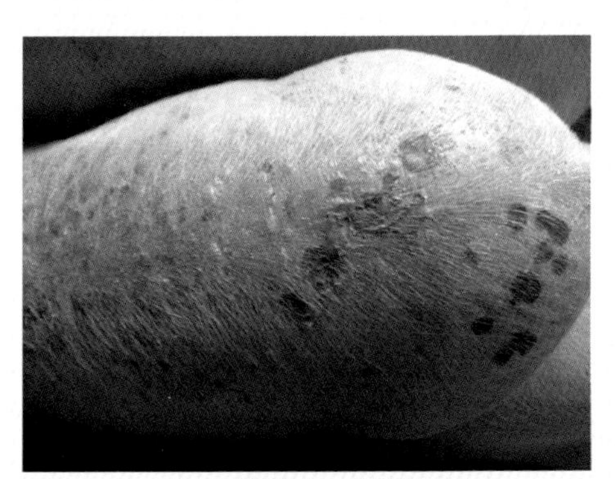
图7-2-5 痂皮逐渐脱落，患猪进而康复

第三节　玫瑰糠疹

玫瑰糠疹是较常见的皮肤病之一，发病部位多见于躯干和四肢近端。大小不等，数目不定。

一、临床症状

因发病前期猪食欲正常，所以本病多不被注意。一般主要在下腹部或大腿内侧、腋窝等处，出现大片红色疹环、绳索勒伤样斑块或斑丘疹。有的损害较快，并迅速扩至躯干与四肢。随着病情的发展，发病部位逐渐增大、融合，表面开始出现糠麸鳞屑。这些渐渐在中央部位出现结痂性损害，痂皮脱落后呈玫瑰糠疹样皮损（图7-3-1至图7-3-3）。

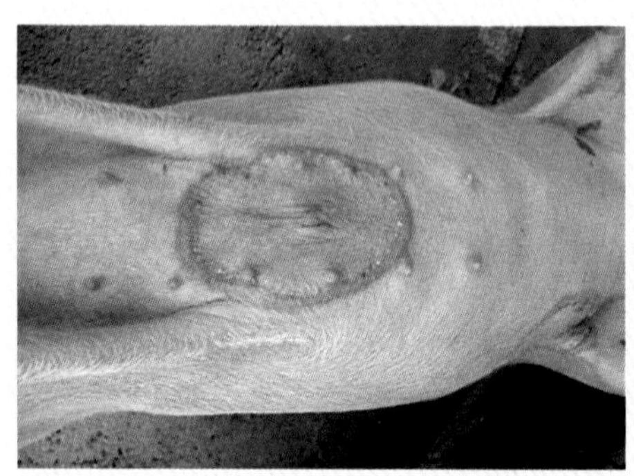

图7-3-1　出现大片红色疹环、绳索勒伤样斑块或斑丘疹

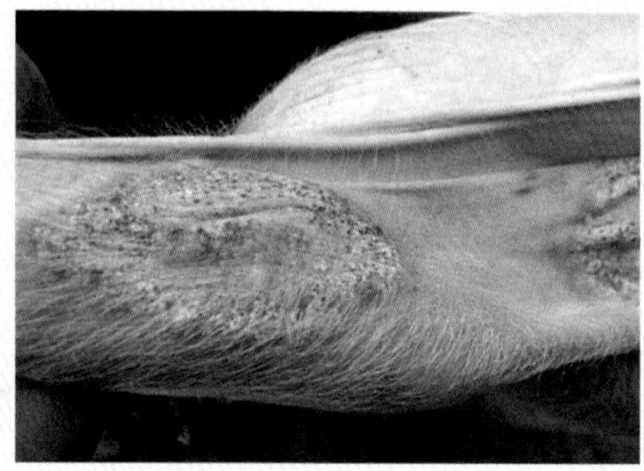

图7-3-2　在中央部位出现结痂性损害，痂皮脱落而呈玫瑰糠疹样皮损

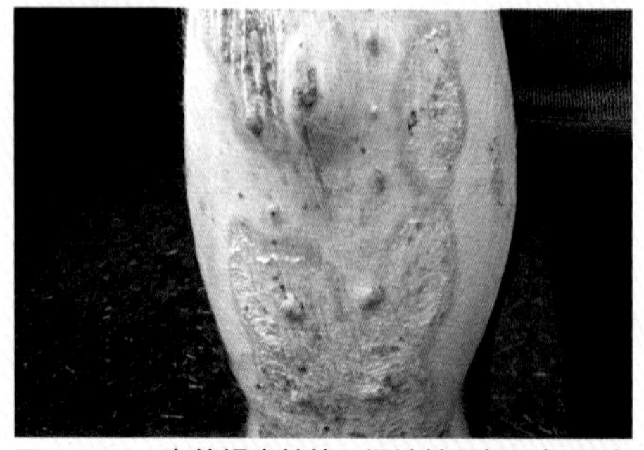

图7-3-3　有的损害较快，迅速扩至躯干与四肢

二、防治

本病无特效药物治疗，最后不治。有自限性，一般持续40～60天不治自愈。

如治疗时，推荐药方为：生槐花30克，生地黄30克，丹皮15克，白茅根30克，紫草根15克，赤芍15克，鸡血藤30克。水煎服，一日一剂，分两次服。

第四节　毛癣菌病（小孢子菌病）

猪的小孢子霉菌病在各个国家均有发生。孢子及菌丝体主要分布在毛根和毛干周围，孢子不侵入毛干内，其小分生孢子沿毛发镶嵌成原鞘，而菌丝体可侵入毛内，将毛囊附近的毛干充满。临床上主要以癣斑形式出现，俗称钱癣、脱毛癣或匍行疹。

一、临床实践

近几年，该病主要发生在深秋和冬季。主要是为抵御寒冷，猪舍内铺设垫料所致。猪只一般在铺设垫料1周后发病。发病后应立即清理污染的垫料，轻症病例无需治疗15日左右可自行康复。不过，期间一定要注意避免感染其他皮肤疾病，特别是疥癣虫病。

二、临床症状

皮肤小孢霉菌侵害皮肤和毛发，不侵害角质，一般不侵入真皮层，主要在表皮角质、毛囊、毛根鞘及其他细胞中繁殖。有的也能穿入毛根内生长繁殖。犬小孢子菌和猪石膏样小孢子菌都可引起仔猪癣菌病，癣菌病变可见于猪身体任何部位，以腋窝等皱褶较多的部位为甚。

病皮发生单个或多个红色针头大小的丘疹或水疱，皮损大小不定。可单发，也可数片，而后融合，皮疹逐渐向外以圆形状扩展。有时因中央再感染而呈现同心圆形状损害。外周形成干痂。很少见有脱毛现象，日久皮损可变暗红，其上有细薄鳞屑，显得粗糙，局部可有色素沉着。部分还在毛囊中形成小脓肿。成年猪耳后常发生慢性感染，表现为褐色增厚痂皮，痂皮可扩散全耳甚至颈部。饲养人员和畜牧兽医工作者应注意防护，以免被该病传染（图7-4-1至图7-4-4）。

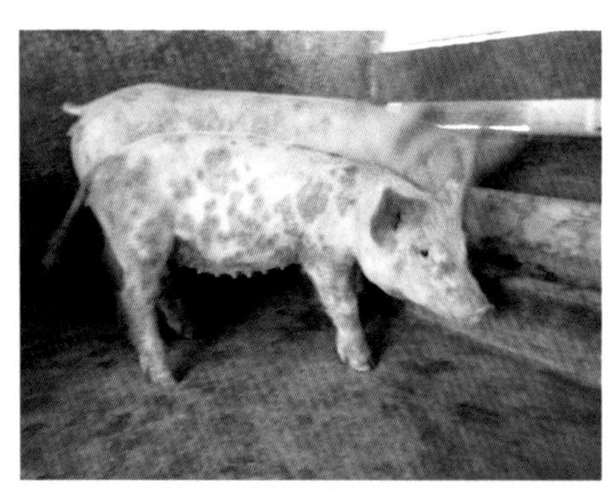

图7-4-1 被毛、皮肤组织损害，形成癣斑

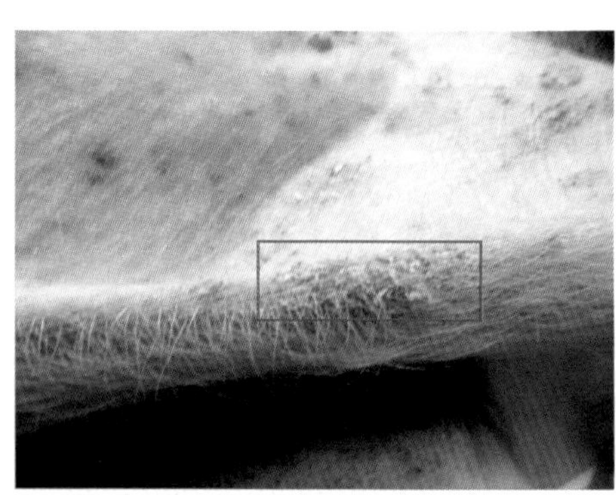

图7-4-2 皮肤鳞屑，显得粗糙

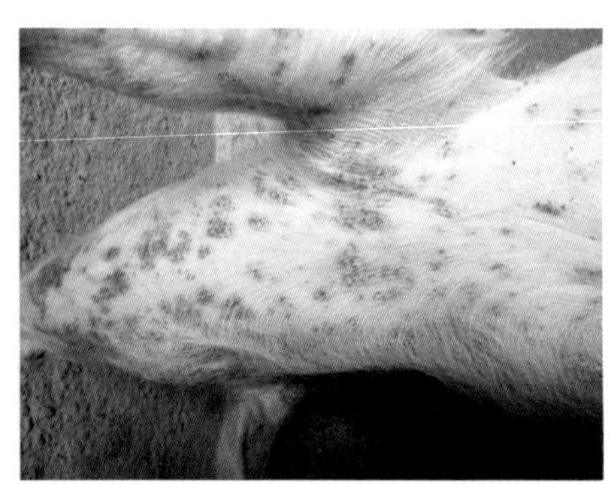

图7-4-3 癣菌病变可见于猪身体任何部位

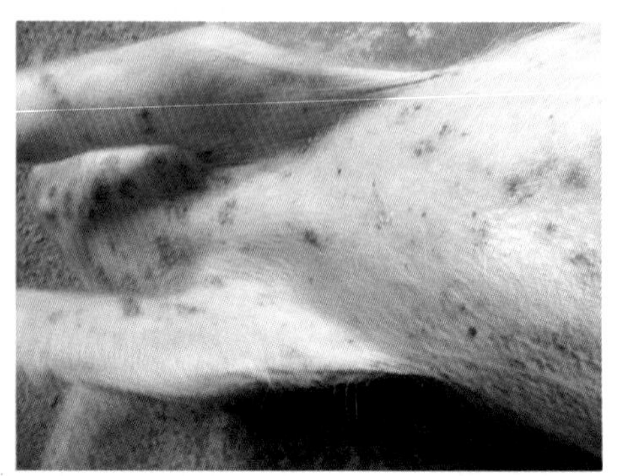

图7-4-4 该图片是图7-4-3清除污染垫草并治疗后15天的结果

三、防治

病猪应进行及时治疗。患部先剪毛，再用温肥皂水洗净痂皮或直接涂擦药物。10%水杨酸酒精或油膏或5%~10%硫酸铜溶液，每天或隔天涂敷直到痊愈。水杨酸6克、苯甲酸12克、敌百虫5克、凡士林100克，混合外用。石炭酸15克、碘酊25毫升、水合氯醛10毫升，混合外用，每天1次，3天后用水洗净，涂以氧化锌软膏。5%碘甘油涂擦效果不错，1天一次，直至痊愈，克霉唑癣药水外用。也可以口服制霉菌素或灰黄霉素等。

第五节　中暑

中暑是由于产热增多、散热减少所致的一种以急性体温过高为特征的疾病。一般发生在炎热的夏季。

一、临床实践

在猪病诊疗中，发病最高的是：①临产前母猪。频频排尿、排粪，不安；②正在分娩中的母猪。母猪努责，呼吸快。以上两种情况，正常天气时其本身产热就超高；分娩时间在盛夏时，中暑率就更高。还有，农村有传统习俗“怕受风”，一旦母猪分娩，就马上关闭门窗以防风。

母猪一般在酷暑期间分娩时，易出现高热（用解热药物无效）、呼吸困难、大量流涎，严重时皮肤发绀、不安。出现以上症状就可诊断为中暑。

二、临床症状

猪舍狭小，猪只多，过分拥挤，外界温度过高，猪圈又无防暑设备或夏季放牧，车船运输中防暑措施不得力，强烈日光直接照射等都可引起中暑，尤其是在气温高、湿度大、饮水又不足时更易促进本病的发生。病猪出现精神沉郁，四肢无力，步态不稳，呕吐，体温升高可达42℃以上，呼吸迫促，大量流涎，黏膜潮红或发紫，心跳加快，狂躁不安等症状；重病猪只甚至昏迷，最后倒地痉挛而死亡（图7–5–1至图7–5–2）。

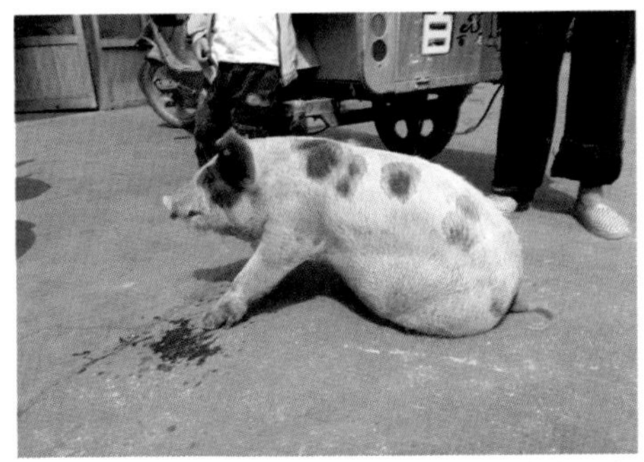

图7–5–1　患猪精神沉郁，四肢无力，步态不稳

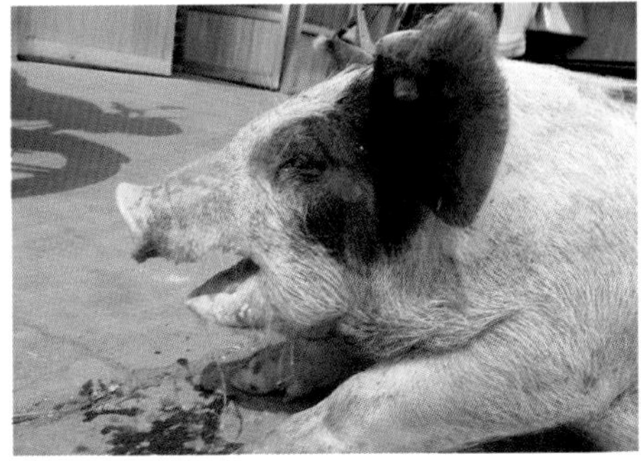

图7–5–2　大量流涎，黏膜潮红或发紫；体温升高达42℃以上时呼吸迫促，呕吐

三、防治

将病猪移至阴凉通风的地方，保持安静，并用冷水泼洒头部及全身，或从尾部、耳尖放血。防止肺水肿：每千克体重可用地塞米松1～2毫克，喘定注射液、静脉注射。降温可将氯丙嗪按每千克体重3毫克，肌内注射或混于生理盐水中静脉滴注；强心可用安钠咖5～10毫升肌内注射；严重脱水者可用5%葡萄糖盐水100～500毫升，静脉或腹腔注射，同时用大量生理盐水灌肠。

第六节　仔猪先天性肌肉震颤

仔猪先天性肌肉震颤，也叫仔猪跳舞病。是仔猪刚出生不久出现的全身或局部肌肉阵发性挛缩。

一、临床实践

无特效治疗方法。临床中大多不需要治疗，10日后可陆续康复，30日龄时基本全康复。发病原因，理论有遗传因素、营养因素、圆环病毒感染、母猪孕期感染某种病毒后传染给了新生仔猪，但目前好像没有得到一致认可。

二、临床症状

母猪无任何症状，仅发生于新生仔猪。流行特点一般是：母猪若生产出一窝发病仔猪，则以后出生的仔猪不再发病。发病率不等，全窝或部分仔猪都可发病。患猪站立或运动时，头、四肢、尾，以及全身肌肉出现有节奏的抖动，而躺下时以上症状消失。患猪无法吮奶，护理不当可造成饥饿，而后死亡。

三、剖检变化

通常无肉眼可见的变化。组织学检查有明显髓鞘形成不全，小动脉轻度炎症和变性小脑硬脑膜纵沟窦水肿、增厚和出血。

四、防治

病因不清，无法针对病因进行治疗，但本病死亡率不高。主要靠日常的饲养管理，如给发病仔猪提供温暖、清洁和干燥的环境，减少应激因素，确保仔猪能吃上母乳等。

第七节 上皮形成不全

本病又称先天性表皮缺损，为罕见疾病（图7-7-1），出生时即可见到。该病一般仅见于个别仔猪，也有全窝仔猪发病现象。常见于背部、腰部和四肢，有的可能波及舌的背侧或前腹侧，有的伴疱样病变。

治疗用雷夫诺尔液清洗皮肤后敷盖凡士林纱布包裹，注射抗生素药物预防感染。小的皮损可逐渐上皮化，经数周干燥结痂（图7-7-2）。

图7-7-1 先天性表皮缺损，出生时即可见到，为罕见疾病

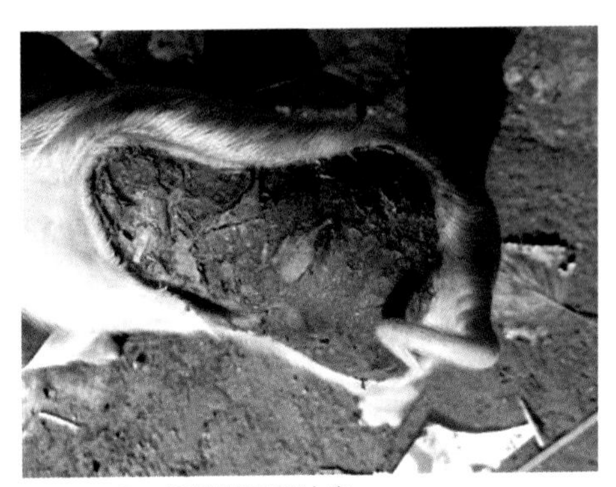

图7-7-2 经数周干燥结痂

第八节 畸形连体

畸形是由于形态结构的过度形成和部分正常形成被抑制或缺少，以及部位变动而重新组配产生的。连体双胞胎是一种罕见的先天畸形，在人来说 5 万 ~ 10万次怀孕中只有一例，动物的致畸率要远远高于人（图7–8–1至图7–8–3）。

怀孕母猪切忌饲喂霉变饲料，不乱服用药物。肝素、胰岛素等不能透过胎盘屏障，不会对胎儿产生不良影响；甲基多巴、青霉素等尽管可以透过胎盘屏障，但对胎儿无致畸作用；磺胺类、四环素、奎宁、地高辛、长春新碱等可对胎儿产生致畸作用。另外，同一药物在不同种属动物体内的代谢可能存在很大差异，有些药物本身并无致畸作用，但其在体内的代谢产物却对胎儿产生致畸性。因此，孕猪发病期间，要在兽医的指导下用药。

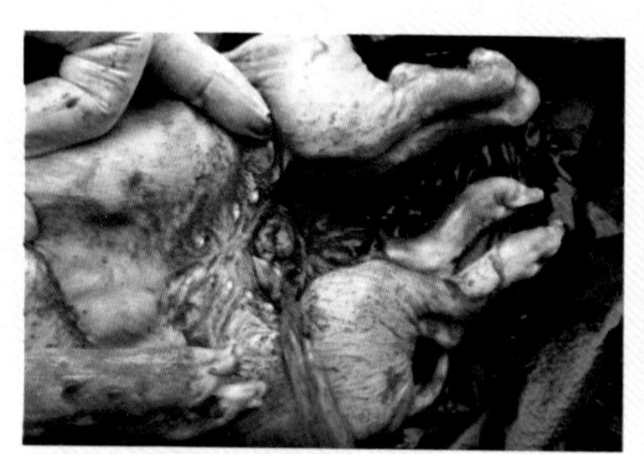
图7–8–1 连体胎儿腹部以上相连

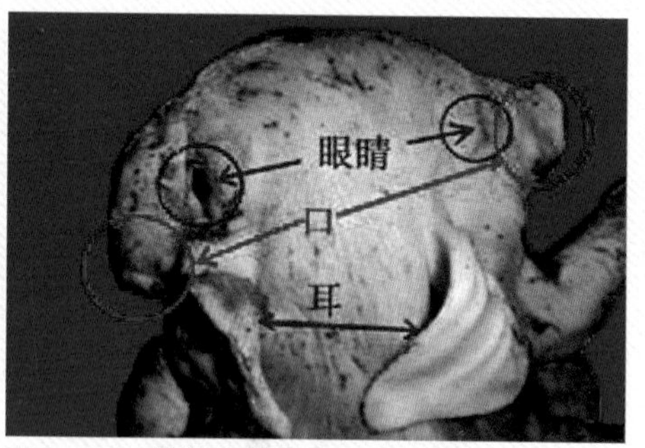

图7–8–2 连体胎儿眼、口、耳部畸形

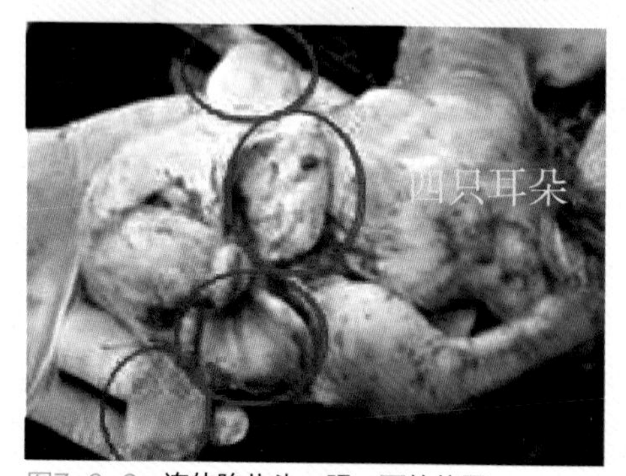

图7–8–3 连体胎儿头、眼、耳的位置